高职高专"十三五"规划教材

工程力学

● 朱红雨 主 编
● 靳兆文 副主编
● 瞿 芳 主 审

GONGCHENG LIXUE

化学工业出版社
·北京·

本书以强化基础能力建设推进科学技术创新为指引，知识结构由静力学和材料力学组成，其中静力学包括：静力学基础、平面力系、空间力系、静力学在工程中的应用；材料力学包括：材料力学基本知识、轴向拉伸和压缩、剪切与挤压、圆轴的扭转、直梁的弯曲、组合变形。每章均由“学习目标”“正文”“习题解析”“知识要点”“同步训练”等部分组成，为了提高学习兴趣，每章在必要知识点处还添加了“小贴士”“想一想”“练一练”“试一试”等点睛性的小细节。本书精选了工程力学的各类试题，组成五套模拟试卷，同时，对每章的同步训练题目都附以详细解析，为课程考核和评价提供了方便。

本书配有助教课件，可在化学工业出版社的官方网站上免费下载。

本书可作为高职院校工科各类专业的教材，也可供成人高校、中专、工程技术类人员参考。

图书在版编目（CIP）数据

工程力学/朱红雨主编. —北京：化学工业出版社，2019.8（2025.2 重印）
高职高专“十三五”规划教材
ISBN 978-7-122-34548-6

Ⅰ.①工… Ⅱ.①朱… Ⅲ.①工程力学-高等职业教育-教材 Ⅳ.①TB12

中国版本图书馆 CIP 数据核字（2019）第 095922 号

责任编辑：高　钰　　文字编辑：陈　喆
责任校对：王　静　　装帧设计：刘丽华

出版发行：化学工业出版社（北京市东城区青年湖南街 13 号　邮政编码 100011）
印　　装：北京建宏印刷有限公司
787mm×1092mm　1/16　印张 12¼　字数 280 千字　2025 年 2 月北京第 1 版第 6 次印刷

购书咨询：010-64518888　　售后服务：010-64518899
网　　址：http://www.cip.com.cn
凡购买本书，如有缺损质量问题，本社销售中心负责调换。

定　　价：39.00 元

前言

工程力学涉及众多的力学学科分支与广泛的工程技术领域，是一门理论性较强、与工程技术联系极为密切的技术基础学科，工程力学的定理、定律和结论广泛应用于各行各业的工程技术中，是解决工程实际问题的重要基础。近年来，受专业教学改革和课时压缩的影响，不少高职院校将工程力学纳入机械基础课程，不再单独设课，使得工程力学在高职教育中的影响力大大降低，其内容在教学中涉及少且浅，对学生日后的再教育和职业技能发展带来不利影响。因此，编者建议高职院校以少课时的方式开设工程力学课程，这样，能使学生更加重视工程力学的基本知识，对加强学生工程力学素质大有裨益。

本书以培养德智体美劳全面发展的社会主义建设者和接班人为目标，注重课程育人，有效落实“为党育人、为国育才”的使命。

本书根据教育部以社会需求为导向的教改精神，结合高职院校人才培养要求，从学生实际出发，按照“以应用为目的，以必需够用为度”的原则，对传统工程力学内容进行了精选和重组，突出应用性和实用性，立足于提高学生能力和素质，文字深入浅出，结构简明扼要，理论联系实际，着重培养学生分析和解决工程实际问题的能力。

本书是基于江苏省在线开放课程——工程力学课程的纸质和网络数字化多种方式呈现的纸数一体化教材，与网络课程资源共同使用，效果最佳。本书也是江苏高校品牌建设工程一期项目（PPZY2015C232）的建设成果之一。

本书知识结构由静力学和材料力学组成，其中静力学四章：静力学基础、平面力系、空间力系、静力学在工程中的应用；材料力学六章：材料力学基本知识、轴向拉伸和压缩、剪切与挤压、圆轴的扭转、直梁的弯曲、组合变形。并精选了工程力学的各类试题，组成五套模拟试卷，为课程考核和评价提供了方便。

本书配有助教PPT课件，将免费提供给采用本书作为教材的院校使用。如有需要，请发电子邮件至cipedu@163.com获取，或登录www.cipedu.com.cn免费下载。

本课程以高等数学为基础，同时是机械设计等后续专业课程的基础。本书可满足工程力学课程30～50学时的教学需要，使用者可以根据不同专业和不同层次的教学要求进行内容的选取。

本书由朱红雨任主编，靳兆文任副主编，瞿芳任主审。教材编写分工为：朱红雨编写绪论、第一章、第四章、第七章、第八章、第九章、第十章和模拟试卷，靳兆文编写第二章，李雪梅编写第三章，徐艳编写第五章和第六章。全书由朱红雨和靳兆文负责统稿和定稿。

本书在编写过程中，江苏海事职业技术学院瞿芳教授提出了许多宝贵的意见和建议。

由于本书在呈现等方面做了改革和探索，难免有不足之处，敬请广大读者批评指正。

编　者

2019年3月

目录

绪论

工程力学涉及众多的力学学科分支与广泛的工程技术领域，工程力学课程是一门理论性较强、与工程技术联系极为密切的技术基础学科，工程力学的定理、定律和结论广泛应用于各行各业的工程技术中，是解决工程实际问题的重要基础。本书所述只是工程力学中最基础的部分，它涵盖了原有理论力学中的静力学和材料力学两部分内容。

一、力学与工程

力学是研究物质机械运动规律的科学。它揭示了物体的相互作用以及和运动之间的关系，力学，可以说是力和（机械）运动的科学。力学可粗分为静力学、运动学和动力学三部分，静力学研究力的平衡或物体的静止问题；运动学只考虑物体怎样运动，不讨论它与所受力的关系；动力学讨论物体运动和所受力的关系。力学也可按所研究对象分为固体力学、流体力学和一般力学三个分支。力学是物理学、天文学和许多工程学的基础，机械、建筑、航天器和船舰等的合理设计都必须以经典力学为基本依据。

力学知识最早起源于对自然现象的观察和在生产劳动中的经验。人们在建筑、灌溉等劳动中使用杠杆、斜面、汲水器等器具，逐渐积累起对物体受力情况的认识。标志科学技术与社会进步的蒸汽机、内燃机、铁路、桥梁、船舶、兵器、航空、航天等工程都是在力学知识的指导或支持下取得不断进步的，如：以人类登月、建立空间站、航天飞机等为代表的航天技术；以速度超过 5 倍声速的军用飞机、起飞重量超过 300t 且尺寸达大半个足球场的民航机为代表的航空技术；以单机功率达百万千瓦的汽轮机组为代表的机械工业；可以在大风浪下安全作业的单台价值超过 10 亿美元的海上采油平台；以排水量达 5×10^5t 的超大型运输船和航速可达 30 多节、深潜达几百米的潜艇为代表的船舶工业；可以安全运行的原子能反应堆；在地震多发区建造高层建筑；正在陆上运输中起着越来越重要作用的高速列车等，甚至如两弹引爆的核心技术，也都是典型的力学问题。

二、工程力学课程研究的内容

工程力学课程内容包括：

第一篇　静力学　静力学研究物体在力的作用下处于平衡的问题，即根据力系平衡条件分析平衡物体的受力情况，确定各力的大小和方向，是构件的强度、刚度、稳定性计算的基础。

第二篇　材料力学　材料力学为机械零件、部件选定合理的材料、截面形状和尺寸，为达到既安全又经济的目的提供理论基础。

三、学习工程力学课程的目的和方法

工程力学是工科类专业一门重要的专业基础课，与已经学习过的高等数学、大学物理、机械制图、工程材料等基础课程有一定的联系，是应用已学过的知识、方法去研究新的问题，特别是工程实际问题。但这不是简单的套搬或引申，而是有自己的基本理论和体系。

1. 学习工程力学课程的目的

对于工科类学生来说，学习工程力学课程非常必要。

一是为学习专业课奠定基础，为从事专业工作创造必要的条件。

二是培养学生的科学思维方法，提高分析问题和解决问题的能力，也就是提高学生的综合素质。例如，在研究力学问题时，是将实践中得到的力学数据，利用抽象化的方法进行分析、归纳、综合，得到最普遍的公理或定理，再通过严格的数学演绎和推理，得到工程上需要的力学公式。在解决一般静力学和材料力学问题时的思路，都是先把所研究的问题抽象为力学模型，再根据力学量的数量关系建立方程，然后求解。因此，在学习静力学和材料力学的过程中，学生在学习力学知识的同时，还可以学到解决各种问题时所需要的逻辑思维方法，这往往比学到的力学知识本身更加重要。本课程的特点是实践性很强，非常贴近生产实际。在应用所学习的理论知识去解决生产中的实际问题时，不能照搬照套，而必须具体情况具体分析，进行严密的逻辑思考、推理和判断，做到理论联系实际。这个过程就是培养学生分析问题和解决问题能力的过程，也是培养学生严谨工作作风的过程，是素质教育的根本所在。

三是掌握必要的工程力学知识，是优秀技术人员和管理人员所必须具备的条件。在科学技术高速发展的今天，各专业之间知识的联系也越来越密切，促使各工业部门之间的技术交融，促进技术人员和生产管理人员知识结构的交融，已刻不容缓。因此，对于生产和管理第一线的高素质技术技能人员来说，具备一定的工程力学知识，有助于技术人员更好地使用、维护生产设备，提高产品的质量和产量，也有助于更有效地实施生产管理、科技创新。

2. 学习工程力学课程的方法

首先，要用辩证唯物主义的观点和方法认真理解课程的基本概念、基本公式（定律）和基本方法，并通过例题、思考题和习题予以巩固，以掌握基本的分析问题和解决问题的方法，提高分析问题和解决问题的能力及基本运算的能力。其次，工程力学的许多基本理论都是从实践中来而又被实践所验证的客观真理。因此，在学习过程中，不能把这些理论看成是单纯的理论推导和数学演算，而是要充分认识到它来源于实践和它对实践的指导作用。第三，要注意适时复习先修课程的相关内容，使整个学习内容前后融会贯通，并做好学习内容的阶段总结。总结的过程，就是将厚书变成薄书的过程，更是复习、归纳、提高的过程。

第一篇　静力学

静力学是研究刚体在力系作用下平衡规律的科学。这里涉及三个概念：刚体、力系和平衡。

所谓刚体，就是在任何外力作用下，大小和形状始终保持不变的物体。事实上，刚体是不存在的，它是一种抽象的力学模型。在静力学研究中，可以忽略物体的变形，而主要研究物体所受的外力。这种忽略次要矛盾，抓住主要矛盾的方法在工程力学中经常采用。

所谓力系，是指作用于物体上的一群力，它们组成一个力的系统。这个力的系统对物体作用的结果是使其运动状态发生变化或使其形状发生改变。

所谓平衡，是指物体相对于惯性参考系保持静止或作匀速直线运动的状态。“平衡”和“运动”都是对物体运动状态的描述，它们是相对的。若物体处于平衡状态，则作用于物体上的力系必须满足一定条件，这些条件称为力系的平衡条件。

由此可知，静力学研究的主要内容是对作用于物体上的力进行分析、简化，并通过建立物体在力系作用下的平衡条件求解未知的力，以便为工程的后续设计和计算提供最基本的保障。具体而言即：①受力分析；②力系的简化；③建立平衡条件。

想一想

(1) 什么是力系？什么是平衡？

(2) 静力学研究的对象是什么？

(3) 静力学研究的主要内容是什么？

第一章 静力学基础

学习目标

(1) 掌握力、力系、刚体、平衡的概念。
(2) 明确静力学的研究对象。
(3) 掌握静力学公理的主要内容及其推论。
(4) 掌握工程上常用的约束类型及其各自的特点。
(5) 掌握确定约束反力方向的基本原则。
(6) 会对研究的物体进行受力分析，并画出受力图。

第一节 力的概念

一、力的定义

力是物体间的相互机械作用。

二、力的效应

力作用于物体的结果会使物体发生两种改变：一种是使物体的机械运动状态发生改变，即力的外效应（又称运动效应）。例如，用手推小车，小车就由静止开始运动；受到地球引力作用自高空落下的物体，速度会越来越大。另一种是使物体的形状发生改变，即力的内效应（又称变形效应）。例如，锻压加工时，工件受到锻锤的打击而产生变形；挑担时肩膀感觉受到压力的作用，同时扁担发生弯曲变形等。力的内效应将在材料力学中去研究。

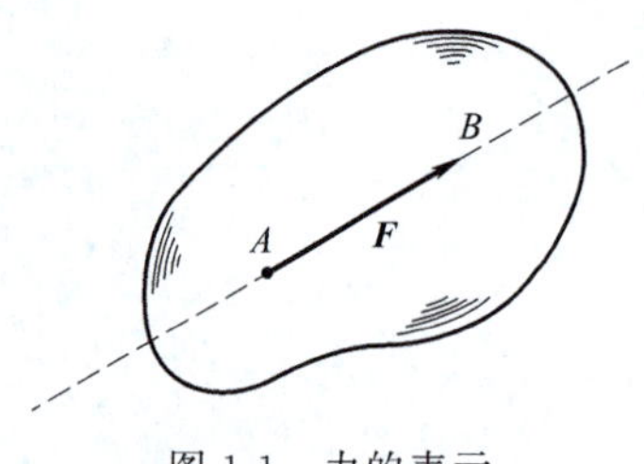

图 1-1　力的表示

三、力的三要素

力对物体的效应取决于力的大小、方向和作用点，简称为力的三要素。当力的三要素中有任何一个要素发生改变时，力对物体的作用效果就会改变。

力的表示方法如图 1-1 所示，有向线段的起点（或终点）表示力的作用点，即力作用在物体上的部位；有向线段的方位和箭头指向表示力的方向；线段的长度（按一定的比例尺）表示力的大小。力的大小表示物体间相互机械作用的强弱，在国际单位制中，力的单位是牛顿（N）或千牛顿（kN）。在静力学中，用黑体字母 $\boldsymbol{F}$ 表示力的矢量，而用普通字母 F 表示力的大小。

（1）什么是力？力的三要素是什么？

（2）等式 $\boldsymbol{F}=\boldsymbol{F}_1+\boldsymbol{F}_2$ 与 $F=F_1+F_2$ 的区别何在？

四、力的类型

（一）静载荷和动载荷

作用于构件的外力又可称为载荷，是指一个物体对另一物体的作用力。按载荷随时间变化的情况，若载荷由零缓慢地增加到某一定值以后即保持不变，则这样的载荷称为静载荷。随时间变化的载荷则为动载荷。动载荷又可分为交变载荷和冲击载荷。随时间作周期性变化的载荷称为交变载荷，如齿轮转动时轮齿的受力即为交变载荷。物体的运动在瞬时发生突变所引起的载荷称为冲击载荷，如急刹车时飞轮的轮轴、锻压时汽锤杆所受的载荷，地震载荷，物体撞击构件时的作用力等都是冲击载荷。材料在静载荷和动载荷作用下的力学行为有很大差别，分析方法也不完全相同。

（二）集中力或集中载荷

若外力分布的面积远小于受力物体的整体尺寸，或沿长度的分布长度远小于轴线的长度，则这样的外力可以看成是作用于一点的集中力。如火车车轮对钢轨的压力、汽车对大桥桥面的压力等都可看作是集中力或集中载荷，如图 1-2（a）所示。

（三）分布力或分布载荷

沿某一面积连续作用于结构上的外力，称为分布力或分布载荷，用 q 来表示，单位用牛/米^{2}或兆牛/米^2，分别记为 N/m^2 和 MN/m^2。压力容器内部的气体或液体对容器内壁的作用力就是分布载荷，如图 1-2（d）所示。

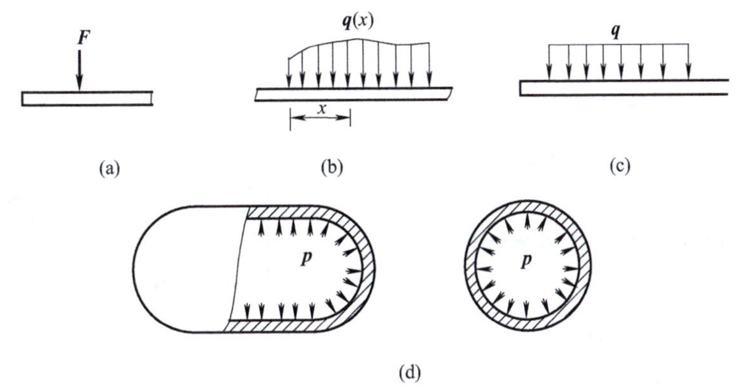

图 1-2 力的类型

沿长度方向分布的分布力，单位用牛/米或千牛/米，分别记为N/m、kN/m。这里我们主要研究沿长度（轴向）方向分布的载荷，一般情况下q是轴向坐标的函数$q=q(x)$，如图1-2（b）所示。如果q在其分布长度内为常数，则称为均布载荷，如图1-2（c）所示。

如果一个人站在桌子上，可将桌子上受到的人的压力视为集中力，那么，当人躺在桌子上时，桌子上受到的人的压力可视为什么？

第二节 静力学公理

所谓公理，就是符合客观现实的真理。静力学公理是人类从反复实践中总结出来的，正确性已被人们所公认的道理，它是静力学的基础。

公理一

二力平衡公理：作用在刚体上的两个力，大小相等、方向相反，且作用在同一直线上，是刚体保持平衡的必要和充分条件。

这一性质揭示了作用于刚体上最简单的力系平衡时所必须满足的条件。需要指出的是，这一公理对于变形体来说只是必要条件，而不是充分条件，如图1-3（c）、（d）所示，软绳只能受拉力，不能受压力作用。

根据公理一可知，一个刚体无论其形状如何，如果只受到两个力的作用而平衡，则作用于刚体上的两个力必然是一对等值、反向、共线的平衡力。工程上，常把自重不计，只在两点受力而平衡的构件称为二力构件，简称二力杆。二力杆所受的力与构件的形状无关，力的方向必沿着两个作用点的连线方向（如图1-4所示），要么受拉，要么受压；如果是直杆，则力沿着杆的轴线方向。至于受拉还是受压要根据构件的其他条件来判断，在本章的受力分析一节中会有具体实例分析。

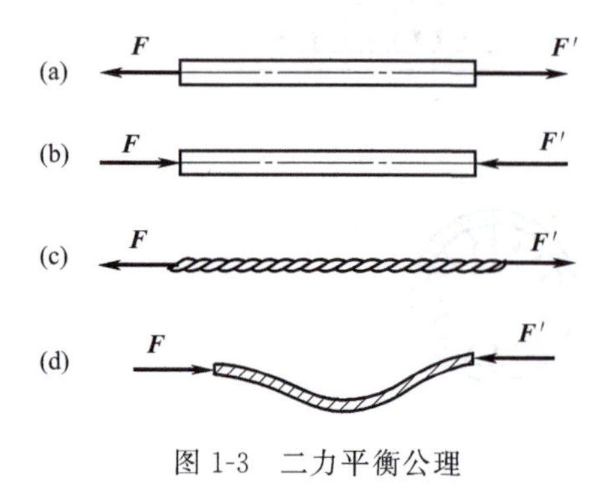

图1-3 二力平衡公理

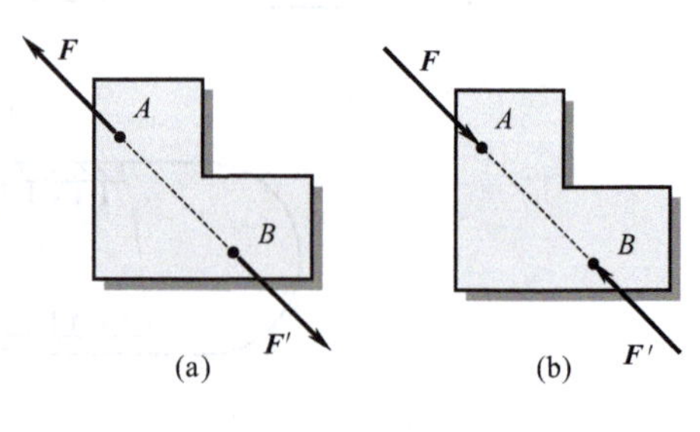

图1-4 二力构件

二力杆所受的力总是沿着杆件的轴向方向，这种说法对吗？二力杆考虑杆件的自重吗？

公理二

加减平衡力系公理：在已知力系上加上或者减去任意一个平衡力系，不会改变原力系对刚体的作用效应。

- **推论一**

力的可传性原理：作用在刚体上某点的力，可以沿其作用线移向刚体内任一点，不会改变它对刚体的作用效应。

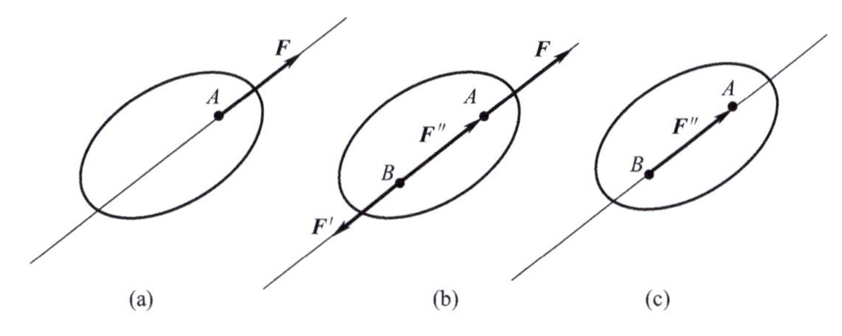

图 1-5　力的可传性

证明：假设在刚体上某点 A 作用有力 $\boldsymbol{F}$，如图 1-5（a）所示，如果我们在该力的作用线上（或作用线的延长线上）任一点 B 施加一对大小相等、方向相反的平衡力 $\boldsymbol{F}'$ 和 $\boldsymbol{F}''$，并令这一对力的大小等于力 $\boldsymbol{F}$ 的大小，参见图 1-5（b），此时，力 $\boldsymbol{F}$ 和 $\boldsymbol{F}'$ 也是一对平衡力，将这一对平衡力减去，并不改变原力系对刚体的作用效应，于是，力 $\boldsymbol{F}$ 就沿着它的作用线从 A 点移到了 B 点，如图 1-5（c）所示。

可见，力 $\boldsymbol{F}''$ 并没有改变力 $\boldsymbol{F}$ 对刚体的作用效应，即作用在刚体上的力可以沿其作用线滑移。

需要指出的是，力的可传性不会改变力对物体的外效应，但会改变力对物体的内效应。对于变形杆件，力的可传性不再适用。

如图1-6 所示，三铰拱架上的作用力 $\boldsymbol{F}$ 可否依据力的可传性原理把它移到 D 点？为什么？

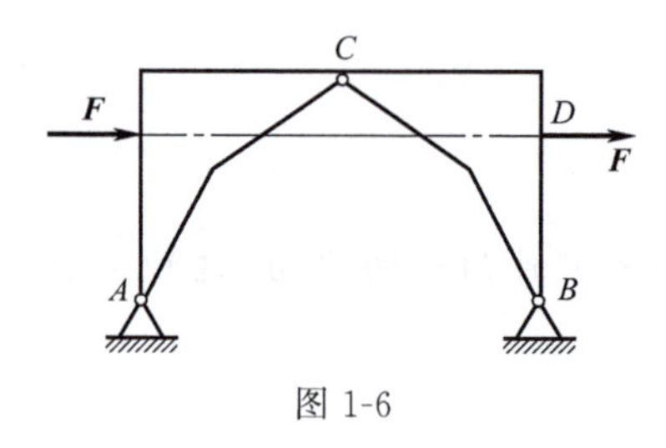

图 1-6

公理三

力的平行四边形法则：作用于刚体上同一点的两个力 $\boldsymbol{F}_1$ 和 $\boldsymbol{F}_2$ 的合力 $\boldsymbol{R}$ 也作用于同一点，其大小和方向由这两个力为边所构成的平行四边形的对角线来表示。

如图 1-7（a）所示，力 $\boldsymbol{F}_1$、$\boldsymbol{F}_2$汇交于 A 点，以 $\boldsymbol{F}_1$和 $\boldsymbol{F}_2$两力的力矢为平行四边形的两个边，作出平行四边形$\square ABCD$，则对角线 AC 即表示合力$\boldsymbol{R}$ 的大小和方向。用矢量式表示为

$$\boldsymbol{R}=\boldsymbol{F}_1+\boldsymbol{F}_2 \tag{1-1}$$

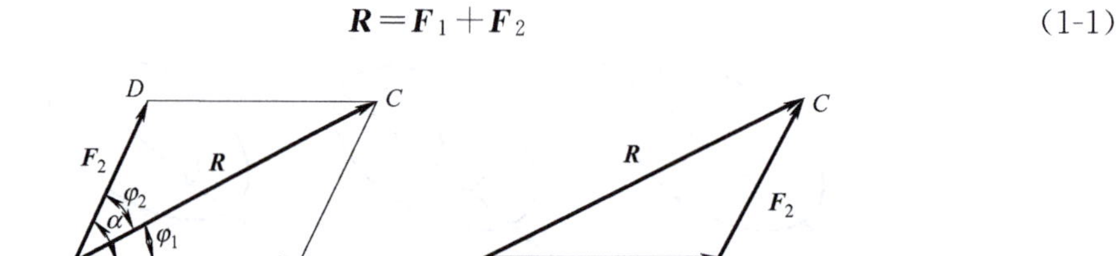

图 1-7 力的合成

已知 $\boldsymbol{F}_1$和 $\boldsymbol{F}_2$及其夹角 α，可以利用几何关系求出合力 $\boldsymbol{R}$ 的大小和方向。

$$R=\sqrt{F_1^2+F_2^2+2F_1F_2\cos\alpha} \tag{1-2}$$

$$\sin\varphi_1=\frac{F_2\sin\alpha}{R},\quad \sin\varphi_2=\frac{F_1\sin\alpha}{R} \tag{1-3}$$

应当注意，式（1-1）是矢量等式，它与代数等式 $R=F_1+F_2$的意义完全不同。

实际上，确定作用于一点的两个力的合力时，没有必要非作一个平行四边形才行，只要不改变这两个力的大小和方向，将它们首尾相接，则合力始于它们的起点，而终于它们的终点，如图 1-7（b）所示，这种方法称为力的三角形法则。

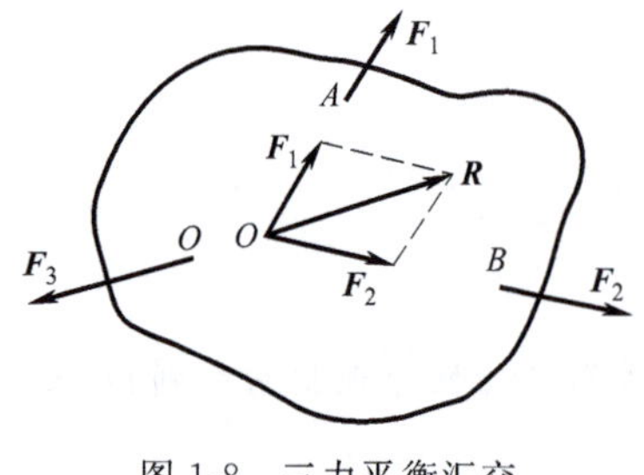

图 1-8 三力平衡汇交

● **推论二**

三力平衡汇交定理：当刚体受同一平面内互不平行的三个力作用而平衡时，此三力的作用线必汇交于一点。

如图 1-8 所示，物体受三个力 $\boldsymbol{F}_1$、$\boldsymbol{F}_2$和 $\boldsymbol{F}_3$的作用而平衡，则此三个力必汇交于一点，请读者自行证明。

公理四

作用与反作用公理：两个物体之间的相互作用力一定大小相等、方向相反，沿同一作用线。

这个公理表明，力总是成对出现的，只要有作用力就必有反作用力，而且同时存在，又同时消失。必须注意，作用力与反作用力是作用在两个物体上的，而一对平衡力则是作用在同一物体上的，不要把公理四与公理一混同起来。

如图 1-9（a）所示，钢丝绳上悬挂一重物，其重力为 $\boldsymbol{G}$，钢丝绳对重物的拉力为 $\boldsymbol{T}$。它们都作用在重物上，是一对平衡力。

如图 1-9（b）所示，钢丝绳给重物拉力 $\boldsymbol{T}$ 的同时，重物必给钢丝绳以反作用力 $\boldsymbol{T}'$，$\boldsymbol{T}$ 作用在重物上，$\boldsymbol{T}'$ 作用在钢绳上，它们分别作用在相互作用的物体上，因此，$\boldsymbol{T}$ 和 $\boldsymbol{T}'$ 是作用力和反作用力。同理，$\boldsymbol{G}$ 与重物吸引地球的力 $\boldsymbol{G}'$ 也是分别作用在重物与地球上，是一对作用力和反作用力。

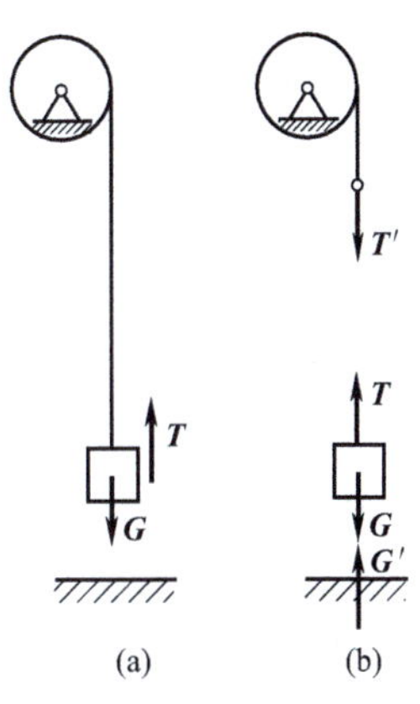

图 1-9 作用力与反作用力

作用力与反作用力是一对平衡力吗？二力平衡条件、加减平衡力系原理能否用于变形体？为什么？

第三节 约束和约束反力的概念及类型

一、约束和约束反力的概念

（一）自由体与非自由体

自然界中，运动的物体可以分为两类：自由体和非自由体。例如飞行的飞机、炮弹等，它们在空间的位移不受任何限制，这样的物体叫做自由体；而电机转子受轴承的限制，只能绕轴线转动，转子的位移受到了限制，这样的物体称为非自由体。工程中的机器或者机构，总是由许多零部件组成的，这些零部件是按照一定的形式相互连接，它们的运动必然互相牵连和限制，它们都是非自由体。

（二）约束与约束反力

对于非自由体来说，限制其运动和位置的物体称为约束。如图 1-9 中的钢丝绳限制了重物向下运动，因此，钢丝绳就是重物的约束。

约束限制了物体本来可能产生的某种运动，故约束有力作用于被约束体，这种力称为**约束反力**，它阻碍物体的运动。**约束反力总是作用在被约束体与约束体的接触处，其方向也总是与该约束所能限制的运动或运动趋势的方向相反**。

通常我们把物体在空间受到的力分为两类，主动力和约束反力。当物体受到外力作用会产生运动或具有运动趋势时，这种外力称为主动力。如重力、水压力、油压力、弹簧力和电磁力等。

当物体的运动或运动趋势被约束限制，则约束就会给物体约束反力。约束反力不仅与主动力的情况有关，同时也与约束类型有关。

二、约束反力的类型

约束的形式决定了约束反力的类型，下面我们介绍工程实际中常见的几种约束反力的类型及特性。

（一）柔性约束

由绳索或链条等非刚性体所形成的约束称为柔性约束，简称柔性体或柔索。显然，柔索只能受拉不能受压，只能限制物体（非自由体）沿柔索约束中心线离开约束的运动，而不能限制其他方向的运动。因此柔性约束对物体约束反力的方向是沿着柔索的中心线背离被约束物体。柔性约束的约束反力常用 $\boldsymbol{F}_{\mathrm{T}}$ 来表示。如图 1-10 所示，悬挂日光灯的链条就是日光灯的柔性约束，其约束反力方向是沿着链条背离日光灯。

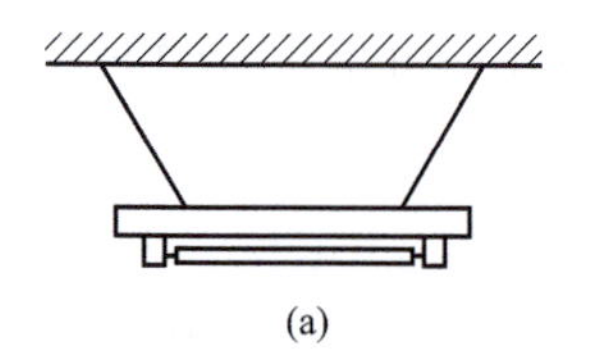
(a)

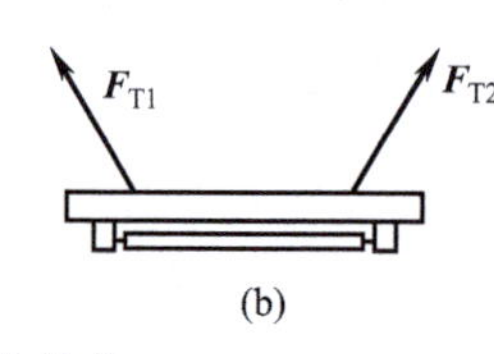

(b)

图 1-10 柔性约束

（二）光滑面约束

光滑接触面是指两个物体之间接触的摩擦力很小，与它们的相互作用力相比可以忽略不计，即所谓接触面为理想光滑。光滑面约束只能限制物体在接触点沿接触面公法线指向约束物体的运动，不能限制物体沿接触面切线方向的运动，故光滑面约束反力的方向为过接触点，沿接触面法线方向指向被约束物体，其约束反力常用 $\boldsymbol{F}_{\mathrm{N}}$ 来表示。

图 1-11 中（a）和（b）所示分别为光滑曲面对刚体球的约束和齿轮传动机构中齿轮轮齿的约束。

图 1-12 为直杆与方槽在 A、B、C 三点接触，三处的约束反力分别沿接触点的公法

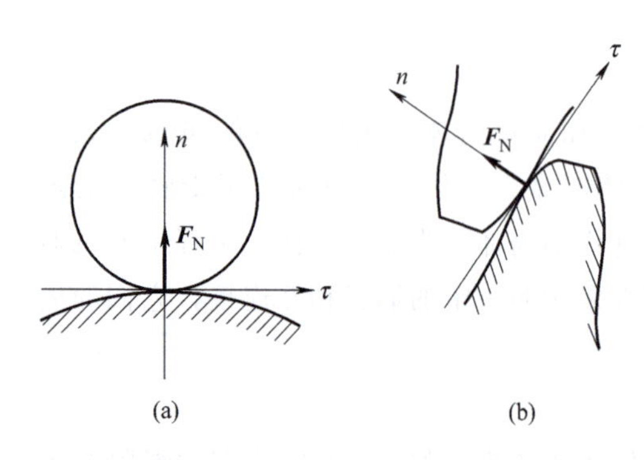

图 1-11 光滑曲面的约束反力

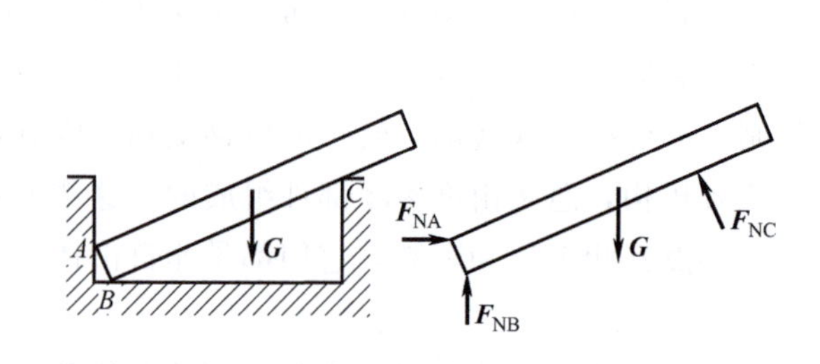

图 1-12 方槽对直杆的约束

线方向指向直杆。

（三）光滑铰链约束

光滑圆柱铰链是两个相对转动构件的连接形式，如图 1-13（a）所示，物体与支座上各自有直径相同的圆孔，并用销钉将它们连接起来，就构成了光滑圆柱铰链。例如，门所用的活页、起重机的动臂与机座的连接等，都是常见的铰链连接。

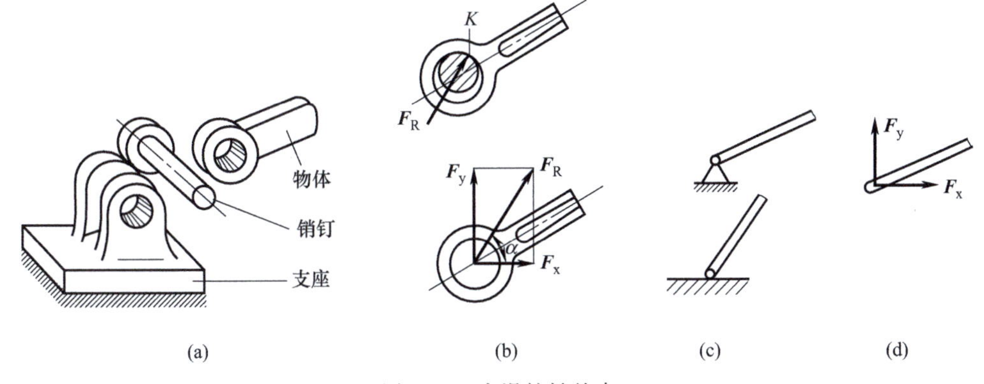

图 1-13 光滑铰链约束

一般认为销钉与物体、支座间光滑接触，所以这也是一种光滑表面约束，约束反力应通过接触点 K 沿公法线方向（通过销钉中心）指向构件，如图 1-13（b）所示。但实际上很难确定 K 的位置，因此反力 $\boldsymbol{F}_N$的方向无法确定。

所以，这种约束反力通常是用两个通过铰链中心的，大小和方向未知的正交分力 $\boldsymbol{F}_x$、$\boldsymbol{F}_y$来表示，两分力的指向可以任意设定，如图 1-13（b）所示。

光滑铰链约束在工程中应用广泛，一般又常分为以下几种形式。

（1）中间铰链约束　如图 1-14（a）所示，两个构件，通过销钉连接在一起，两个构件只能发生相对转动，不能发生相对线位移。由于圆柱销钉处在结构的内部，通常把这种铰链称为中间铰链。中间铰链约束常用如图 1-14（b）所示的简图来表示。两个构件所受的约束反力如图 1-14（c）所示，其中 $\boldsymbol{F}_x$与 $\boldsymbol{F}'_x$、$\boldsymbol{F}_y$与 $\boldsymbol{F}'_y$互为作用力与反作用力。

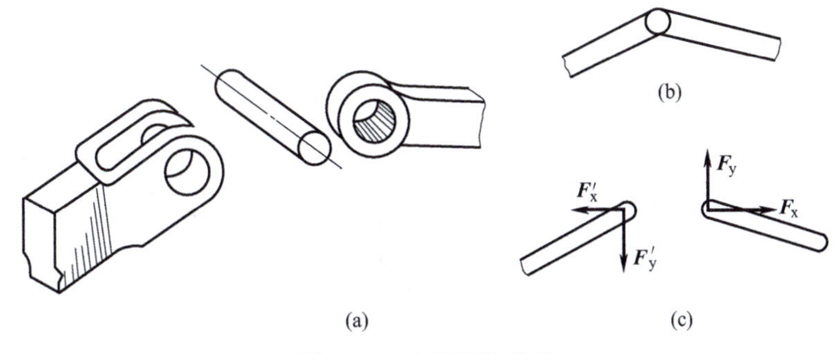

图 1-14 中间铰链约束

（2）固定铰支座约束　如图 1-13（a）所示，如果由圆柱销钉连接的两个构件中的其中一个构件相对固定，比如与地基固定连接、与机座或其他机构固定在一起等，我们称此类光滑圆柱铰链约束为固定铰支座约束。图 1-15 是这种约束的简图。

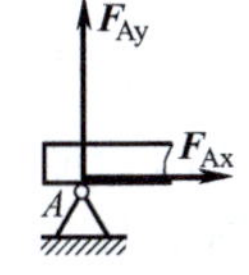

图 1-15 固定铰支座简图

（3）滚动铰支座　在桥梁、屋架等结构中，除了使用固定铰支座外，还常使用一种放在几个圆柱形滚子上的铰链支座，这种支座称为滚动铰支座，也称为辊轴支座，它的构造如图 1-16（a）所示。由于辊轴的作用，被支承构件可沿支承面的切线方向移动，**故其约束反力的方向只能在滚子与地面接触面的公法线方向**，其简化画法如图 1-16（b）所示。

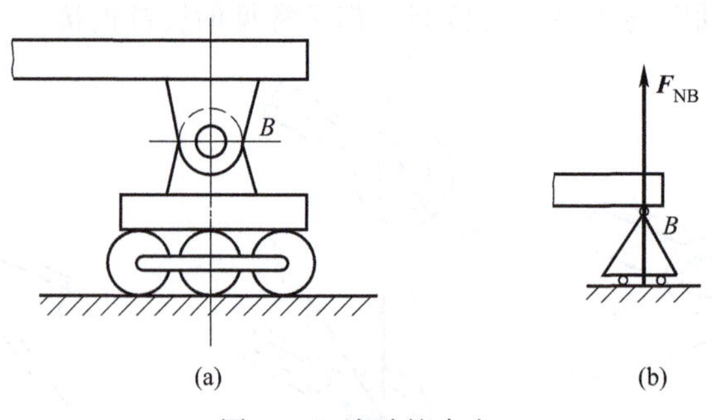

图 1-16　滚动铰支座

（四）轴承约束

轴承约束是工程中常见的支承形式，它的约束反力的分析方法与铰链约束相同。常见的有：

（1）向心轴承　如图 1-17（a）所示，其力学符号如图 1-17（b）所示。

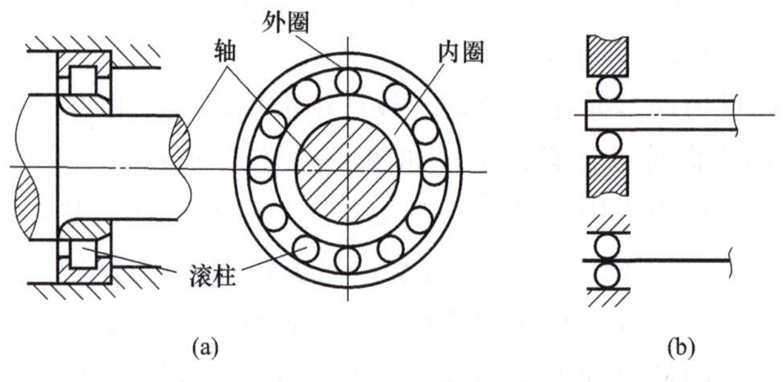

图 1-17　向心轴承约束

（2）推力轴承　如图 1-18（a）所示，除了与向心轴承一样具有作用线不定的径向约束力外，由于限制了轴的轴向运动，因而还有沿轴线方向的约束反力，如图 1-18（b）所示，其力学符号如图 1-18（c）所示。

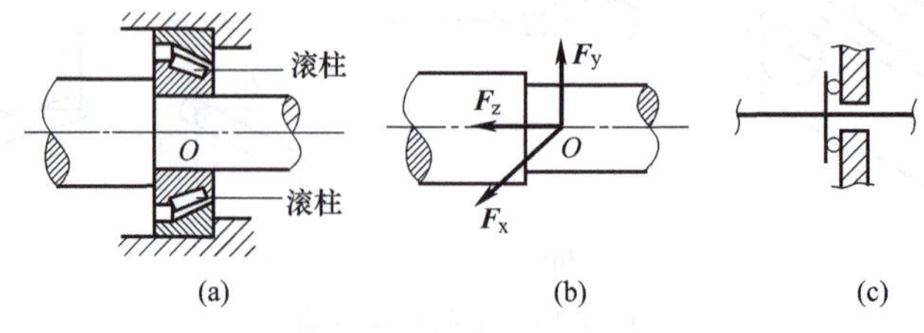

图 1-18　推力轴承约束

（五）固定端约束

物体的一部分固嵌于另一物体所构成的约束，称为固定端约束。例如，建筑物中的阳台，如图 1-19（a）所示；车床上车刀的固定，如图 1-19（b）所示。这些工程实例都可抽象为固定端约束。

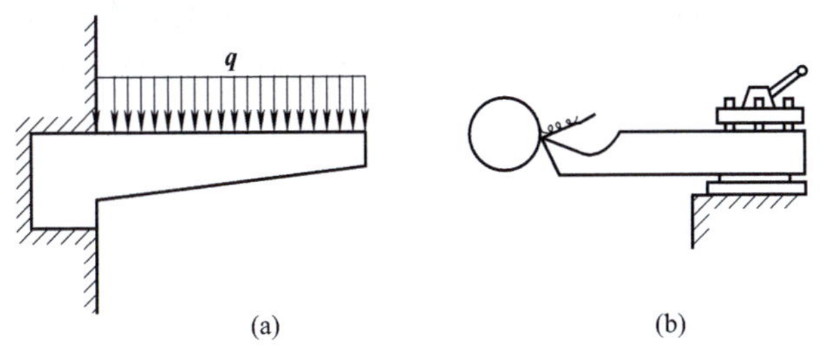

图 1-19　固定端约束

固定端约束所产生的约束反力比较复杂，但最终可以简化为两个正交约束反力 $\boldsymbol{R}_{Ax}$、$\boldsymbol{R}_{Ay}$ 和一个力偶 $\boldsymbol{m}_{A}$ 来表示，如图 1-20 所示。其中两个约束反力 $\boldsymbol{R}_{Ax}$、$\boldsymbol{R}_{Ay}$ 限制物体的移动，约束反力偶 $\boldsymbol{m}_{A}$ 限制物体的转动。

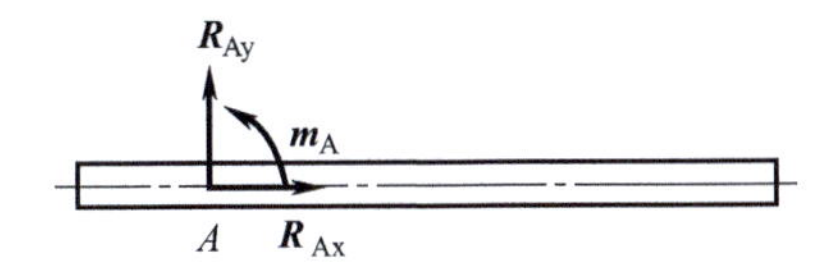

图 1-20　固定端约束反力

工程上，常用的约束类型有哪些？它们各自的特点是什么？确定约束反力方向的基本原则是什么？

第四节　物体的受力分析和受力图

一、受力分析和受力图的概念

解决力学问题时，首先要选定需要进行研究的物体，即选取研究对象，然后根据已知条件、约束类型并结合基本概念和公理等分析研究对象的受力情况，这个过程称为物体的受力分析。在静力学中，研究对象主要是受一定约束的非自由刚体，解除研究对象的全部约束，使其成为自由体，再添上所受的全部主动力和约束反力，这样所得到的图形称为受力图。画受力图是解决力学问题的第一步骤，正确地画出受力图是分析、解决力学问题的前提，非常重要。

二、画受力图的主要步骤

(1) 明确研究对象——弄清结构，确定每一步的研究对象；

(2) 取出分离体——将研究对象从周围的约束中分离出来，解除约束；

(3) 画主动力——将主动力画在分离体上；

(4) 画约束反力——根据解除约束的性质，将约束反力画在分离体上。

下面举例说明受力图的作法。注意：为研究问题方便，如未特别说明，物体的自重不计。

习题解析

［例 1-1］ 重力为 $\boldsymbol{P}$ 的圆球放在板 AC 与墙壁 AB 之间，如图 1-21（a）所示。设板 AC 重力不计，试作出板与球的受力图。

解：先取球为研究对象，作出简图。球上主动力 $\boldsymbol{P}$，约束反力有 $\boldsymbol{F}_{ND}$ 和 $\boldsymbol{F}_{NE}$，均属光滑面约束的法向反力。受力图如图 1-21（b）所示。

再取板作研究对象。由于板的自重不计，故只有 A、C、E 处的约束反力。其中 A 处为固定铰支座，其反力可用一对正交分力 $\boldsymbol{F}_{Ax}$、$\boldsymbol{F}_{By}$ 表示；C 处为柔索约束，其反力为拉力 $\boldsymbol{F}_T$；E 处的反力为法向反力 $\boldsymbol{F}'_{NE}$，要注意该反力与球在该处所受反力 $\boldsymbol{F}_{NE}$ 为作用与反作用的关系。受力图如图 1-21（c）所示。

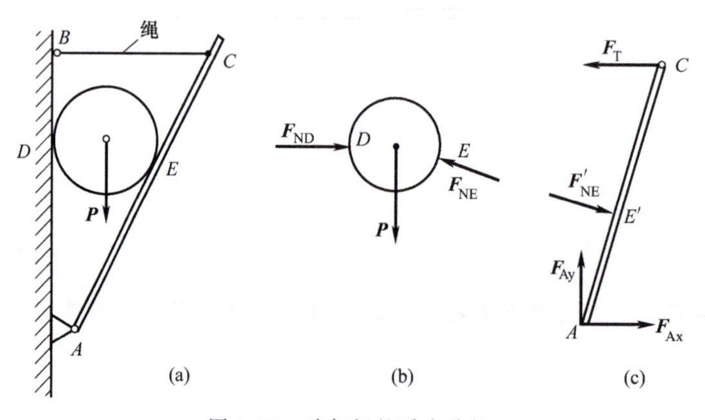

图 1-21 球与板的受力分析

［例 1-2］ 三铰拱桥由左右两拱铰接而成，如图 1-22（a）所示。设各拱自重不计，在拱 AC 上作用荷载 $\boldsymbol{F}$。试分别画出拱 AC 和 CB 的受力图。

解：（1）画半拱 BC 的受力图。

以半拱 BC 为研究对象并画出分离体。由于拱桥的自重不计，因此半拱 BC 只在 B、C 处受到铰链的约束力的作用，由二力平衡公理可知，这两个力必定沿同一直线，且等值、反向，方向如图 1-22（b）所示。

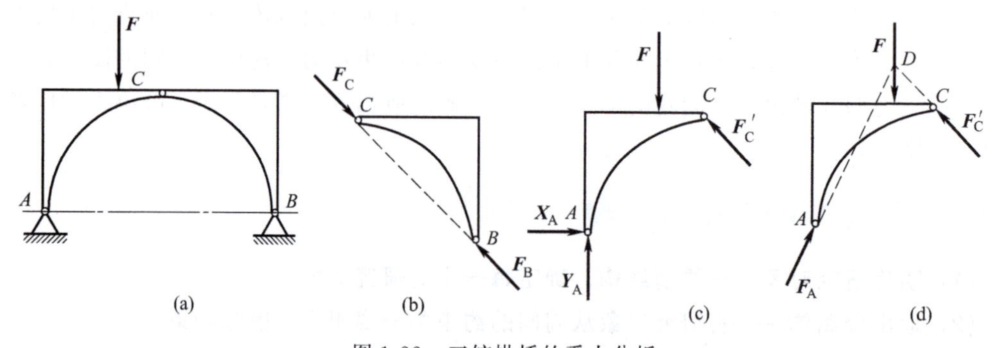

图 1-22 三铰拱桥的受力分析

请注意，二力杆所受的力是拉力还是压力要由实际的情况来判断。

(2) 画半拱 AC 的受力。

取拱 AC 连同销钉 C 为研究对象。由于自重不计，先画主动力载荷 $\boldsymbol{F}$；点 C 受拱 CB 施加的约束力 $\boldsymbol{F}'_{\mathrm{C}}$，且 $\boldsymbol{F}'_{\mathrm{C}}$ 和 $\boldsymbol{F}_{\mathrm{C}}$ 等值、反向、共线；点 A 处的约束反力可分解为 $\boldsymbol{X}_{\mathrm{A}}$ 和 $\boldsymbol{Y}_{\mathrm{A}}$。拱 AC 的受力图如图 1-22（c）所示。

拱 AC 在 $\boldsymbol{F}$、$\boldsymbol{F}'_{\mathrm{C}}$ 和 $\boldsymbol{F}_{\mathrm{A}}$ 三力作用下平衡，根据三力平衡汇交定理，可确定出铰链 A 处约束反力 $\boldsymbol{F}_{\mathrm{A}}$ 的方向。点 D 为力 $\boldsymbol{F}$ 与 $\boldsymbol{F}'_{\mathrm{C}}$ 的交点，当拱 AC 平衡时，$\boldsymbol{F}_{\mathrm{A}}$ 的作用线必通过点 D，如图 1-22（d）所示。$\boldsymbol{F}_{\mathrm{A}}$ 的指向可先作假设，以后由平衡条件确定。

[例 1-3] 起重支架受力如图 1-23 所示，请画出构件 CD 和 BD 的受力图。

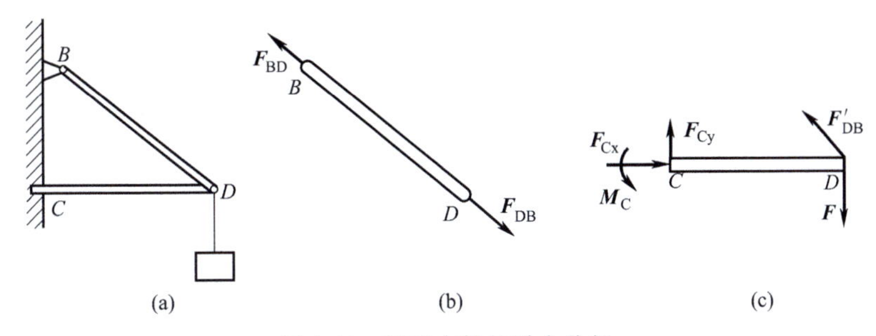

图 1-23 起重支架的受力分析

解：分别取构件 BD、CD 为分离体，画出它们的约束反力，如图 1-23（c）所示。易判断，构件 BD 为二力杆，且受拉作用，其上所受的力沿着杆件的轴向方向，受力如图 1-23（b）所示。构件 CD 在 C 点受固定端约束，其约束反力有三个：$\boldsymbol{F}_{\mathrm{Cx}}$、$\boldsymbol{F}_{\mathrm{Cy}}$ 与 $\boldsymbol{M}_{\mathrm{C}}$。

小贴士

画受力图应注意的问题：

(1) 作图时要明确所取的研究对象，把它单独取出来分析。如果研究对象为整个物体系统或只有一个研究对象时，可以将力直接标在图中。

(2) 要注意先画出主动力。

(3) 若机构中有二力构件，应先分析二力构件的受力，然后再分析其他作用力。

(4) 要注意两个构件连接处反力的关系。当所取的研究对象是几个构件的结合体时，它们之间结合处的反力是内力不必画出；而当两个相互连接的物体被拆开时，其连接处的约束反力是一对作用力与反作用力，它们等值、反向、共线，分别画在两个物体上。

(5) 若一个构件受三个力的作用而平衡，可应用三力平衡汇交原理判断出力的方向。

本章知识要点

一、基本概念

(1) **力** 物体之间相互的机械作用。

力的效应有外效应和内效应，静力学中研究力的外效应；力对物体的外效应，决定于三要素：大小、方向和作用点（作用线）。

(2) **力系** 作用在同一物体上的若干个力的总称。

(3) **刚体** 在任何外力作用下，大小和形状始终保持不变的物体。

刚体是抽象化的理想模型。静力学的研究对象是刚体。

(4) **平衡** 物体相对于惯性参考系保持静止或作匀速直线运动的状态。

二、静力学公理

公理一 二力平衡公理

作用在刚体上的两个力，大小相等、方向相反，且作用在同一直线上，是刚体保持平衡的必要和充分条件。

公理二 加减平衡力系公理

在已知力系上加上或者减去任意一个平衡力系，不会改变原力系对刚体的作用效应。

公理三 力的平行四边形法则

公理四 作用与反作用公理

两个物体之间的相互作用力一定大小相等、方向相反，沿同一作用线。

静力学公理及其推论反映了力的基本性质，是静力学的理论基础。

三、物体的约束类型及其约束反力

(1) 柔索约束 $\boldsymbol{F}_T$ 其约束反力方向沿着柔索的中心线，背离被约束的物体。

(2) 光滑面约束 $\boldsymbol{F}_N$ 其约束反力方向过接触点，沿着接触面的法线方向，指向物体。

(3) 光滑铰链约束 可分为固定铰支座、中间铰链、滚动铰支座三种形式，前两种能限制物体两个方向的移动，故表示为正交约束反力 $\boldsymbol{F}_x$、$\boldsymbol{F}_y$；第三种的约束反力只能沿滚子接触面的法线方向。

(4) 轴承约束 有向心轴承、推力轴承两种，前者的约束反力为 $\boldsymbol{F}_x$、$\boldsymbol{F}_y$，后者则为三个方向的正交约束反力 $\boldsymbol{F}_x$、$\boldsymbol{F}_y$、$\boldsymbol{F}_z$。

(5) 固定端约束 其约束反力除两个正交约束反力 $\boldsymbol{F}_x$、$\boldsymbol{F}_y$外，还有一个限制物体转动的约束力偶矩 $\boldsymbol{M}_A$。

四、受力分析和受力图

画受力图的基本步骤是：明确研究对象，取出分离体；画出主动力和约束反力。

同步训练

1-1 作出图 1-24 中重物的受力图。

1-2 作出图 1-25 中杆件的受力图。设接触面都是光滑的。

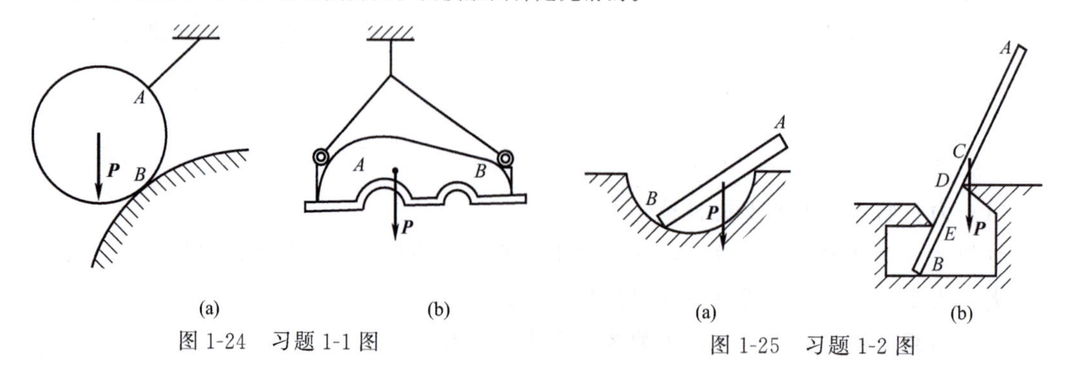

图 1-24 习题 1-1 图

图 1-25 习题 1-2 图

1-3　作出图 1-26 中杆件的受力图。没有画重力矢的物体都不计重力。

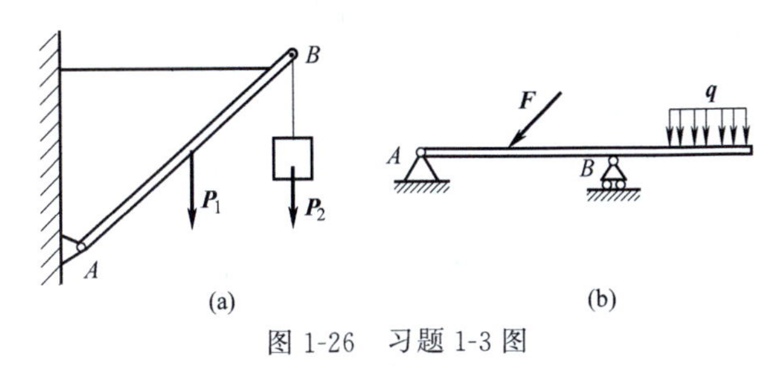

图 1-26　习题 1-3 图

1-4　试分别画出图 1-27 所示结构中 AB 与 BC 的受力图。

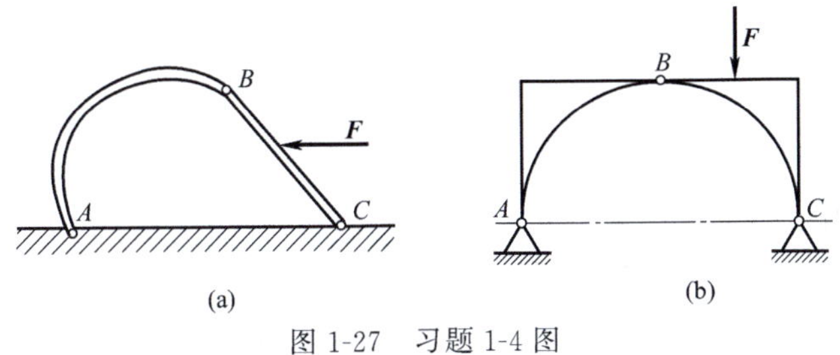

图 1-27　习题 1-4 图

1-5　画出图 1-28 中各构件及整个系统的受力图（各构件的自重不计，摩擦不计）：

（1）图（a）中的杆 AC、BC、DE 及整个系统；

（2）图（b）中的杆 DH、BC、AC 及整个系统。

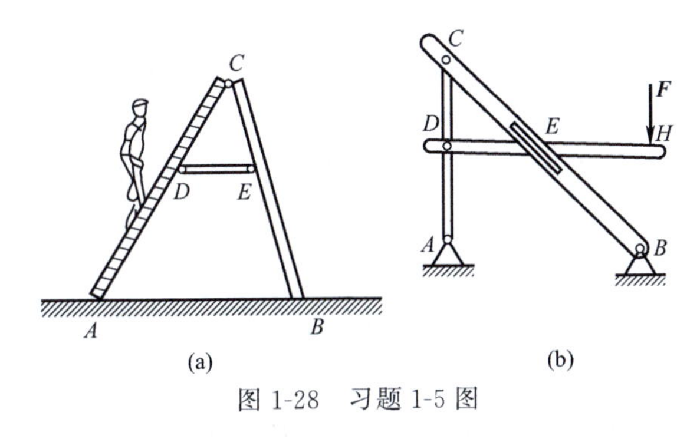

图 1-28　习题 1-5 图

1-6　如图 1-29 所示，复合横梁 $ABCDE$ 的 A 端为固定端支座，C 处为连接铰链，D 处为活动铰链支座。已知作用于梁上的主动力有载荷集度为 $\boldsymbol{q}$ 的均布载荷和力偶矩为 $\boldsymbol{M}$ 的集中力偶。试画出梁整体 $ABCDE$ 和其 ABC 部分与 CDE 部分的受力图。

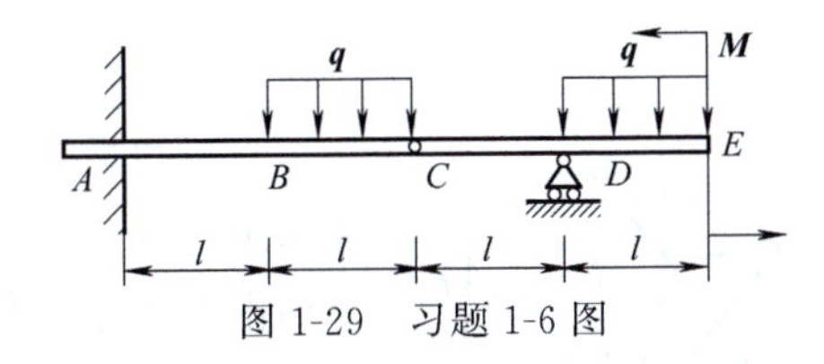

图 1-29　习题 1-6 图

第二章 平面力系

学习目标

(1) 掌握平面汇交力系、力矩、力偶、平面力偶系的概念。
(2) 掌握合力矩定理、力偶的性质、力的平移定理。
(3) 学会运用几何法和解析法简化和平衡平面汇交力系，解决实际问题。
(4) 学会运用平面力偶系的平衡条件建立平衡方程，求解未知量。
(5) 学会运用力的平移定理简化平面一般力系。
(6) 掌握平面一般力系的平衡方程，学会运用平衡方程解决工程实际问题。

作用于物体上的力系，若其各力的作用线都在同一平面内，则此力系称为平面力系。在平面力系中，各力的作用线汇交于一点的称为平面汇交力系；各力的作用线相互平行的称为平面平行力系；若各力作用线两两组成力偶的称为平面力偶系。本章主要研究各种平面力系的简化和平衡问题。

第一节 平面汇交力系

平面汇交力系是力系中最简单的一种形式，其简化与平衡有两种方法：**几何法和解析法。**

一、平面汇交力系合成与平衡的几何法

(一) 平面汇交力系的合成

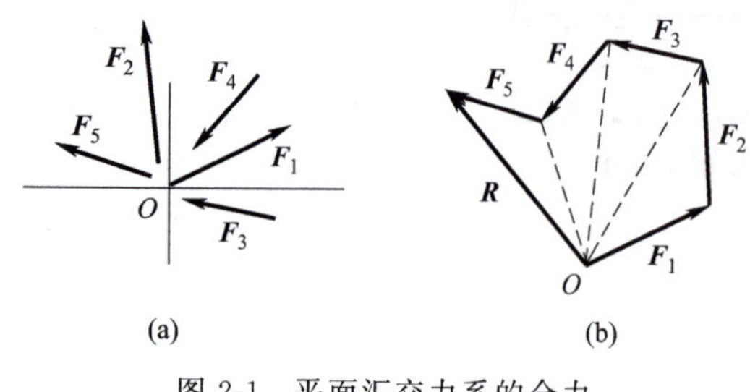

图 2-1 平面汇交力系的合力

力多边形如图 2-1 (a) 所示，刚体上作用 $\boldsymbol{F}_1$、$\boldsymbol{F}_2$、$\boldsymbol{F}_3$、$\boldsymbol{F}_4$、$\boldsymbol{F}_5$ 多个力组成的平面汇交力系，使用力三角形法对这些力进行合成，方法是将各力环绕同一方向首尾相接，最后连接第一个力的起点和最后一个力的终点，方向是由起点 O 指向终点，即为此平面汇交力系的合力 $\boldsymbol{R}$，如图

2-1（b）所示。由 $\boldsymbol{F}_1$、$\boldsymbol{F}_2$、$\boldsymbol{F}_3$、$\boldsymbol{F}_4$、$\boldsymbol{F}_5$ 和 $\boldsymbol{R}$ 组成的多边形，称为**力的多边形**，这种求解合力 $\boldsymbol{R}$ 的方法称为平面汇交力系简化的几何法。

将上述 $\boldsymbol{F}_1$、$\boldsymbol{F}_2$、$\boldsymbol{F}_3$、$\boldsymbol{F}_4$、$\boldsymbol{F}_5$ 组成的平面汇交力系采用矢量叠加的方法，则合力 $\boldsymbol{R}$ 可写为

$$\boldsymbol{R}=\boldsymbol{F}_1+\boldsymbol{F}_2+\boldsymbol{F}_3+\cdots+\boldsymbol{F}_n=\sum\boldsymbol{F} \tag{2-1}$$

值得注意的是，在力多边形中，合力 $\boldsymbol{R}$ 与各分力排列的先后次序无关。各分力首尾相接，环绕同一方向，而合力则沿反方向将力多边形封闭。可形象表述为：分力是箭头咬箭尾，合力是由起点指向终点。

（二）平面汇交力系平衡的几何条件

若平面汇交力系处于平衡状态，则力系简化结果的合力 $\boldsymbol{R}$ 应为零，各分力形成的力多边形自行封闭。即平面汇交力系平衡的几何条件是：力的多边形自行封闭。

什么叫力的多边形？在力的多边形中，合力与分力如何区别？

二、平面汇交力系合成与平衡的解析法

几何法求解静力学平衡问题时有一定的局限性，有时还很烦琐。因此，在工程上广泛应用计算的方法，即解析法来求解静力学平衡问题。解析法的基础是力在坐标轴上的投影。

（一）力在直角坐标轴上的投影

如图 2-2 所示，过 $\boldsymbol{F}$ 两端向坐标轴引垂线得垂足 a、b、a'、b'。线段 ab 和 $a'b'$ 分别为 $\boldsymbol{F}$ 在 x 轴和 y 轴上投影的大小，投影的正负号规定为：从 a 到 b（或从 a' 到 b'）的指向与坐标轴正向相同为正，相反为负。$\boldsymbol{F}$ 在 x 轴和 y 轴上的投影分别计作 F_x、F_y，若已知 $\boldsymbol{F}$ 的大小及其与 x 轴所夹的锐角 α，则有

$$\left.\begin{aligned} F_x&=F\cos\alpha \\ F_y&=-F\sin\alpha \end{aligned}\right\} \tag{2-2}$$

如将 $\boldsymbol{F}$ 沿坐标轴方向分解，所得分力 $\boldsymbol{F}_x$、$\boldsymbol{F}_y$ 的值与在同轴上的投影 F_x、F_y 相等。但需注意，力在轴上的投影是代数量，而分力是矢量，不可混为一谈。

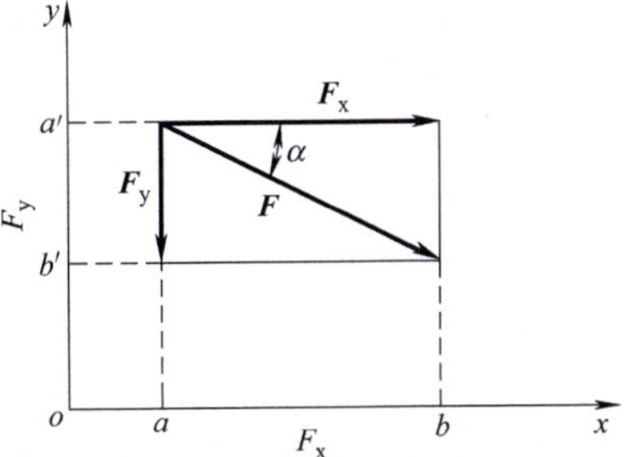

图 2-2　力在直角坐标轴上的投影

（二）合力投影定理

合力投影定理：合力在任一坐标轴上的投影，等于其各分力在同一坐标轴上投影的代数和。即

$$\left.\begin{aligned} F_{Rx}&=F_{1x}+F_{2x}+\cdots+F_{nx}=\sum F_x \\ F_{Ry}&=F_{1y}+F_{2y}+\cdots+F_{ny}=\sum F_y \end{aligned}\right\} \tag{2-3}$$

证明略。

（三）平面汇交力系的合成——解析法

若已知平面汇交力系各分力的大小和方向，由式（2-3）易求得各分力在坐标轴上投影的代数和 F_{Rx}、F_{Ry}的值，由勾股定理可求出合力 $\boldsymbol{R}$ 的大小和方向，即

$$\left.\begin{array}{l} R=\sqrt{F_{Rx}^{2}+F_{Ry}^{2}} \\ \tan\alpha=\left|F_{Ry}/F_{Rx}\right| \end{array}\right\} \tag{2-4}$$

（四）平面汇交力系平衡的平衡方程

若上述平面汇交力系平衡，即合力 $\boldsymbol{R}$ 等于零。则各分力在同一坐标轴上投影的代数和也应该为零，故

$$\left.\begin{array}{l} \sum F_{x}=0 \\ \sum F_{y}=0 \end{array}\right\} \tag{2-5}$$

式（2-5）称为平面汇交力系的平衡方程。它表明平面汇交力系中各力在两个坐标轴上投影的代数和分别等于零。利用平衡方程，可以解出平衡的平面汇交力系中的两个未知量。

平面汇交力系平衡的几何条件和解析条件是什么？

习题解析

［例 2-1］ 重 $G=100$N 的球放在与水平面成 30°角的光滑斜面上，并用与斜面平行的绳 AB 系住，如图 2-3（a）所示。试分别用几何法和解析法求 AB 绳受到的拉力及球对斜面的压力。

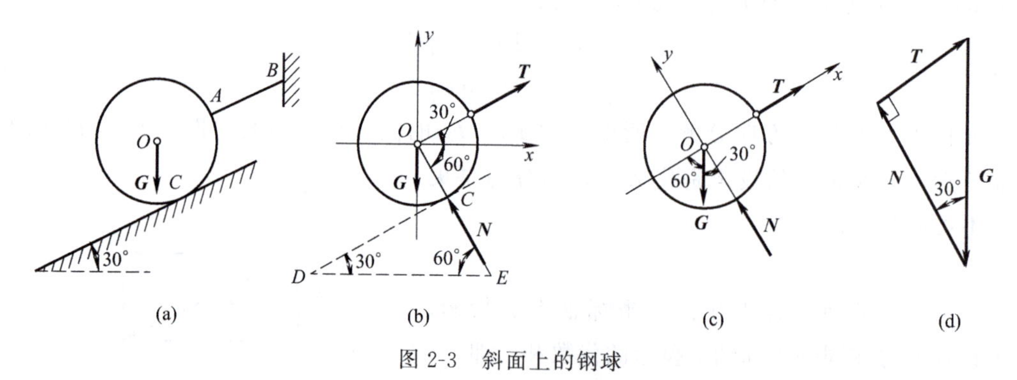

图 2-3 斜面上的钢球

解：

（1）选球为研究对象，画受力图，如图 2-3（b）所示。

（2）用几何法作力多边形，如图 2-3（d）所示。

易知：

$$N=G\cos30°=100\times0.866=86.6\ (\mathrm{N})$$
$$T=G\sin30°=100\times0.5=50\ (\mathrm{N})$$

(3) 用解析法求解。

建立与斜面平行的方向为 x 坐标轴，如图 2-3 (c) 所示，列平衡方程

$$\sum F_x=0,\quad T-G\cos60°=0$$
$$\sum F_y=0,\quad N-G\sin60°=0$$

故

$$T=G\cos60°=100\times0.5=50\ (\mathrm{N})$$
$$N=G\sin60°=100\times0.866=86.6\ (\mathrm{N})$$

也可以按图 2-3 (b) 所示的方向建立坐标系，但求解起来较烦琐，同学们可以试试。从这个例题可知，在使用解析法时，为解题方便，选择坐标轴有一定的原则，即：坐标轴方向与未知力方向垂直或平行时，平衡方程容易求解。

[例 2-2] 图 2-4 (a) 所示为一简易起重机。利用绞车和绕过滑轮的绳索吊起重物，重物的重力 $G=20\mathrm{kN}$，各杆件与滑轮的重力不计。滑轮 B 的大小可忽略不计，试求杆 AB 与 BC 所受的力。

解：(1) 取节点 B 为研究对象，画其受力图，如图 2-4 (b) 所示。由于杆 AB 与 BC 均为两力构件，对 B 的约束反力分别为 $\boldsymbol{F}_1$ 与 $\boldsymbol{F}_2$，滑轮两边绳索的约束反力相等，即 $T=G$。

(2) 选取坐标系 xBy。

(3) 列平衡方程式求解未知力。

$$\sum F_x=0,\quad F_2\cos30°-F_1-T\sin30°=0$$
$$\sum F_y=0,\quad F_2\sin30°-T\cos30°-G=0$$

解得

$$F_1=54.6\mathrm{kN},\quad F_2=74.6\mathrm{kN}$$

由于此两力均为正值，说明 $\boldsymbol{F}_1$ 与 $\boldsymbol{F}_2$ 的方向与图示一致，即 AB 杆受拉力，BC 杆受压力。

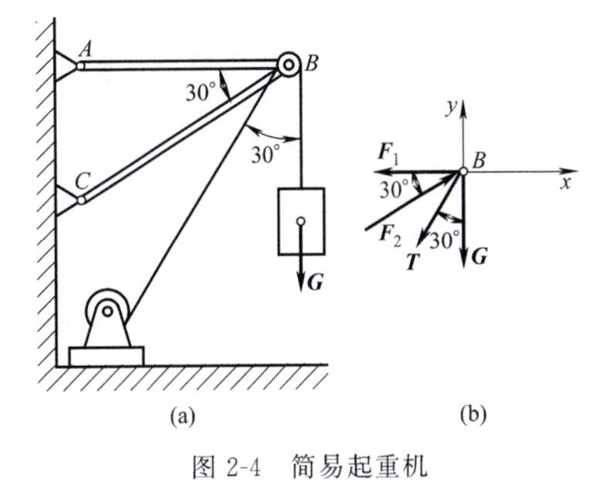

图 2-4 简易起重机

第二节 力矩和力偶

实践经验表明，力对刚体的作用除了可以产生移动效应，还会产生转动效应，为研究这种转动效应，特引入力对点之矩和力偶的概念。

一、力对点之矩

如图 2-5 所示，用扳手拧螺母时，力 $\boldsymbol{F}$ 使螺母绕 O 点转动的效应不仅与力 $\boldsymbol{F}$ 的大小有关，而且还与转动中心 O 到 $\boldsymbol{F}$ 的垂直距离 h 有关，因此，可用 $\boldsymbol{F}$ 与 h 的乘积来度量转动效应。

在研究力使物体转动的问题时，我们常把物体的转动中心 O 点称为矩心，把矩心到

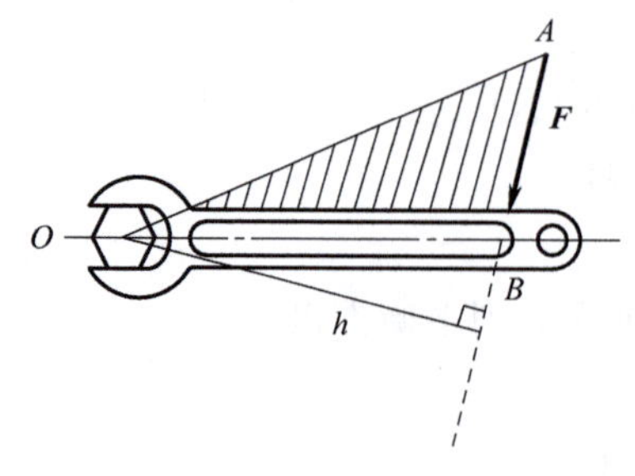

图 2-5 力对点之矩

力作用线的垂直距离 d 称为力臂，将力 $\boldsymbol{F}$ 的大小与力臂 h 的乘积 Fh 称为力对点之矩，简称力矩，记作 $M_O(\boldsymbol{F})$，即

$$M_O(\boldsymbol{F})=\pm Fh \tag{2-6}$$

在平面问题中，力矩是一个代数量，其正负号的规定为：力使物体绕矩心逆时针转动取正号；反之，取负号。其单位为牛·米（N·m）或千牛·米（kN·m）。

从几何上看，力 $\boldsymbol{F}$ 对点 O 的矩在数值上等于三角形 OAB 面积的两倍，如图 2-5 所示。

由力矩的定义式可知，力矩具有以下性质。

(1) 力矩不仅与力的大小、转向和力臂有关，还与矩心位置有关，同一力对不同的矩心其力矩不同。

(2) 力沿其作用线滑移时，力矩不变。

(3) 力对点的矩在两种情况下等于零：①力为零；②力臂为零，即力的作用线过矩心。

二、合力矩定理

合力矩定理：**合力对平面内任意一点之矩，等于其所有分力对同一点之矩的代数和。** 即若

$$\boldsymbol{R}=\boldsymbol{F}_1+\boldsymbol{F}_2+\cdots+\boldsymbol{F}_n$$

则

$$M_O(\boldsymbol{R})=M_O(\boldsymbol{F}_1)+M_O(\boldsymbol{F}_2)+\cdots+M_O(\boldsymbol{F}_n) \tag{2-7}$$

证明： 如图 2-6 所示，设力 $\boldsymbol{F}_1$、$\boldsymbol{F}_2$ 作用于刚体上的 A 点，其合力为 $\boldsymbol{F}_R$，任取一点 O 为矩心，过 O 作 OA 之垂线为 x 轴，并过各力矢端 B、C、D 向 x 轴引垂线，得垂足 b、c、d，按投影法则有

$$Ob=cd=F_{1x},\quad Oc=F_{2x},\quad Od=F_{Rx}$$

按合力投影定理，有

$$Od=Ob+Oc$$

各力对 O 点之矩，可用力与矩心所形成的三角形面积的两倍来表示，故有

$$M_O(\boldsymbol{F}_1)=2\triangle OAB=OA\times Ob$$
$$M_O(\boldsymbol{F}_2)=2\triangle OAC=OA\times Oc$$
$$M_O(\boldsymbol{F}_R)=2\triangle OAD=OA\times Od$$

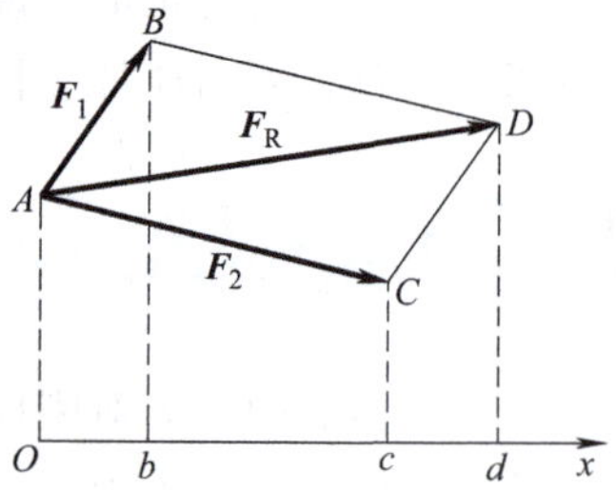

图 2-6 合力矩定理

显然

$$M_O(\boldsymbol{F}_R)=M_O(\boldsymbol{F}_1)+M_O(\boldsymbol{F}_2)$$

若在 A 点有一平面汇交力系 $\boldsymbol{F}_1$、$\boldsymbol{F}_2$、…、$\boldsymbol{F}_n$ 作用，此力系的合力为 $\boldsymbol{R}$，则多次重复使用上述方法，可得

$$M_O(\boldsymbol{R})=\sum M_O(\boldsymbol{F}) \tag{2-8}$$

上述合力矩定理不仅适用于平面汇交力系，对于其他力系，如平面任意力系、空间力

系等，也都同样成立。

三、力对点之矩的求解方法

（1）利用力矩的定义求解。

（2）利用合力矩定理求力矩。

在计算力矩时，当力臂较难确定时，常将力分解为若干分力（通常是正交分解），然后用合力矩定理计算，从而使问题易于求解。

习题解析

［例 2-3］ 如图 2-7 所示，圆柱齿轮的压力角 $\alpha=20^\circ$，法向压力 $\boldsymbol{F}=1\text{kN}$，齿轮分度圆半径 $D=60\text{mm}$，试求力 $\boldsymbol{F}$ 对轴心 O 之矩。

解：（1）根据定义求解。

如图 2-7（a）所示，根据力对点之矩的定义式得

$$M_O(\boldsymbol{F})=Fd=F\frac{D}{2}\cos\alpha=1000\times\frac{60}{2}\times\cos20^\circ=28.2\ (\text{N}\cdot\text{mm})$$

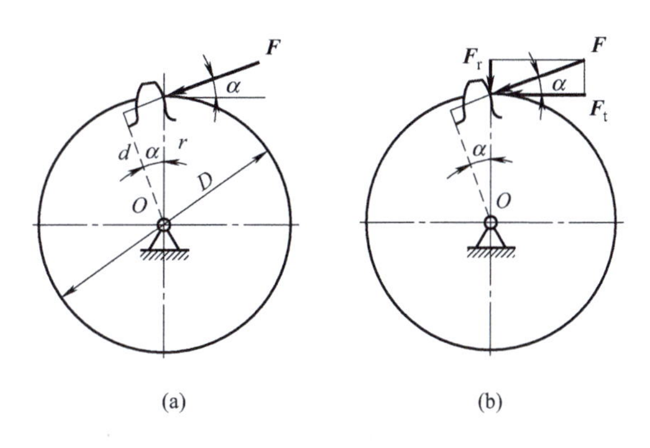

图 2-7 圆柱齿轮的受力

（2）根据合力矩定理求解。

首先，将力 $\boldsymbol{F}$ 沿分度圆的周向和径向分解，如图 2-7（b）所示，得

$$F_t=F\cos\alpha;\quad F_r=F\sin\alpha$$

然后，由合力矩定理，得

$$M_O(\boldsymbol{F})=M_O(\boldsymbol{F}_r)+M_O(\boldsymbol{F}_t)$$

显然，$M_O(\boldsymbol{F}_r)=0$（$\boldsymbol{F}_r$ 通过 O 点，力臂为零）。故

$$M_O(\boldsymbol{F})=M_O(\boldsymbol{F}_t)=F\times\cos\alpha\times D/2=1000\times\cos20^\circ\times30=28.2\ (\text{N}\cdot\text{mm})$$

四、力偶及其性质

（一）力偶的定义

除了力矩对物体可以产生转动效应外，力偶也可以使物体产生转动效应。力学中，我们把作用在同一物体上，大小相等、方向相反、作用线平行的一对力称为力偶。力偶中的

两个力作用线间的距离 d 称为**力偶臂**，两个力所在的平面称为力偶的作用面。在日常生活中，物体受力偶作用而转动的例子十分常见，例如，司机两手转动方向盘，如图 2-8（a）所示；双手用丝锥攻螺纹，如图 2-8（b）所示；用两个手指拧动水龙头，如图 2-8（c）所示等，施加的都是力偶。

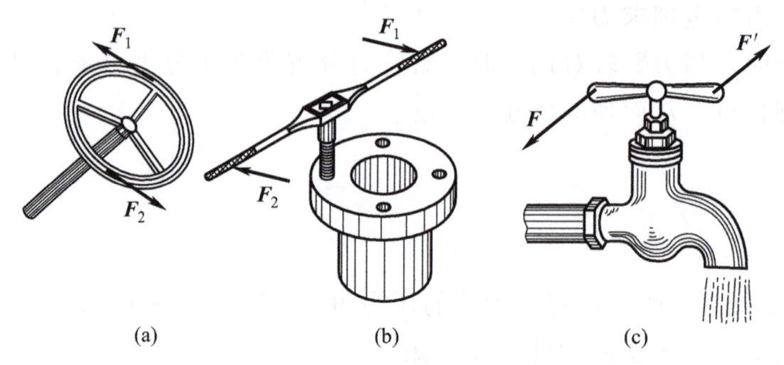

图 2-8　力偶作用实例

力学上，以 $\boldsymbol{F}$ 与力偶臂 d 的乘积作为量度力偶在其作用面内对物体转动效应的物理量，称为力偶矩，并记作 M（$\boldsymbol{F}$，$\boldsymbol{F}'$）或 M。即

$$M(\boldsymbol{F},\boldsymbol{F}')=M=\pm Fd \tag{2-9}$$

一般规定，逆时针转动的力偶取正值，顺时针取负值。力偶矩的单位与力矩的单位相同，为牛·米（N·m）或千牛·米（kN·m）。

（二）力偶的三要素

力偶对物体的转动效应取决于下列三要素。

（1）力偶矩的大小。

（2）力偶的转向。

（3）力偶作用面的方位。

（三）力偶的性质

性质 1　力偶对其作用面内任意点的力矩恒等于其力偶矩，而与矩心的位置无关。

性质 2　力偶在任意坐标轴上的投影之和为零，故力偶无合力，力偶不能与一个力等效，也不能用一个力来平衡。

性质 3　凡是三要素相同的力偶则彼此等效，即它们可以相互置换。如图 2-9 所示，力偶在它的作用面内，只要转向和力偶矩保持不变，力偶可以任意转移位置，其作用效应和原力偶相同。这一性质称为**力偶的等效性**。应当注意的是，力偶的等效性及其推论只适用于刚体，不适用于变形体。

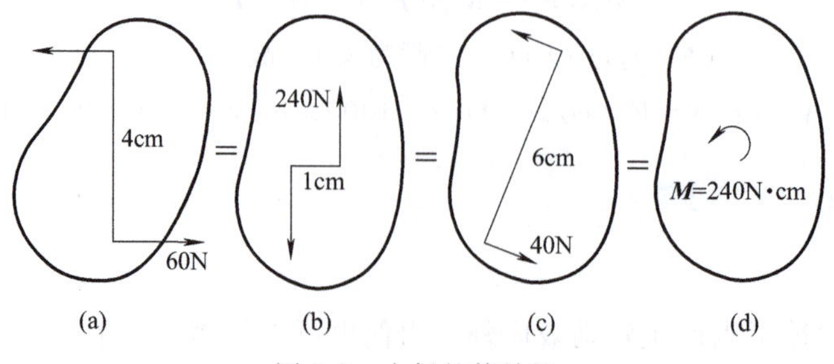

图 2-9　力偶的等效性

（1）什么是力矩、力偶？它们对物体会产生怎样的效应？力矩、力偶都与转动中心的位置有关，这句话对吗？为什么？

（2）力偶的三要素是什么？什么是力偶的等效性？

第三节 平面力偶系

若刚体上所受的力两两组成力偶，且位于同一平面内，这种只由平面力偶组成的力系称为平面力偶系。显然，这一力系对刚体只能产生转动效应。

一、平面力偶系的合成

既然力偶对物体只有转动效应，而且转动效应由力偶矩来度量，那么，当平面内有若干个力偶同时作用时，其转动效应的大小应等于各力偶转动效应的总和。即合力偶矩 M 等于各分力偶矩的代数和，若物体上作用有若干个力偶 m_1、m_2、…、m_n，则

$$M=m_1+m_2+\cdots+m_n \tag{2-10}$$

二、平面力偶系的平衡

易知，平面力偶系平衡的必要和充分条件是：所有力偶矩的代数和等于零。即

$$M=m_1+m_2+\cdots+m_n=\sum m=0 \tag{2-11}$$

平面力偶系只有一个独立的平衡方程，至多可以解一个未知量。

［例 2-4］ 平面四连杆机构在如图 2-10（a）所示位置时平衡，已知 $OA=60\text{cm}$，$O_1B=40\text{cm}$，作用在摇杆 OA 上的力偶矩 $M_1=1\text{N}\cdot\text{m}$，不计杆自重，求力偶矩 M_2 的大小。

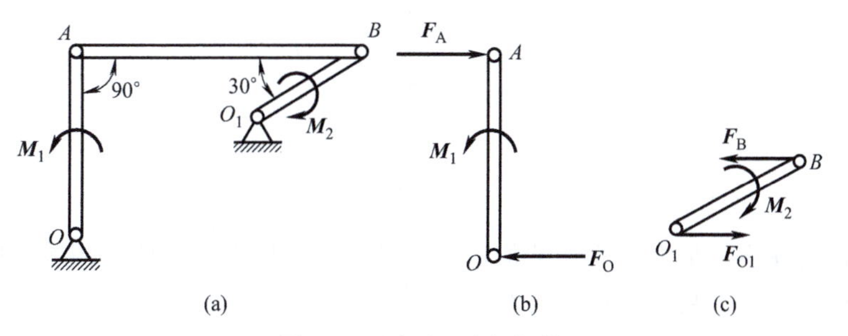

图 2-10 平面四连杆机构

解：（1）受力分析。

先取 OA 杆分析，如图 2-10（b）所示，在杆上作用有主动力偶矩 $\boldsymbol{M}_1$，根据力偶的性质，力偶只能用力偶来平衡，所以在杆的两端点 O、A 上必作用有大小相等、方向相反的一对力 $\boldsymbol{F}_O$ 及 $\boldsymbol{F}_A$，而连杆 AB 为二力杆，所以 $\boldsymbol{F}_A$ 的作用方向被确定。再取 O_1B 杆分析，如图 2-10（c）所示，此时杆上作用一个待求力偶 M_2，此力偶与作用在 O_1、B 两端点上的约束反力构成的力偶平衡。

（2）列平衡方程。

取 OA 杆 $\qquad \sum M=0,\ M_1-F_A\times OA=0$

得 $\qquad F_A=\dfrac{M_1}{OA}=\dfrac{1}{0.6}=1.67\ (\mathrm{N})$

取 O_1B 杆 $\qquad \sum M=0,\ F_B\times O_1B\sin30^\circ-M_2=0$

因 $\qquad F_B=F_A=1.67\ (\mathrm{N})$

故得 $\qquad M_2=F_A\times O_1B\times0.5=1.67\times0.4\times0.5=0.33\ (\mathrm{N\cdot m})$

第四节 平面一般力系

当力系中各力的作用线都处于同一平面内，既不全部汇交于一点，也不都形成力偶，这样的力系称为平面一般力系，它是工程上最常见的一种力系。

一、力的平移定理

力的平移定理：力可以平移，但平移后必须附加一个力偶，附加力偶的力偶矩等于原力对新作用点之矩。

证明：设有一作用于 A 点的力 $\boldsymbol{F}$，如图 2-11（a）所示。若想将力 $\boldsymbol{F}$ 平移到平面内任意一点 O，可假想在 O 点施加一对与 $\boldsymbol{F}$ 平行且等值的平衡力 $\boldsymbol{F}_1$ 和 $\boldsymbol{F}_2$，如图 2-11（b）所示，由加减平衡力系公理可知，此力系与原力系等效。$\boldsymbol{F}$ 与 $\boldsymbol{F}_1$ 等值、反向、平行，组成了一个力偶，其力偶矩的值 $M(\boldsymbol{F},\boldsymbol{F}_1)$ 等于 $\boldsymbol{F}$ 对 O 点之矩，即 $M=Fd$［图 2-11 中，$M(\boldsymbol{F},\boldsymbol{F}_1)$ 的转向为逆时针，故为正值］。于是，作用在 A 点的力 $\boldsymbol{F}$ 就与作用于 O 点的平移力 $\boldsymbol{F}_2$ 和附加力偶 $\boldsymbol{M}$ 的联合作用等效，如图 2-11（c）所示。

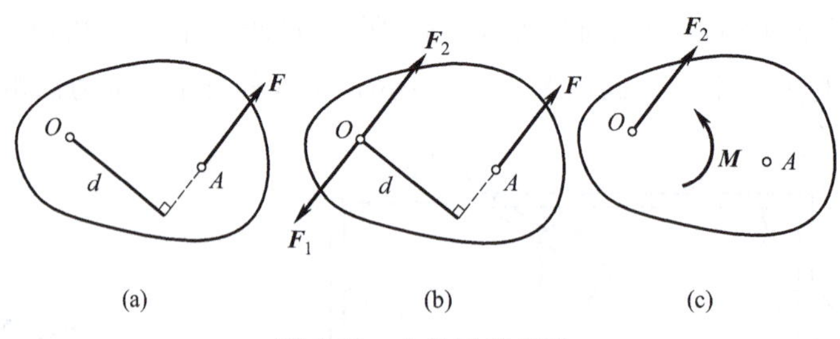

图 2-11 力的平移定理

力的平移定理不仅是力系简化的依据，而且也是分析力对物体作用效应的一个重要方法，能解释许多工程上和生活中的现象。例如，打乒乓球时，当球拍击球的作用力 $\boldsymbol{F}$ 没有通过球心时，按照力的平移定理，将力平移至球心，平移力 $\boldsymbol{F}'$ 使球产生移动，附加力偶 $\boldsymbol{M}$ 使球产生绕球心的转动，于是形成旋转球，如图 2-12 所示。

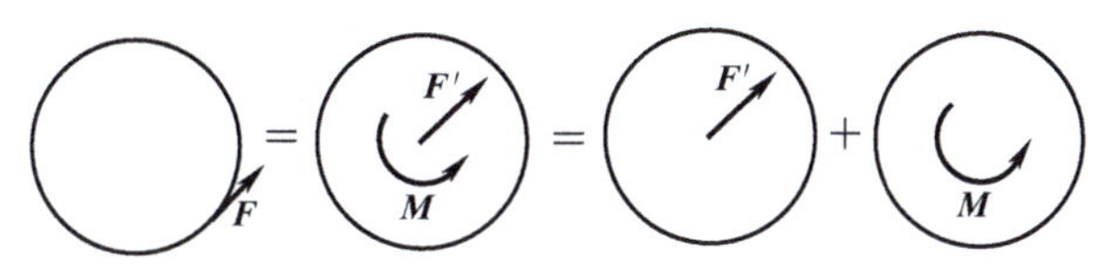

图 2-12　削乒乓球原理

力可以在刚体上平行移动吗？如果可以，需要满足什么条件？

二、平面一般力系向作用平面内任意一点的简化

（一）平面一般力系向作用平面内任意一点的简化过程

平面一般力系的简化以力的平移定理为依据。设刚体上作用由 $\boldsymbol{F}_1$、$\boldsymbol{F}_2$、…、$\boldsymbol{F}_n$ 组成的平面一般力系，如图 2-13（a）所示。在力系所在平面内任选一点 O 作为简化中心，并根据力的平移定理将各力平移到 O 点得 $\boldsymbol{F}'_1$、$\boldsymbol{F}'_2$、…、$\boldsymbol{F}'_n$，同时附加相应的力偶 $\boldsymbol{m}_1$、$\boldsymbol{m}_2$、…、$\boldsymbol{m}_n$，如图 2-13（b）所示。于是原力系等效地简化为两个力系：作用于 O 点的平面汇交力系 $\boldsymbol{F}'_1$、$\boldsymbol{F}'_2$、…、$\boldsymbol{F}'_n$ 和由 $\boldsymbol{m}_1$、$\boldsymbol{m}_2$、…、$\boldsymbol{m}_n$ 组成的平面力偶系。根据力的平移定理可知：$F'_1=F_1$、$F'_2=F_2$、…、$F'_n=F_n$；$m_1=m_o(\boldsymbol{F}_1)$、$m_2=m_o(\boldsymbol{F}_2)$、…、$m_n=m_o(\boldsymbol{F}_n)$。下面我们分别将这两个力系合成。

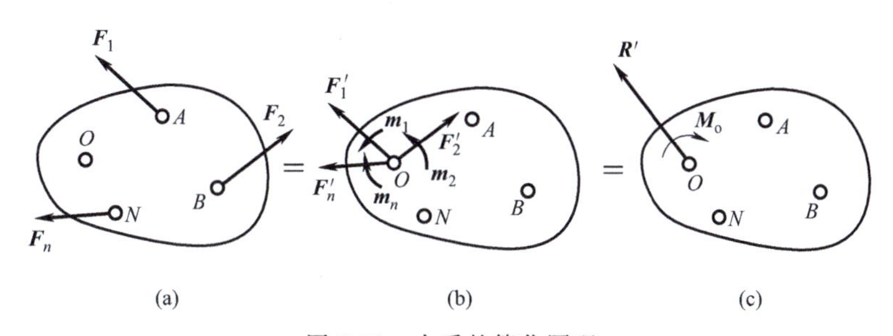

图 2-13　力系的简化原理

平面汇交力系 $\boldsymbol{F}'_1$、$\boldsymbol{F}'_2$、…、$\boldsymbol{F}'_n$ 可合成为一个作用于 O 点的合力 $\boldsymbol{R}'$，矢量式为

$$\boldsymbol{R}'=\boldsymbol{F}'_1+\boldsymbol{F}'_2+\cdots+\boldsymbol{F}'_n=\sum\boldsymbol{F}'=\sum\boldsymbol{F} \tag{2-12}$$

平面力偶系 $\boldsymbol{m}_1$、$\boldsymbol{m}_2$、…、$\boldsymbol{m}_n$ 可进一步合成为一个合力偶 $\boldsymbol{M}_O$，其力偶矩为

$$\boldsymbol{M}_o=\boldsymbol{m}_1+\boldsymbol{m}_2+\cdots+\boldsymbol{m}_n=\sum\boldsymbol{M}_O(\boldsymbol{F}) \tag{2-13}$$

（二）平面一般力系向作用平面内任意一点简化的结果——主矢和主矩

原力系与 $\boldsymbol{R}'$ 和 $\boldsymbol{M}_O$ 的联合作用等效。我们称 $\boldsymbol{R}'$ 为原力系的主矢量，简称**主矢**；$\boldsymbol{M}_O$ 称为原力系的**主矩**。主矢的作用点在简化中心 O 点上，其大小、方向与简化中心无关；主矩的值与简化中心 O 点的位置有关，简化中心选取的不一样，主矩的值也不一样。

若平面一般力系 $\boldsymbol{F}_1$、$\boldsymbol{F}_2$、…、$\boldsymbol{F}_n$ 沿坐标轴分解得 $\boldsymbol{F}_{1x}$、$\boldsymbol{F}_{2x}$、…、$\boldsymbol{F}_{nx}$ 和 $\boldsymbol{F}_{1y}$、$\boldsymbol{F}_{2y}$、…、$\boldsymbol{F}_{ny}$，则主矢 $\boldsymbol{R}'$ 的大小和方向可用解析法求解。

$$\left.\begin{aligned}R'_x&=F_{1x}+F_{2x}+\cdots+F_{nx}=\sum F_x\\R'_y&=F_{1y}+F_{2y}+\cdots+F_{ny}=\sum F_y\\R&=\sqrt{R'^2_x+R'^2_y}=\sqrt{(\sum F_x)^2+(\sum F_y)^2}\\\tan\theta&=\left|\frac{R'_y}{R'_x}\right|=\left|\frac{\sum F_y}{\sum F_x}\right|\end{aligned}\right\}\quad(2\text{-}14)$$

式中，θ 是 $\boldsymbol{R}'$ 与 x 轴所夹的锐角，$\boldsymbol{R}'$ 的指向可由 $\sum \boldsymbol{F}_x$ 和 $\sum \boldsymbol{F}_y$ 的正负确定。

主矩的大小与转向可由式（2-13）确定。

平面一般力系对平面内任意一点简化的结果是什么？主矢和主矩都与简化中心的位置无关吗？为什么？

［例 2-5］ 如图 2-14（a）所示，物体受 $\boldsymbol{F}_1$、$\boldsymbol{F}_2$、$\boldsymbol{F}_3$、$\boldsymbol{F}_4$、$\boldsymbol{F}_5$ 五个力的作用，已知各力的大小均为 10N，试将该力系分别向 A 点和 D 点简化。

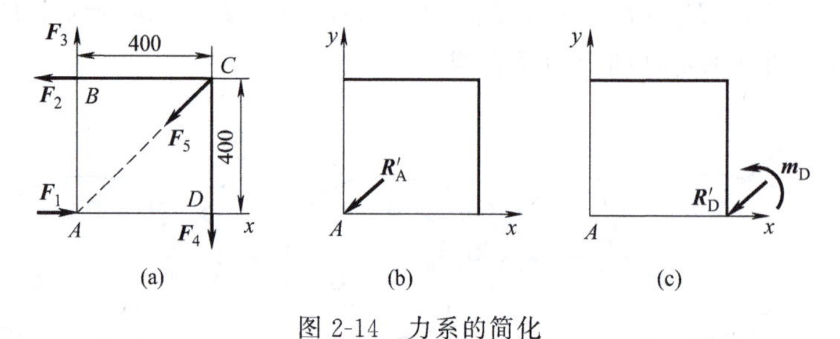

图 2-14 力系的简化

解：（1）向 A 点简化。

首先建立坐标系，然后由式（2-14）得

$R'_{Ax}=F_1-F_2-F_5\cos45°=10-10-10\times\cos45°=-7.07$（N）

$R'_{Ay}=F_3-F_4-F_5\sin45°=10-10-10\times\sin45°=-7.07$（N）

$R'_A=\sqrt{R'^2_{Ax}+R'^2_{Ay}}=\sqrt{(-7.07)^2+(-7.07)^2}=10$（N）

$M_A=\sum m_A(\boldsymbol{F})=0.4\boldsymbol{F}_2-0.4\boldsymbol{F}_4=0.4\times10-0.4\times10=0$

向 A 点简化的结果如图 2-14（b）所示。

（2）向 D 点简化。

可以采用上述做法，但由于有了向 A 点简化的结果，故也可直接根据力的平移定理将 $\boldsymbol{R}'_A$ 平移至 D 点。平移结果为

$$R'_D=R'_A=10\text{N}$$

$$M_D=m_D(\boldsymbol{R}'_A)=R'_A\times0.4\sin45°=10\times0.4\times\sin45°=2.83\ (\text{N}\cdot\text{m})$$

向 D 点简化的结果如图 2-14（c）所示。

三、平面一般力系向作用平面内任一点简化结果的讨论

如上所述，平面一般力系向平面内任一点简化后一般得到主矢和主矩，进一步讨论力系简化的结果，可以有以下四种情况。

（一）主矢 $R'=0$，主矩 $M_O \neq 0$

即原力系简化结果为一力偶，即原力系的合力偶，其合力偶矩等于力系的主矩。只有在这种情况下，力系的主矩才与简化中心的位置无关。

（二）主矢 $R' \neq 0$，主矩 $M_O=0$

即原力系简化为一合力，其大小和方向等于力系的主矢，作用线通过简化中心 O。

（三）主矢 $R' \neq 0$，主矩 $M_O \neq 0$

这种情况下，平面一般力系可根据力的平移定理进一步简化，简化结果为一合力 $\boldsymbol{R}$。合力 $\boldsymbol{R}$ 大小和方向仍与力系的主矢 $\boldsymbol{R}'$相同，其作用线距 O 点的距离 d 为

$$d=\left|\frac{M_O}{R}\right|=\left|\frac{M_O}{R'}\right| \tag{2-15}$$

如图 2-15 所示，由主矢 $\boldsymbol{R}'$和主矩 $\boldsymbol{M}_O$ 进一步简化为合力 $\boldsymbol{R}$ 的过程实际上就是力的平移定理的逆过程。d 是简化中心 O 到合力 $\boldsymbol{R}$ 的作用线的垂直距离。

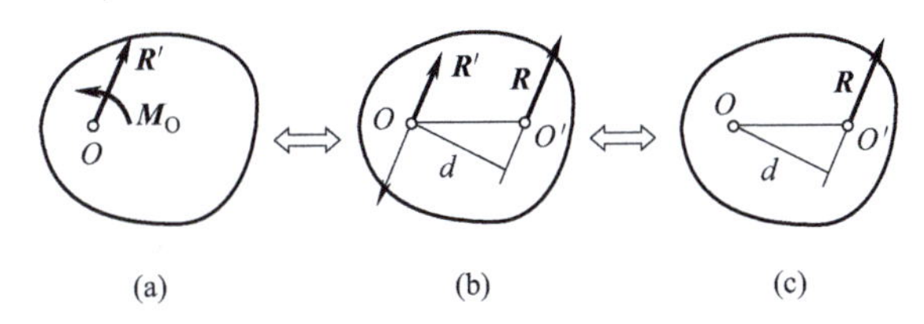

图 2-15　力系简化最后结果分析

可见，无论力系的主矩 M_O 是否等于零，只要力系的主矢 R'不等于零，则原力系简化的最后结果必定是一个合力。

（四）主矢 $R'=0$，主矩 $M_O=0$

此时，物体在平面一般力系作用下处于平衡状态。

四、平面一般力系的平衡

由前所述，平面一般力系向任一点简化可得主矢 $\boldsymbol{R}'$和主矩 $\boldsymbol{M}_O$，主矢表示了原力系对物体的移动效应，主矩表示了原力系对物体的转动效应。当主矢和主矩均为零时，则力系对物体既无移动效应也无转动效应，即物体平衡。

（一）平面一般力系的平衡方程

1. 平衡方程基本形式

$$\left.\begin{aligned}\Sigma F_x=0\\ \Sigma F_y=0\\ \Sigma M_O=0\end{aligned}\right\} \tag{2-16}$$

式（2-16）表明，平面一般力系的平衡条件为：力系中各力在任意直角坐标系的两坐标轴上投影的代数和等于零，各力对平面内任意一点之矩等于零。式（2-16）中只含有一

个力矩方程，故又称为一矩式。

2. 二矩式

$$\left.\begin{array}{r}\Sigma F_x=0 \text{ 或 } \Sigma F_y=0 \\ \Sigma M_A=0 \\ \Sigma M_B=0\end{array}\right\} \tag{2-17}$$

条件：x 轴或 y 轴不垂直于 AB 连线。

3. 三矩式

$$\left.\begin{array}{r}\Sigma M_C=0 \\ \Sigma M_A=0 \\ \Sigma M_B=0\end{array}\right\} \tag{2-18}$$

条件：A、B、C 三点不共线。

（二）平面一般力系平衡的解题步骤

（1）选取研究对象，画出受力图。正确地画出受力图是求解平衡问题的基础。

（2）建立直角坐标系，选取矩心。应尽可能使坐标轴与未知力平行（重合）或垂直；尽可能将矩心选在两个未知力的交点，这样可使解题过程简化。

（3）列平衡方程，求解未知量。

平面各种力系的平衡条件是什么？它们可以解出几个未知量？

［例 2-6］ 如图 2-16（a）所示为一悬臂吊车示意图，已知横梁 AB 的自重 $G=4\text{kN}$，小车及其载荷共重 $Q=10\text{kN}$，梁的尺寸如图所示。试求 BC 杆的拉力及 A 处的约束反力。

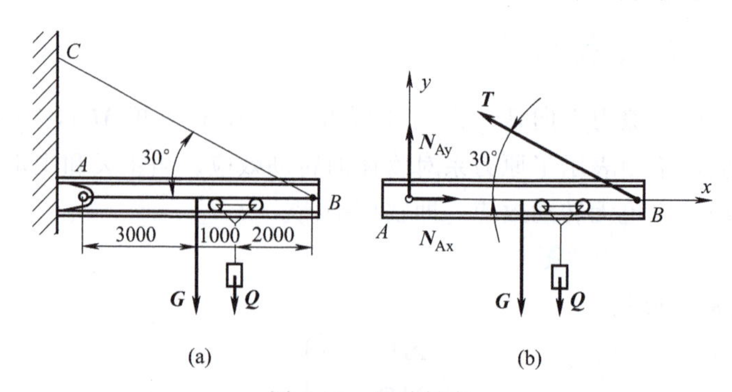

图 2-16 悬臂吊车

解：（1）取 AB 梁为研究对象，画其受力图，如图 2-16（b）所示。

（2）建立直角坐标系 xAy，列平衡方程。

$$\sum m_A(\boldsymbol{F})=0 \qquad T\times 6\sin 30°-G\times 3-Q\times 4=0$$

$$\sum F_x=0 \qquad N_{Ax}-T\cos 30°=0$$

$$\sum F_y=0 \qquad N_{Ay}+T\sin 30°-G-Q=0$$

解得　　$T=17.33$ (kN)；$N_{Ax}=15$ (kN)；$N_{Ay}=5.33$ (kN)

［例 2-7］ 如图 2-17（a）所示悬臂梁，梁上作用有均布载荷 $\boldsymbol{q}$，在 B 端作用有集中力 $F=ql$ 和集中力偶 $M=ql^2$，梁长度为 $2l$，已知 q 和 ql（力的单位为 N，长度单位为 m）。求固定端的约束反力。

解：(1) 取 AB 梁为研究对象，画受力图，如图 2-17（b）所示。均布载荷 q 可简化为作用于梁中点的一个集中力 $F_Q=q\times 2l$。

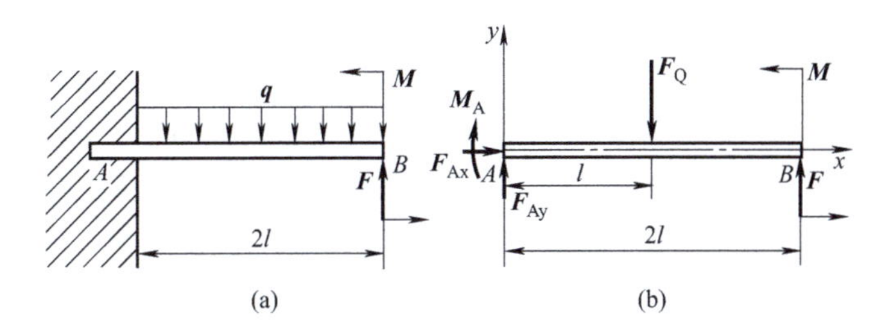

图 2-17　例题 2-7

(2) 列平衡方程。

$$\sum F_x=0,\quad F_{Ax}=0$$

$$\sum M_A(\boldsymbol{F})=0,\quad M-M_A+F(2l)-F_Q l=0,$$

故

$$M_A=M+2Fl-F_Q l=ql^2+2ql^2-2ql^2=ql^2$$

$$\sum F_y=0,\quad F_{Ay}+F-F_Q=0$$

故

$$F_{Ay}=F_Q-F=2ql-ql=ql$$

小贴士

平面一般力系平衡求解未知量时应注意的问题：

(1) 画好受力图，先画已知力，后画未知力，注意检查不要遗漏。

(2) 坐标轴的选取很关键，尽可能将矩心选在两个未知力的交点，这样可使解题过程大大简化。

(3) 平衡三个方程最多求解三个未知量，若发现未知量比方程多，可能遗漏一个平衡方程，或者受力图有问题，再检查一下，最后计算结果注意标上单位哦。

（三）平面平行力系的平衡条件

若物体上所受各力的作用线分布在同一平面内，且互相平行，则称此力系为平面平行力系，如图 2-18 所示。它是平面一般力系的特殊情形。

取与各力平行的轴为 y 轴，则这些力在 x 轴上的投影都等于零，如图 2-18 所示。那么，平衡方程式 (2-16) 中的第一式就失去了意义，因此，平面平行力系独立的平衡方程有两个。

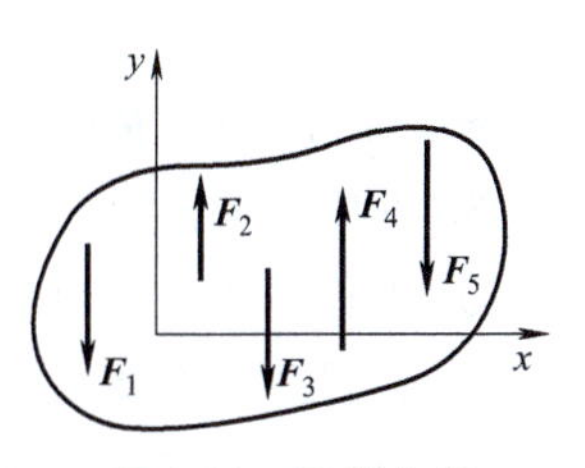

图 2-18　平行力系

1. 一矩式

$$\left.\begin{aligned}\Sigma F_y=0\\ \Sigma M_O=0\end{aligned}\right\} \tag{2-19}$$

2. 二矩式

$$\left.\begin{aligned}\Sigma M_A=0\\ \Sigma M_B=0\end{aligned}\right\} \tag{2-20}$$

条件：A、B 两点的连线不与各力作用线平行。

习题解析

［例 2-8］ 如图 2-19 所示行走式起重机，自重 $P_1=500\text{kN}$，重心在 O 点，与右轨距离为 b，载重 $P_2=250\text{kN}$，吊臂最远端距右轨为 l，平衡锤重 P_3，离左轨的距离为 c，轨距为 a。已知：$a=3\text{m}$，$b=1.5\text{m}$，$c=6\text{m}$，$l=10\text{m}$。试求起重机不致翻倒的平衡锤 P_3 的重量范围。

解：(1) 若此时为满载状态，起重机可能绕 B 点右翻，考虑临界平衡状态，A 处悬空，即 $\boldsymbol{F}_{NA}=0$。则

$$\Sigma M_B=0 \quad P_3(c+a)-P_1b-P_2l-0$$

解得 $$P_3=\frac{P_1b+P_2l}{(c+a)}=\frac{500\times1.5+250\times10}{6+3}=361.11\ (\text{kN})$$

(2) 空载时，起重机可能绕 A 点左翻，考虑临界平衡状态，B 处悬空，即 $F_{NB}=0$。则

$$\Sigma M_A=0 \qquad P_3c-P_1(a+b)=0$$

解得 $$P_3=\frac{P_1(a+b)}{c}=\frac{500(3+1.5)}{6}=375\ (\text{kN})$$

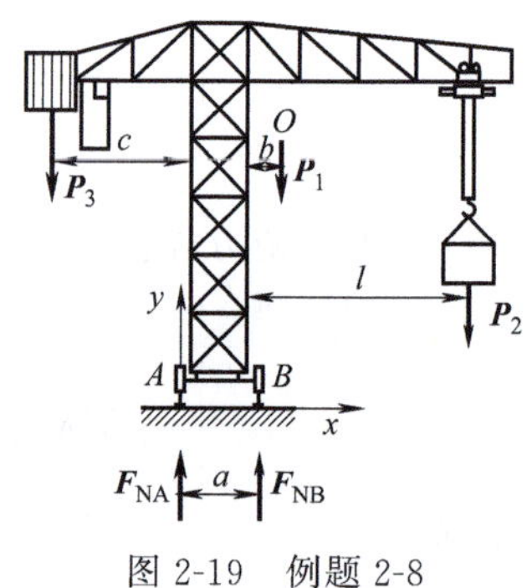

图 2-19 例题 2-8

故 平衡锤的范围应满足不等式 $361.11\text{kN}\leqslant P_3\leqslant375\text{kN}$。

本章知识要点

1. 平面汇交力系的平衡条件

① 平衡的几何条件：力多边形自行封闭。

② 平衡的解析条件：$\Sigma F_x=0$ 和 $\Sigma F_y=0$。

2. 力矩，合力矩定理

① 力矩的概念：力对具有转动中心的物体所产生的转动效应称为力对点之矩。

② 力矩记作 $M_O(\boldsymbol{F})=\pm Fh$。

③ 合力矩定理：力系的合力对平面上任一点之矩，等于所有各分力对同一点力矩的代数和，记作 $M_O(\boldsymbol{R})=\Sigma M_O(\boldsymbol{F})$。

3. 力偶及力偶矩

① 力偶的概念：力偶为一对等值、反向且不共线的平行力，它对物体产生转动效应。

② 力偶的三个要素：力偶矩的大小、力偶的转向与力偶的作用面。

③ 力偶矩可以记作 $M(\boldsymbol{F},\boldsymbol{F}')=M=\pm Fd$。

4. 力的平移定理

力的平移定理：作用于刚体上的力 **F** 可以平移到刚体内任一点 O，但必须附加一力偶，此附加力偶的力偶矩等于原力 **F** 对点 O 之矩。

5. 平面一般力系的简化结果

① 力系的主矢 $R'=0$，主矩 $M_O\neq0$，力系的简化结果为一力偶；

② 力系的主矢 $R'\neq0$，主矩 $M_O=0$，力系的简化结果为一合力；

③ 力系的主矢 $R'\neq0$，主矩 $M_O\neq0$，力系的简化结果为一合力；

④ 力系的主矢 $R'=0$，主矩 $M_O=0$，力系平衡。

6. 平面力系的平衡方程

力系名称	平衡方程	其他形式的平衡方程	独立方程数目
平面一般力系	$\left.\begin{array}{l}\sum F_x=0\\ \sum F_y=0\\ \sum M_O(\boldsymbol{F})=0\end{array}\right\}$	$\left.\begin{array}{l}\sum F_x=0\\ \sum M_A(\boldsymbol{F})=0\\ \sum M_B(\boldsymbol{F})=0\end{array}\right\}$ 或 $\left.\begin{array}{l}\sum M_A(\boldsymbol{F})=0\\ \sum M_B(\boldsymbol{F})=0\\ \sum M_C(\boldsymbol{F})=0\end{array}\right\}$ （AB 连线不垂直 x 轴），（A、B、C 不共线）	3
平面汇交力系	$\left.\begin{array}{l}\sum F_x=0\\ \sum F_y=0\end{array}\right\}$		2
平面平行力系	$\left.\begin{array}{l}\sum F_y=0\\ \sum M_O(\boldsymbol{F})=0\end{array}\right\}$	$\left.\begin{array}{l}\sum M_A(\boldsymbol{F})=0\\ \sum M_B(\boldsymbol{F})=0\end{array}\right\}$ （AB 连线不平行于各力作用线）	2
平面力偶系	$\sum M=0$		1

7. 平面力系平衡问题的解题步骤

① 根据题意和已知条件选取研究对象，画出各研究对象的受力图；

② 建立适当的坐标系，判断研究对象所受力系属于何种平面力系；

③ 列出平衡方程，求解未知力的大小或方向。

同步训练

2-1　试用解析法求图 2-20 所示平面汇交力系的合力。

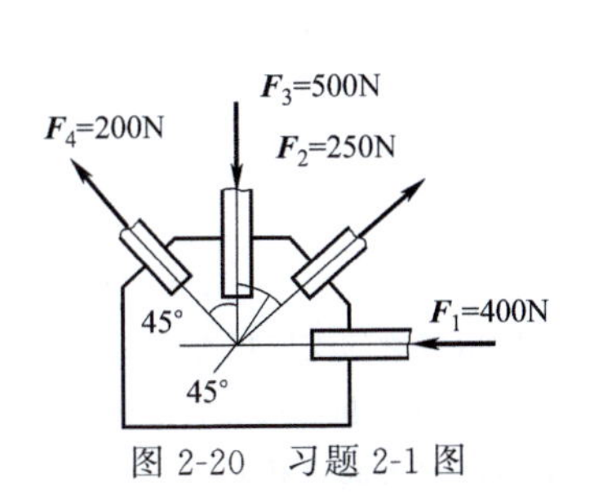

图 2-20　习题 2-1 图

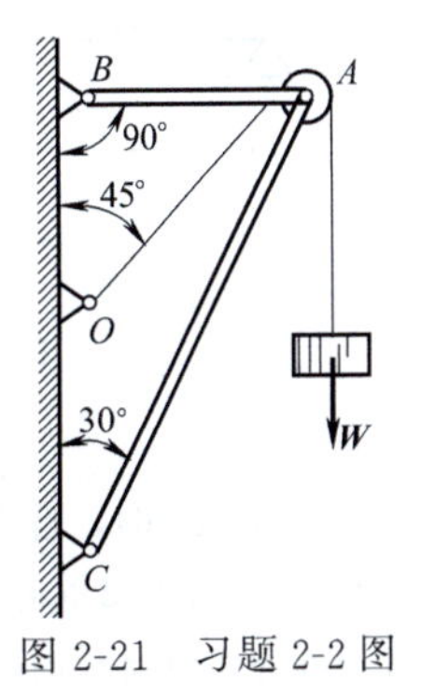

图 2-21　习题 2-2 图

2-2　如图 2-21 所示，简易起重机用钢丝绳吊起重 $W=2000$N 的重物，各杆自重不计，A、B、C 三处简化为铰链连接，求杆 AB 和 AC 受到的力（滑轮尺寸和摩擦不计）。

2-3　试计算图 2-22 中各力 $\boldsymbol{F}$ 对点 O 之矩。

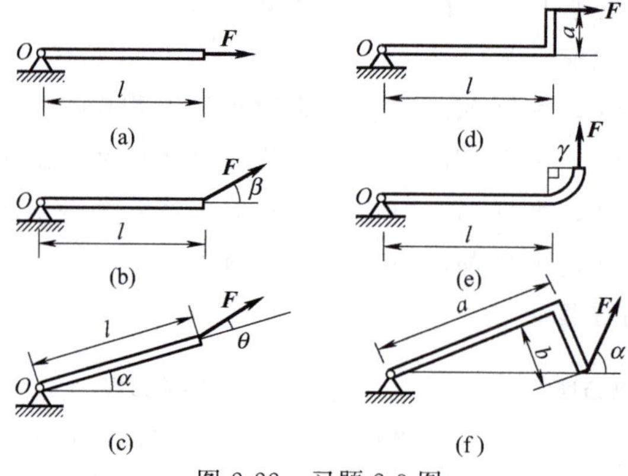

图 2-22　习题 2-3 图

2-4　求图 2-23 所示齿轮和皮带上各力对点 O 之矩。已知：$F=1\text{kN}$，$\alpha=20°$，$D=160\text{mm}$，$F_{T1}=200\text{N}$，$F_{T2}=100\text{N}$。

2-5　如图 2-24 所示，锻锤工作时，若锻件给锻锤的反作用力有偏心，已知打击力 $F=1000\text{kN}$，偏心距 $e=20\text{mm}$，锤体高 $h=200\text{mm}$，求锤头给两侧导轨的压力。

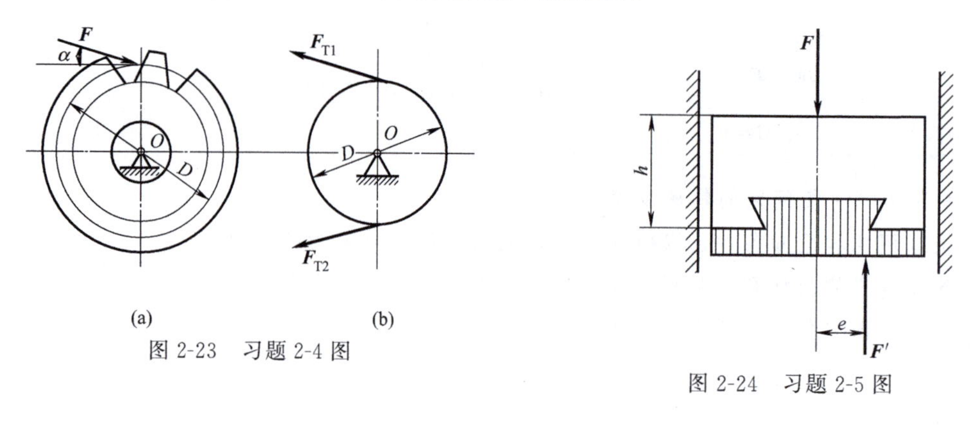

图 2-23　习题 2-4 图

图 2-24　习题 2-5 图

2-6　构件的载荷及支承情况如图 2-25 所示，$l=4\text{m}$，求支座 A、B 的约束反力。

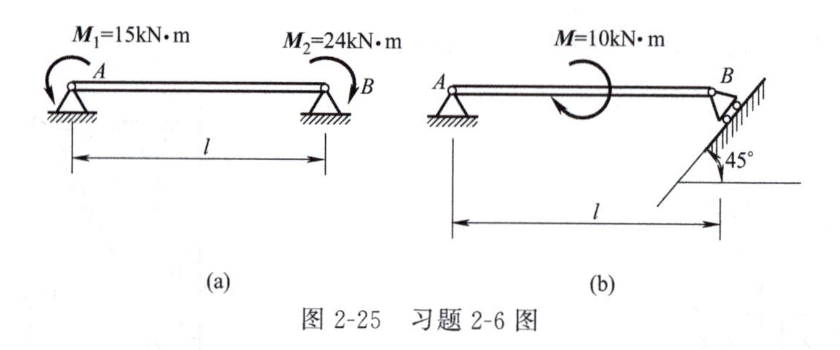

图 2-25　习题 2-6 图

2-7　已知 q、a（图 2-26），且 $F=qa$、$M=qa^2$。求图 2-26 所示各梁的支座反力。

2-8　如图 2-27 所示汽车起重机的车重 $W_Q=26\text{kN}$，臂重 $G=4.5\text{kN}$，起重机旋转及固定部分的重量 $W=31\text{kN}$。设伸臂在起重机对称面内，试求图示位置汽车不致翻倒的最大起重载荷 G_P。

2-9　如图 2-28 所示为汽车台秤简图，BCF 为整体台面，杠杆 AB 可绕轴 O 转动，B、C、D 三处均为铰链，杆 DC 处于水平位置。试求平衡时砝码重 W_1 与汽车重 W_2 的关系。

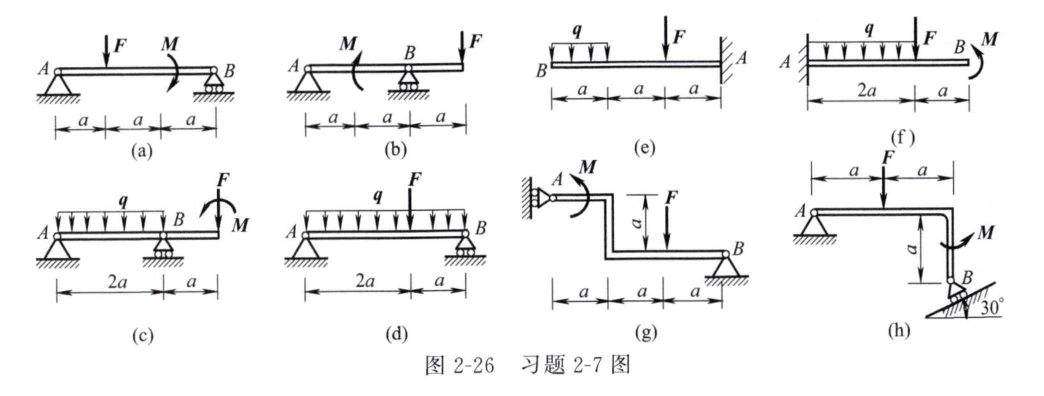

图 2-26　习题 2-7 图

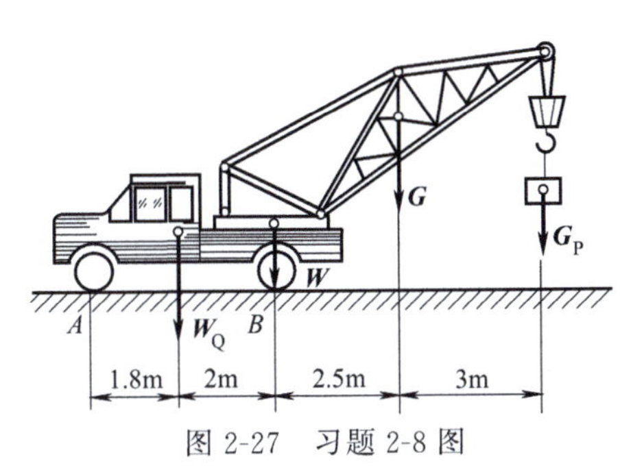

图 2-27　习题 2-8 图

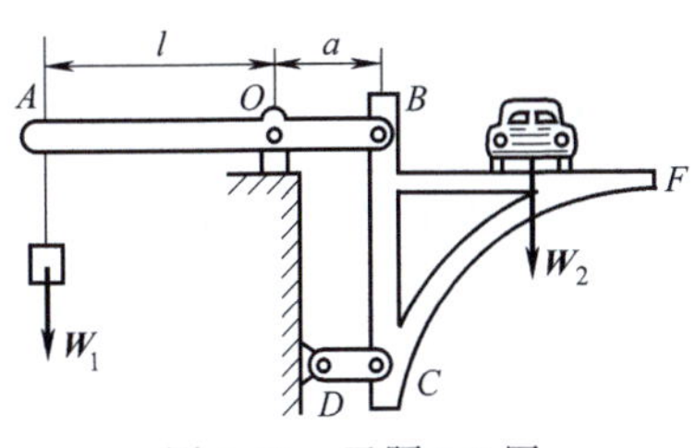

图 2-28　习题 2-9 图

2-10　如图 2-29 所示，体重为 WkN 的体操运动员在吊环上做十字支撑。已知 l、θ、d（两肩关节间距离）、W_1（两臂总重）。假设手臂为均质杆，试求肩关节受力。

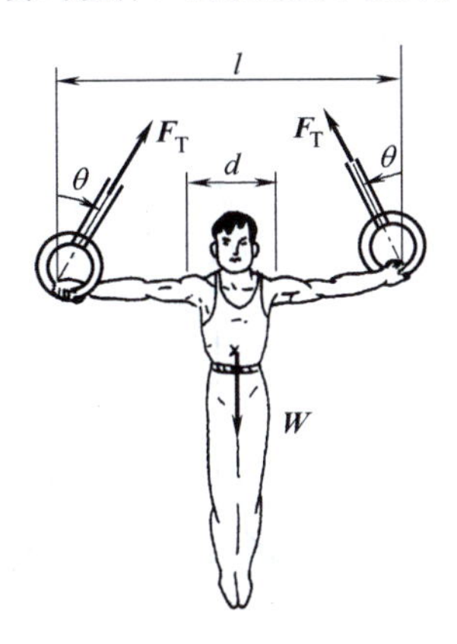

图 2-29　习题 2-10 图

第三章 空间力系

学习目标

(1) 掌握力 $\boldsymbol{F}$ 在空间直角坐标轴上的投影的两种计算方法。

(2) 理解力对轴之矩的概念及合力矩定理。

(3) 理解空间一般力系的平衡条件并能运用相应方程解决实际问题。

(4) 掌握空间力系平衡问题的两种解法。

(5) 熟练掌握空间平行力系和空间汇交力系平衡问题的解法。

(6) 熟练掌握组合图形等的形心位置的计算。

(7) 在力矩的计算和形心位置的求解中熟练运用合力矩定理。

当力系中各力的作用线不在同一平面，而呈空间分布时，称为空间力系。如图 3-1 所示车床主轴，受有切削力 $\boldsymbol{F}_x$、$\boldsymbol{F}_y$、$\boldsymbol{F}_z$ 和齿轮上的圆周力 $\boldsymbol{F}_t$、径向力 $\boldsymbol{F}_r$ 以及轴承 A、B 处的约束反力，这些力构成一组空间力系。

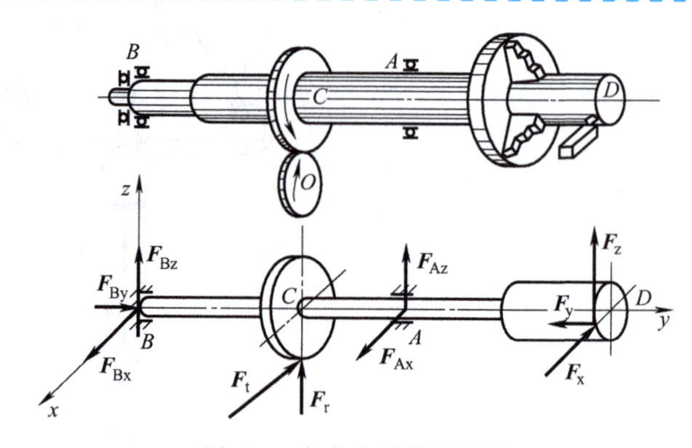

图 3-1　车床主轴受力简图

与平面力系一样，空间力系可分为空间汇交力系、空间平行力系及空间一般力系。本章主要介绍空间力系的简化与平衡问题。

想一想

(1) 什么是空间汇交力系、空间平行力系和空间一般力系？

(2) 空间力系与平面力系在简化与平衡问题上的相似之处？

第一节 力在空间直角坐标上的投影

在平面力系中，常将作用于物体上某点的力向坐标轴 x、y 上投影。同理，在空间力系中，也可将作用于空间某一点的力向坐标轴 x、y、z 上投影。力 $\boldsymbol{F}$ 在空间直角坐标上的投影有两种方法。

一、直接投影法

若一力 $\boldsymbol{F}$ 的作用线与 x、y、z 轴对应的夹角已经给定，如图 3-2（a）所示，则可直接将力 $\boldsymbol{F}$ 向三个坐标轴投影，得

$$\left.\begin{aligned}F_x&=F\cos\alpha\\F_y&=F\cos\beta\\F_z&=F\cos\gamma\end{aligned}\right\}\tag{3-1}$$

其中，α、β、γ 分别为力 $\boldsymbol{F}$ 与 x、y、z 三坐标轴间的夹角。

二、二次（间接）投影法

设力 $\boldsymbol{F}$ 与 z 轴的夹角为 γ，力 $\boldsymbol{F}$ 向 xOy 面上投影分力为 $\boldsymbol{F}_{xy}$，此时分力 $\boldsymbol{F}_{xy}$ 与 x 轴的夹角为 φ，则可先将力 $\boldsymbol{F}$ 投影在 xy 面上为 $\boldsymbol{F}_{xy}$，再将 $\boldsymbol{F}_{xy}$ 投影在 x 轴和 y 轴，这样的投影称为间接投影法，如图 3-2（b）所示。由此得到力 $\boldsymbol{F}$ 在三个坐标轴上的投影为

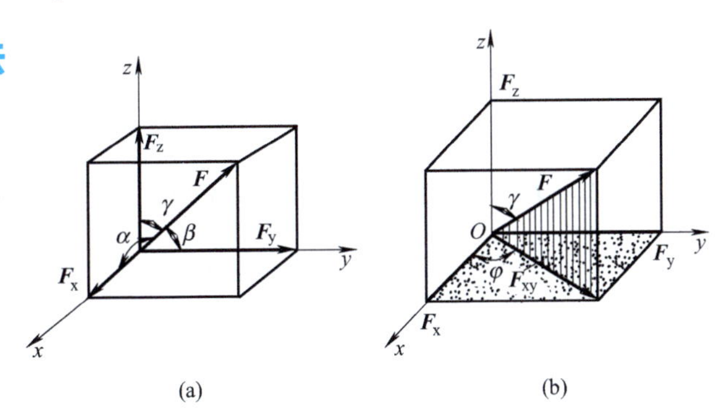

图 3-2 力在坐标轴上的投影

$$\left.\begin{aligned}F_x&=F_{xy}\cos\varphi=F\sin\gamma\cos\varphi\\F_y&=F_{xy}\sin\varphi=F\sin\gamma\sin\varphi\\F_z&=F\cos\gamma\end{aligned}\right\}\tag{3-2}$$

具体计算时，可根据问题的实际情况选择一种适当的投影方法。

力和它在坐标轴上的投影是一一对应的，如果力 $\boldsymbol{F}$ 的大小、方向是已知的，则它在选定坐标系的三个轴上的投影是确定的；反之，如果已知力 $\boldsymbol{F}$ 在三个坐标轴上的投影 $\boldsymbol{F}_x$、$\boldsymbol{F}_y$、$\boldsymbol{F}_z$ 的值，则力 $\boldsymbol{F}$ 的大小、方向也可以求出，其形式如下

$$F=\sqrt{F_x^2+F_y^2+F_z^2}\tag{3-3}$$

$$\left.\begin{aligned}\cos\alpha&=\frac{F_x}{F}\\\cos\beta&=\frac{F_y}{F}\\\cos\gamma&=\frac{F_z}{F}\end{aligned}\right\}\tag{3-4}$$

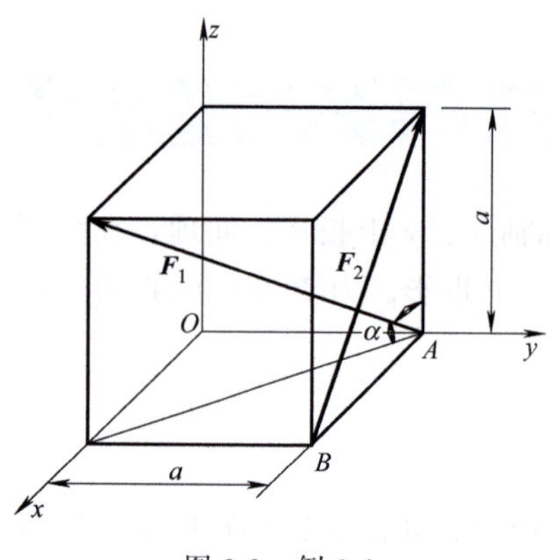

图 3-3　例 3-1

［例 3-1］ 如图 3-3 所示，在正方体的角点 A、B 处作用力 $\boldsymbol{F}_1$、$\boldsymbol{F}_2$，试求此两力在 x、y、z 上的投影。

解：(1) 对力 $\boldsymbol{F}_1$ 使用间接投影法。设 $\boldsymbol{F}_1$ 与 xOy 面的夹角为 α，其余弦值和正弦值分别为

$$\cos\alpha=\frac{\sqrt{2}a}{\sqrt{3}a}=\frac{\sqrt{2}}{\sqrt{3}}\qquad \sin\alpha=\frac{a}{\sqrt{3}a}=\frac{1}{\sqrt{3}}$$

其中，a 为正方体的边长。则 $\boldsymbol{F}_1$ 在 xOy 面上的投影为

$$F_{1xy}=F_1\cos\alpha=F_1\frac{\sqrt{2}}{\sqrt{3}}$$

则力 $\boldsymbol{F}_1$ 在 x、y、z 上的投影分别为

$$F_{1x}=F_{1xy}\cos45°=F_1\frac{\sqrt{2}}{\sqrt{3}}\frac{\sqrt{2}}{2}=\frac{F_1}{\sqrt{3}}$$

$$F_{1y}=-F_{1xy}\cos45°=-F_1\frac{\sqrt{2}}{\sqrt{3}}\frac{\sqrt{2}}{2}=-\frac{F_1}{\sqrt{3}}$$

$$F_z=F_1\sin\alpha=\frac{F_1}{\sqrt{3}}$$

(2) 对力 $\boldsymbol{F}_2$ 使用直接投影法。则 $\boldsymbol{F}_2$ 在 x、y、z 上的投影轴为

$$F_x=-F_2\cos45°=-\frac{\sqrt{2}F_2}{2}$$

$$F_{2y}=0$$

$$F_{2z}=F_2\cos45°=\frac{\sqrt{2}F_2}{2}$$

想一想

(1) 为什么要将空间力投影到坐标轴上？

(2) 直接投影法和二次投影法各有什么优势？

第二节　力对轴的矩

一、力对轴之矩的概念

在工程中，常遇到刚体绕定轴转动的情形，为了度量力对转动刚体的作用效应，必须引入力对轴之矩的概念。

现以关门动作为例，图 3-4 (a) 中门的一边有固定轴 z，在 A 点作用一力 $\boldsymbol{F}$，为度量

此力对刚体的转动效应，可将该力 $\boldsymbol{F}$ 分解为两个互相垂直的分力：一个是与转轴平行的分力 $F_z=F\sin\beta$；另一个是在与转轴垂直平面上的分力 $F_{xy}=F\cos\beta$。

由经验可知，F_z不能使门绕 z 轴转动，只有分力 $\boldsymbol{F}_{xy}$才能产生使门绕 z 轴转动的效应。

如以 d 表示 $\boldsymbol{F}_{xy}$作用线到 z 轴与平面的交点 O 的距离，则 $\boldsymbol{F}_{xy}$对 O 点之矩，就可以用来度量力 $\boldsymbol{F}$ 使门绕 z 轴转动的效应，记作

$$M_z(\boldsymbol{F})=M_O(\boldsymbol{F}_{xy})=\pm F_{xy}d \tag{3-5}$$

力对轴之矩在轴上的投影是代数量，其值等于此力在垂直该轴平面上的投影对该轴与此平面的交点之矩。力矩的正负代表其转动作用的方向。当从 z 轴正向看，逆时针方向转动为正，顺时针方向转动为负（或用右手法则确定其正负）。

由式（3-5）可知，当力的作用线与转轴平行（$F_{xy}=0$），或者与转轴相交时（$d=0$），即当力与转轴共面时，力对该轴之矩等于零。力对轴之矩的单位是 N·m。

二、合力矩定理

设有一空间力系 $\boldsymbol{F}_1$、$\boldsymbol{F}_2$、…、$\boldsymbol{F}_n$，其合力为 $\boldsymbol{F}_R$，则可证合力 $\boldsymbol{F}_R$对某轴之矩等于各分力对同轴力矩的代数和。可写成

$$M_z(\boldsymbol{F}_R)=\sum M_z(\boldsymbol{F}) \tag{3-6}$$

式（3-6）常被用来计算空间力对轴求矩。

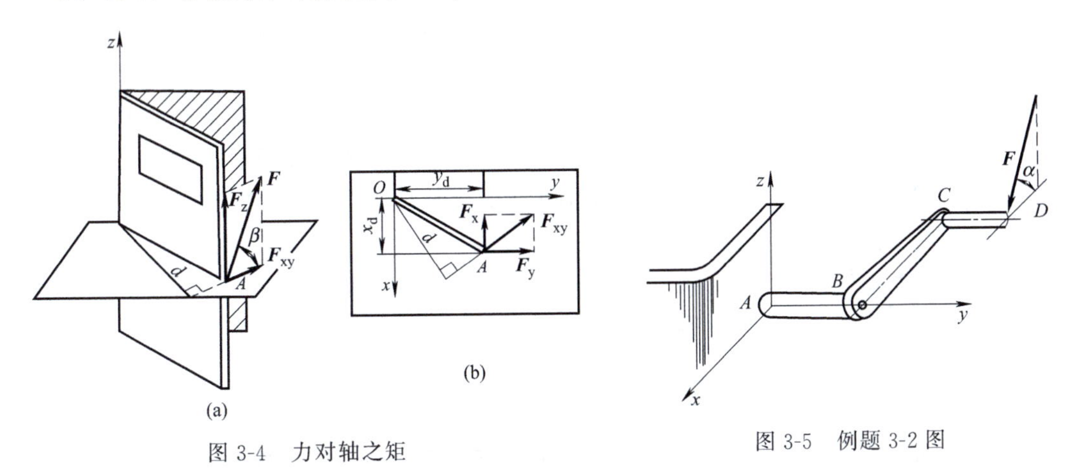

图 3-4 力对轴之矩

图 3-5 例题 3-2 图

［例 3-2］ 计算图 3-5 所示手摇曲柄上 $\boldsymbol{F}$ 对 x、y、z 轴之矩。已知 $\boldsymbol{F}$ 为平行于 xz 平面的力，$F=100\text{N}$，$\alpha=60°$，$AB=20\text{cm}$，$BC=40\text{cm}$，$CD=15\text{cm}$，A、B、C、D 处于同一水平面上。

解：力 $\boldsymbol{F}$ 在 x 和 z 轴上有投影

$$F_x=F\cos\alpha, F_z=-F\sin\alpha$$

计算 $\boldsymbol{F}$ 对 x、y、z 各轴的力矩

$$M_x(\boldsymbol{F})=-F_z(AB+CD)=-100\text{N}\sin60°(20+15)=-3031(\text{N}\cdot\text{cm})$$

$$M_y(\boldsymbol{F})=-F_z\times BC=-100\text{N}\sin60°\times40=-3464(\text{N}\cdot\text{cm})$$

$$M_z(\boldsymbol{F})=-F_x(AB+CD)=-100\text{N}\cos60°(20+15)=-1750(\text{N}\cdot\text{cm})$$

（1）什么是合力矩定理？它的作用是什么？

（2）空间力对坐标轴之矩的计算过程是怎样的？

第三节 空间力系的平衡方程

一、空间一般力系的平衡条件和平衡方程

某物体上作用有一个空间一般力系 $\boldsymbol{F}_1$、$\boldsymbol{F}_2$、…、$\boldsymbol{F}_n$，如图 3-6 所示。利用力的平移定理，将各力向任一点 O 简化，得主矢 $\boldsymbol{R}$ 和主矩 $\boldsymbol{M}_O$，按照平面任意力系的分析方法可知，当主矢 $\boldsymbol{R}=0$ 和主矩 $\boldsymbol{M}_O=0$ 时，该空间力系为平衡力系，于是得平衡方程为

$$R=\sum F=0$$

$$M_O=\sum m_O(\boldsymbol{F})=0 \tag{3-7}$$

将式（3-7）向空间 x、y、z 投影，得空间一般力系的平衡方程为

$$\left.\begin{array}{l}\sum F_x=0,\quad \sum F_y=0,\quad \sum F_z=0\\ \sum M_x(\boldsymbol{F})=0,\quad \sum M_y(\boldsymbol{F})=0,\quad \sum M_x(\boldsymbol{F})=0\end{array}\right\} \tag{3-8}$$

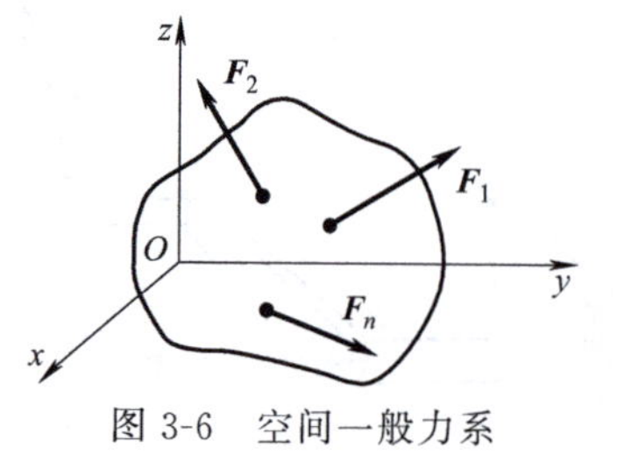

图 3-6 空间一般力系

上式表明物体在空间任意力系作用下平衡的必要和充分条件是：**各力在三个坐标轴上投影的代数和以及各力对三个坐标轴之矩的代数和都必须分别等于零。**

式（3-8）中有六个独立方程，一般可求解六个未知量。这种求解空间力系平衡问题的方法，称为**直接求解法**。

二、空间一般力系的平面解法

空间一般力系若为平衡力系，则**空间平衡力系中各力在正交坐标系中任一平面上的分量**（其大小等于力在该平面上的投影）**所形成的平面力系**，也**必为平衡力系**。因为处于平衡的物体，不能在任何平面内发生移动或转动状态的改变。因此，我们可以先将空间一般力系向三个平面投影后得到平面力系，再利用平面力系的解法解决问题，这就是空间力系的**平面解法**。

［例 3-3］ 如图 3-7（a）所示的传动轴，已知：齿轮 C、D 的半径分别为 r_1、r_2。试用空间力系的直接求解法和平面解法两种方法建立此空间一般力系的平衡方程。

解：画受力图。对轴进行受力分析，A、B 两处的约束为一对轴承，约束反力如图 3-7（a)所示。

（1）直接求解法。

由式（3-8）逐一列出六个平衡方程如下：

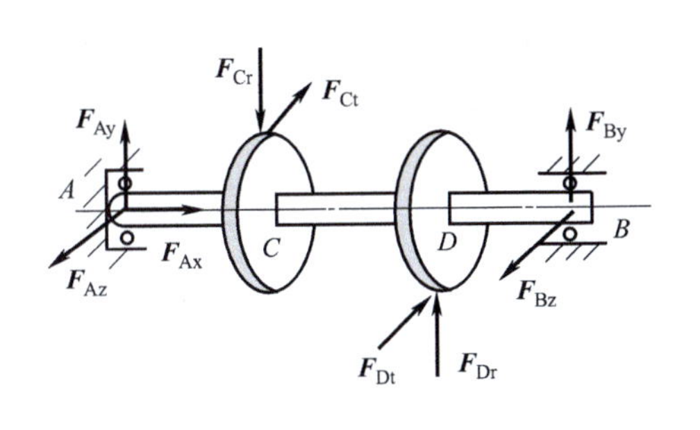

(a)

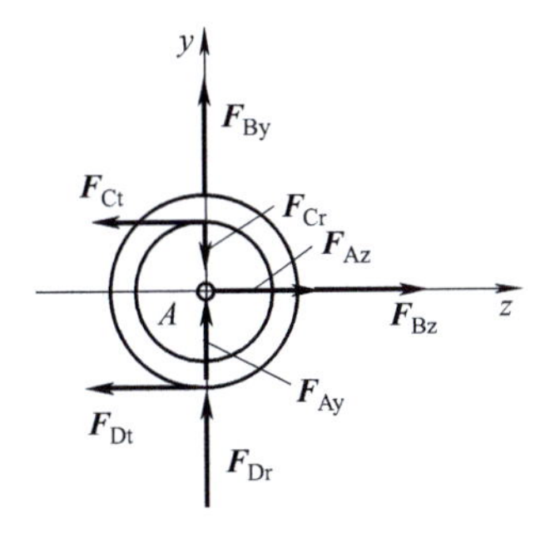

(b) yAz 平面

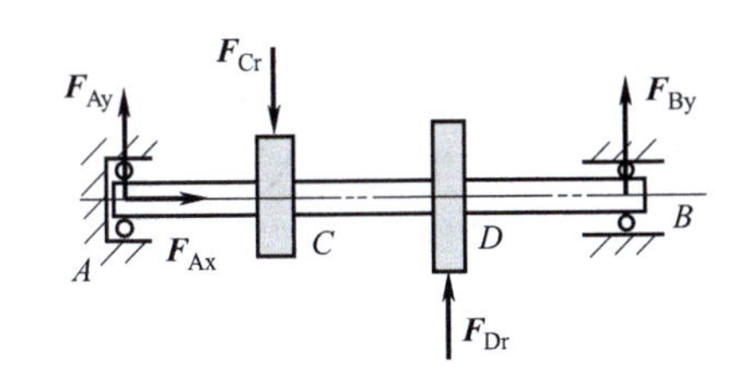

(c) xAy 平面

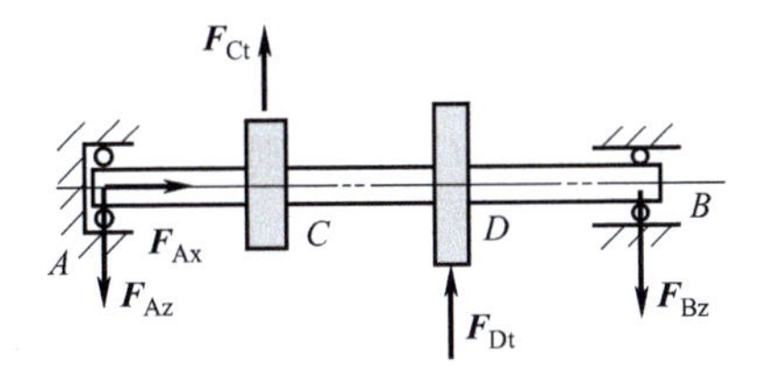

(d) xAz 平面

图 3-7 空间力系的平面解法

$$\sum F_x = F_{Ax} = 0 \tag{1}$$

$$\sum F_y = F_{Ay} + F_{By} - F_{Cr} + F_{Dr} = 0 \tag{2}$$

$$\sum F_z = F_{Az} + F_{Bz} - F_{Ct} - F_{Dt} = 0 \tag{3}$$

$$\sum M_x(\boldsymbol{F}) = -F_{Ct} r_1 + F_{Dt} r_2 = 0 \tag{4}$$

$$\sum M_y(\boldsymbol{F}) = F_{Ct} \times AC + F_{Dt} \times AD - F_{Bz} \times AB = 0 \tag{5}$$

$$\sum M_z(\boldsymbol{F}) = F_{By} \times AB - F_{Cr} \times AC + F_{Dr} \times AD = 0 \tag{6}$$

利用上述六个方程，除可求出五个未知的约束反力，并可确定平衡时轴所传递的载荷。

(2) 平面解法。

如将图 3-7 (a) 所示的受空间力系作用的传动轴分别向三个坐标平面投影，可以得到图 3-7 (b) ～ (d) 所示的平面力系，每个平面力系可以列三个平衡方程，分别为

① xAy 平面

$$\sum F_x = F_{Ax} = 0 \tag{1}$$

$$\sum F_y = F_{Ay} + F_{By} - F_{Cr} + F_{Dr} = 0 \tag{2}$$

$$\sum M_A(\boldsymbol{F}) = \sum M_z(\boldsymbol{F}) = F_{By} \times AB - F_{Cr} \times AC + F_{Dr} \times AD = 0 \tag{6}$$

② xAz 平面

$$\sum F_x = F_{Ax} = 0 \tag{1}$$

$$\sum F_z = F_{Az} + F_{Bz} - F_{Ct} - F_{Dt} = 0 \tag{3}$$

$$\sum M_A(\boldsymbol{F}) = \sum M_y(\boldsymbol{F}) = F_{Ct} \times AC + F_{Dt} \times AD - F_{Bz} \times AB = 0 \tag{5}$$

③ yAz 平面

$$\sum F_y = F_{Ay} + F_{By} - F_{Cr} + F_{Dr} = 0 \tag{2}$$

$$\sum F_z = F_{Az} + F_{Bz} - F_{Ct} - F_{Dt} = 0 \tag{3}$$

$$\sum M_A(\boldsymbol{F})=\sum M_x(\boldsymbol{F})=-F_{Ct}\times r_1+F_{Dt}\times r_2=0 \quad (4)$$

这样写出的平衡方程，与直接求解法是完全相同的。但应注意，由三个投影平面力系写出的9个平衡方程中，只有6个是独立的。三个力的投影方程各写了两次，两次是否一致可检查投影或投影方程的正确性。

只要能正确地将空间力系投影到三个坐标平面上，则空间力系的平衡问题即可转化成平面力系的平衡问题，就可以用我们前面所学的平面力系方法求解。这种方法图形简明，几何关系清楚，在工程中常常采用。

三、空间力系的特殊情况

（1）空间汇交力系　各力的作用线汇交于一点的空间力系称为空间汇交力系，如图3-8所示。若以汇交点为原点，取直角坐标系 $Oxyz$，则由于各力与三个坐标轴都相交，式（3-8）中的三个力矩方程失效，所以空间汇交力系的平衡方程只有三个，即

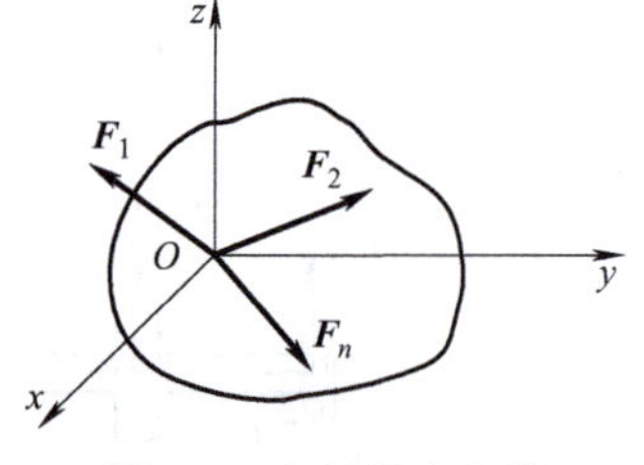

图3-8　空间汇交力系

$$\sum F_x=0,\quad \sum F_y=0,\quad \sum F_z=0 \quad (3\text{-}9)$$

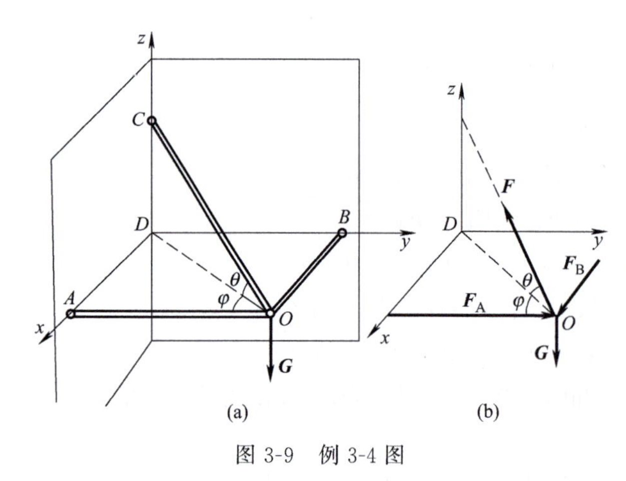

图3-9　例3-4图

［例3-4］　有一空间支架固定在相互垂直的墙上。支架由垂直于两墙的铰接二力杆 OA、OB 和钢绳 OC 组成。已知 $\theta=30°$，$\varphi=60°$，O 点吊一重量 $G=1.2\text{kN}$ 的重物［图3-9（a）］。试求两杆和钢绳所受的力。图中 O、A、B、D 四点都在同一水平面上，杆和绳的重量都忽略不计。

解：①选研究对象，画受力图。取铰链 O 为研究对象，设坐标系为 $Dxyz$，受力如图3-9（b）所示。

② 列平衡方程式，求未知量，即

$$\sum F_x=0,\quad F_B-F\cos\theta\sin\varphi=0$$

$$\sum F_y=0,\quad F_A-F\cos\theta\cos\varphi=0$$

$$\sum F_z=0,\quad F\sin\theta-G=0$$

$$F=\frac{G}{\sin\theta}=\frac{1.2\text{kN}}{\sin30°}=2.4(\text{kN})$$

解上述方程得

$$F_A=F\cos\theta\cos\varphi=2.4\text{kN}\cos30°\cos60°=1.04(\text{kN})$$

$$F_B=F\cos\theta\sin\varphi=2.4\text{kN}\cos30°\sin60°=1.8(\text{kN})$$

（2）空间平行力系　各力作用线互相平行的空间力系称为空间平行力系，如图3-10所示，取坐标系 $Oxyz$，z 轴与力的作用线平行，则力系中各力向 x 轴和 y 轴的投影恒为零，对 z 轴的矩恒为零，即平衡方程为

$$\sum F_z=0,\quad \sum M_x(\boldsymbol{F})=0,\quad \sum M_y(\boldsymbol{F})=0 \tag{3-10}$$

［例 3-5］ 如图 3-11 所示三轮小车自重 $P=8\text{kN}$，作用在 E 点，载重 $P_1=10\text{kN}$ 作用在 C 点，设三轮车为静止状态，试求小车静止时地面对车轮的约束力。

解：① 选小车为研究对象，画受力图如图 3-11 所示。其中 $\boldsymbol{P}$ 和 $\boldsymbol{P}_1$ 为主动力，$\boldsymbol{F}_A$、$\boldsymbol{F}_B$、$\boldsymbol{F}_D$ 为地面的约束反力，此五个力相互平行，组成空间平行力系。

② 取坐标轴如图 3-11 所示，列出平衡方程求解。

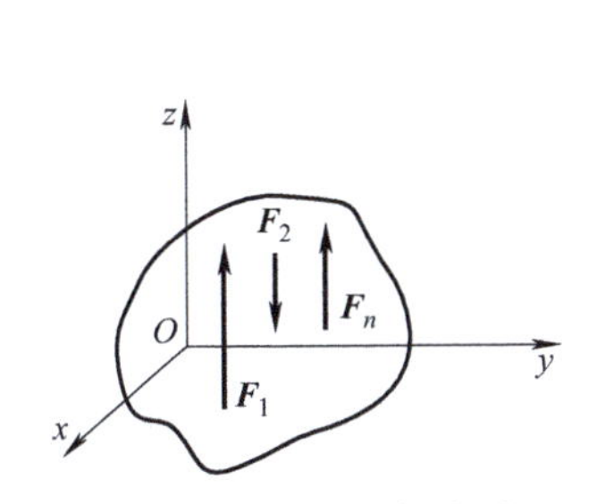

图 3-10 空间平行力系

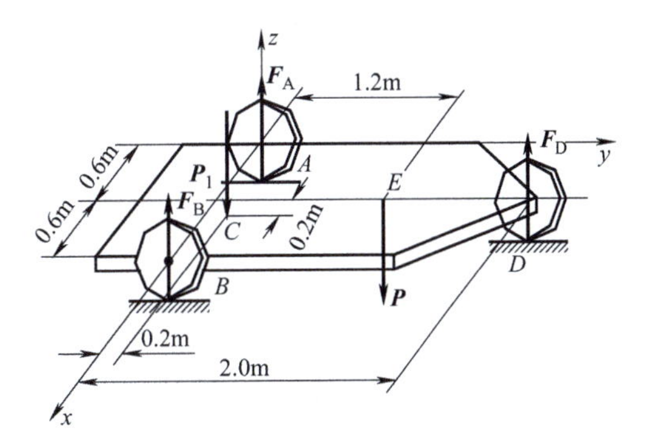

图 3-11 例 3-5 图

$$\sum F_z=0,\qquad -P-P_1+F_A+F_B+F_D=0$$

$$\sum M_x(\boldsymbol{F})=0,\quad -0.2P_1-1.2P+2F_D=0$$

$$\sum M_y(\boldsymbol{F})=0,\quad 0.8P_1+0.6P-0.6F_D-1.2F_B=0$$

得

$$F_D=8(\text{kN}),F_B=18(\text{kN}),F_A=4(\text{kN})$$

想一想

(1) 物体在空间任意力系作用下平衡的必要和充分条件是什么？

(2) 采用平面解法来建立空间一般力系的平衡方程有何优势？

第四节 重心及其计算

重力是地球对物体的引力，如果将物体看成由无数的质点组成，则重力便组成空间平行力系，这个力系合力的大小就是物体的重量。不论物体如何放置，其重力的合力作用线相对于物体总是通过一个确定的点，这个点称为物体的**重心**（如图 3-12 中 C 点）。

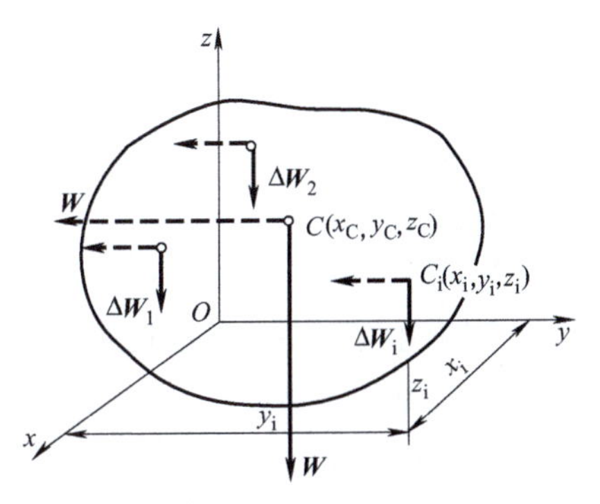

图 3-12 重心的确定

不论是在日常生活里还是在工程实际中，确定物体重心的位置都具有重要的意义。例如，当我们用手推车推重物时，只有重物的重心正好与车轮轴线在同一铅垂面内时，才能比较省力；起重机吊起重物时，吊钩应位于被吊物体重心的正上方，以保证起吊过程中物体保持平稳；电机转子、飞轮等旋转部件在设计、制造与安装时，都要求它的重心尽量靠近轴线，否则将产生强烈的振动，甚至引起破坏；而振动打桩机、混凝土捣实机等则又要求其转动部分的重心偏离转轴一定距离，以得到预期的振动。

根据合力矩定理，可推导出物体重心位置坐标公式为

$$x_C=\frac{\sum \Delta W_i x_i}{W},\quad y_C=\frac{\sum \Delta W_i y_i}{W},\quad z_C=\frac{\sum \Delta W_i z_i}{W} \tag{3-11}$$

式中，ΔW_i为组成物体的微小部分的重量，其重心位置为C_i；W是整个物体的重量，重心在C处，且$W=\sum \Delta W_i$，x_C、y_C、z_C是物体重心坐标、x_i、y_i、z_i是ΔW_i的重心坐标。

若物体是均质的，则各微小部分的重力ΔW_i与其体积Δv_i成正比，物体的重量W也必按相同的比例与物体总体积v成正比。于是式（3-11）可变为

$$x_C=\frac{\sum \Delta v_i x_i}{v},\quad y_C=\frac{\sum \Delta v_i y_i}{v},\quad z_C=\frac{\sum \Delta v_i z_i}{v} \tag{3-12}$$

若物体不仅是均质的，而且是等厚平板，消去式（3-12）中的板厚，则得其平面图形的**形心**坐标公式为

$$x_C=\frac{\sum \Delta A_i x_i}{A},\quad y_C=\frac{\sum \Delta A_i y_i}{A},\quad z_C=\frac{\sum \Delta A_i z_i}{A} \tag{3-13}$$

式中，ΔA_i为组成物体的微小部分的面积；A是整个物体的面积，且$A=\sum \Delta A_i$；x_i、y_i、z_i是ΔA_i的形心坐标。

很多常见的物体往往具有一定的对称性，如具有对称面、对称轴或对称中心，此时，可以利用物体的对称性求重心，重心必在物体的对称面、对称轴或对称中心上。

对于非对称的物体，可以用积分法求物体的重心或形心，详看有关资料。表3-1列出了几种常用的基本几何形体的形心位置。

表3-1 基本形体的形心位置

图形	形心位置	图形	形心位置
三角形	$y_C=\frac{h}{3}$ $A=\frac{1}{2}bh$	抛物线	$x_C=\frac{1}{4}l$ $y_C=\frac{3}{10}b$ $A=\frac{1}{3}hl$
梯形	$y_C=\frac{h(a+2b)}{3(a+b)}$ $A=\frac{1}{2}(a+b)$	扇形	$x_C=\frac{2r\sin\alpha}{3\alpha}$ $A=\alpha r^2$ 半圆的$\alpha=\frac{\pi}{2}$ $x_C=\frac{4r}{3\pi}$

工程中还有很多构件往往是由几个简单的基本形体组合而成的，即所谓组合体，若组合体中每一基本形体的重心（或形心）是已知的，则整个组合体的重心（或形心）可用式（3-12）或式（3-13）求出。

［例3-6］ 试求Z形截面重心的位置，其尺寸如图3-13所示。

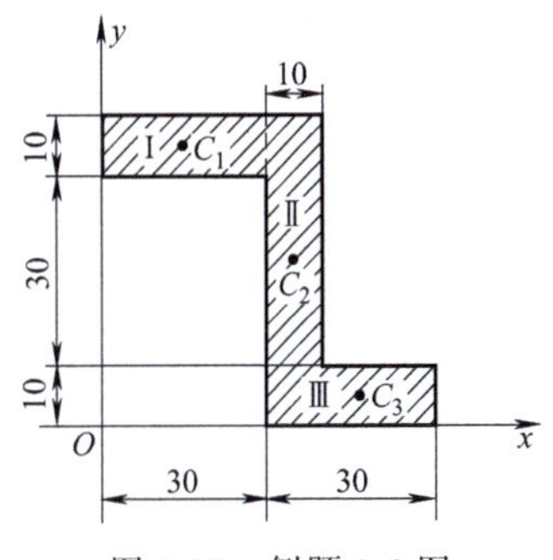

图 3-13 例题 3-6 图

解：将 Z 形截面看作由Ⅰ、Ⅱ、Ⅲ三个矩形面积组合而成，每个矩形的面积和重心位置可方便求出。取坐标轴如图 3-13 所示。

Ⅰ：$A_1=300\text{mm}^2$，$x_1=15\text{mm}$，$y_1=45\text{mm}$

Ⅱ：$A_2=400\text{mm}^2$，$x_2=35\text{mm}$，$y_2=30\text{mm}$

Ⅲ：$A_3=300\text{mm}^2$，$x_3=45\text{mm}$，$y_3=5\text{mm}$

按式（3-13）求得该截面重心的坐标 x_C、y_C 为

$$x_C=\frac{\sum \Delta A_i x_i}{A}=\frac{300\times15+400\times35+300\times45}{300+400+300}=32\ (\text{mm})$$

$$y_C=\frac{\sum \Delta A_i y_i}{A}=\frac{300\times45+400\times30+300\times5}{300+400+300}=27\ (\text{mm})$$

想一想

（1）在日常生活或工程实践当中，确定重心位置有什么意义？

（2）对于非对称的物体，可以用什么办法来求物体的重心或形心？

小贴士

建立空间力系平衡方程需注意的问题。

（1）建立平衡方程时应注意力矩的正负值。从坐标轴正向看，逆时针方向转动为正，顺时针方向为负。

（2）当力的作用线与转轴平行时，或者与转轴相交时，力对该轴之矩等于零。

（3）力对轴之矩计算的实质就是将之转化为力对点之矩，所以要熟练掌握力对点之矩的计算方法和这个转化的过程。也即需理解并运用“力对轴之矩其值等于此力在垂直该轴平面上的投影对该轴与此平面的交点之矩”这句话。

（4）空间一般力系的平衡问题可以采用直接求解法和平面解法，各有利弊，需要根据实际情况来选择具体采用哪种解法。

（5）空间汇交力系和空间平行力系为空间力系的特殊情况。平衡方程均只能列出三个，其他三个方程恒成立。

本章知识要点

（1）力 $\boldsymbol{F}$ 在空间直角坐标轴上的投影有两种计算方法。

① 直接投影法。

$$\left.\begin{aligned}F_x&=F\cos\alpha\\F_y&=F\cos\beta\\F_z&=F\cos\gamma\end{aligned}\right\}$$

式中，α、β、γ 分别为力 $\boldsymbol{F}$ 与 x、y、z 三坐标轴间的夹角。

② 二次（间接）投影法。

$$\left.\begin{aligned}F_x&=F_{xy}\cos\varphi=F\sin\gamma\cos\varphi\\F_y&=F_{xy}\sin\varphi=F\sin\gamma\sin\varphi\\F_z&=F\cos\gamma\end{aligned}\right\}$$

式中，γ 为力 $\boldsymbol{F}$ 与 z 轴间的夹角，φ 为 $\boldsymbol{F}_{xy}$ 与 x 轴间的夹角。

（2）力对轴之矩。

① 直接法：$M_z(\boldsymbol{F})=M_O(\boldsymbol{F}_{xy})=\pm F_{xy}d$。

② 应用合力矩定理：$M_z(\boldsymbol{F}_R)=\sum M_z(\boldsymbol{F})$。

（3）空间力系平衡问题的两种解法。

① 应用空间力系的6个平衡方程，分别计算各力在 x、y、z 轴上的投影及对 x、y、z 轴的力矩，顺序求解。

$$\left.\begin{aligned}\sum F_x=0,\quad \sum F_y=0,\quad \sum F_z=0\\\sum M_x(\boldsymbol{F})=0,\quad \sum M_y(\boldsymbol{F})=0,\quad \sum M_z(\boldsymbol{F})=0\end{aligned}\right\}$$

② 把一个空间力系问题转化成3个平面力系问题来求解，采用空间问题的平面解法。

（4）空间汇交力系和空间平行力系可以看成是空间一般力系的特殊情况，它们的平衡方程可从以上六个方程中导出。

（5）重心　物体的重心是地球对物体各部分引力所组成的空间平行力系的中心，这个中心在物体上的位置不会因为物体在空间的方位改变而发生变化。应用空间力系合力矩定理，导出重心坐标的基本公式。

（6）规则图形的形心在有关工程手册中查取；组合图形的形心可使用合力矩定理来解决；非均质的，或形状复杂的物体，一般采用实验法来确定其重心位置。

同步训练

3-1　已知在边长为 a 的正六面体上有 $F_1=1\text{kN}$，$F_2=\sqrt{2}\text{kN}$，$F_3=\sqrt{3}\text{kN}$，如图3-14所示。试计算各力在三坐标轴上的投影。

3-2　已知力 $\boldsymbol{F}$ 的大小和方向如图3-15所示，求力 $\boldsymbol{F}$ 对 z 轴之矩。

（1）如图（a）所示，力 $\boldsymbol{F}$ 位于其过轮缘上作用点的切平面内，且与轮平面成 $\alpha=60°$角。

（2）如图（b）所示，力 $\boldsymbol{F}$ 位于轮平面内，与轮的法线成 $\beta=60°$角。

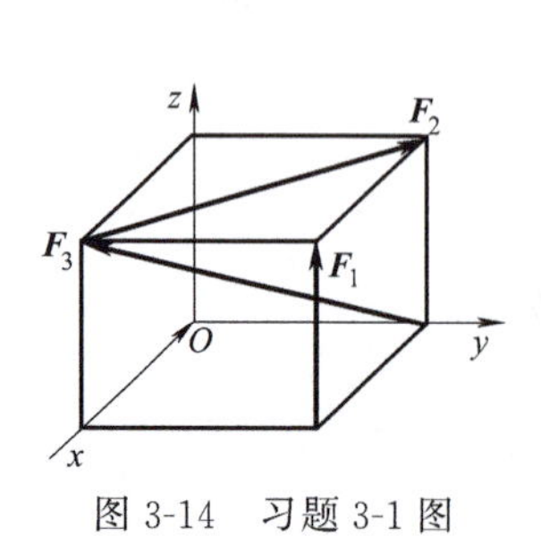

图3-14　习题3-1图

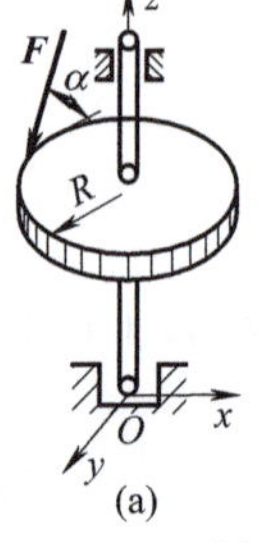

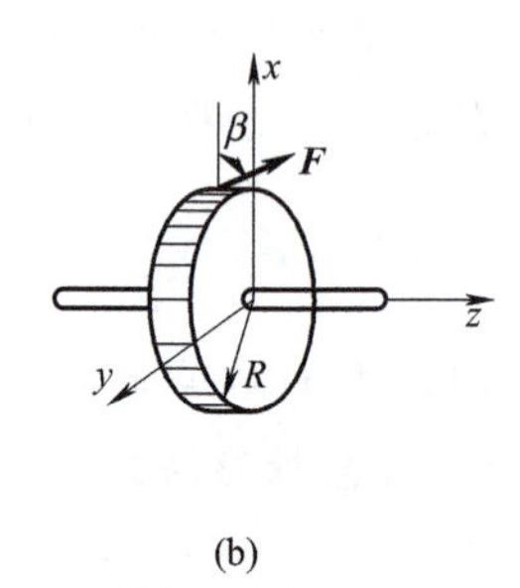

图3-15　习题3-2图

3-3　如图3-16所示，作用于手柄端的力 $F=600\text{N}$，试计算力 $\boldsymbol{F}$ 在 x、y、z 轴上的投影及对 x、y、z 轴之矩。

3-4　重物的重力 $G=10\text{kN}$，悬挂于支架 $CABD$ 上，各杆角度如图 3-17 所示。试求 CD、AD 和 BD 三个杆所受的内力。

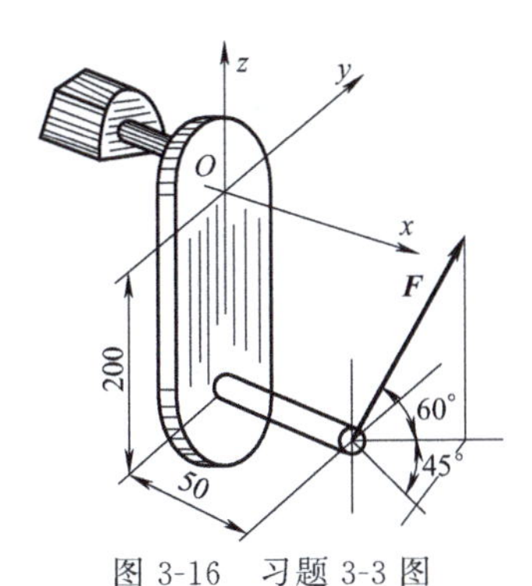

图 3-16　习题 3-3 图

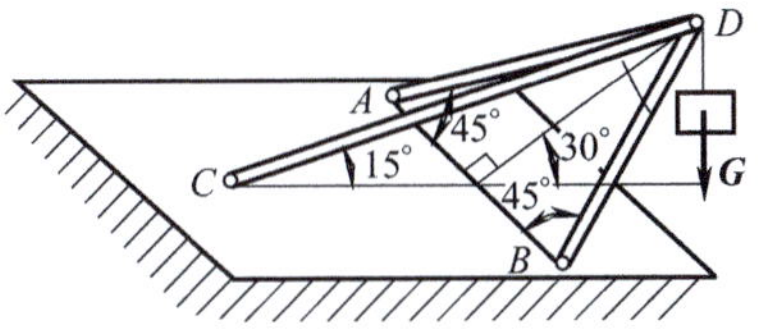

图 3-17　习题 3-4 图

3-5　平行力系由五个力组成，各力方向如图 3-18 所示。已知：$F_1=150\text{N}$，$F_2=100\text{N}$。图中坐标每个格子的长度为 a。求力 F_3、F_4 和 F_5 的大小。

3-6　起重机装在三轮小车 ABC 上。已知起重机的尺寸为：$AD=DB=1\text{m}$，$CD=1.5\text{m}$，$CM=1\text{m}$，$KL=4\text{m}$。机身连同平衡锤 F 共重 $P_1=100\text{kN}$，作用在 G 点，G 点在平面 MNF 之内，到机身轴线 MN 的距离 $GH=0.5\text{m}$，如图 3-19 所示。所举重物 $P_2=30\text{kN}$。求当起重机的平面 LMN 平行于 AB 时车轮对轨道的压力。

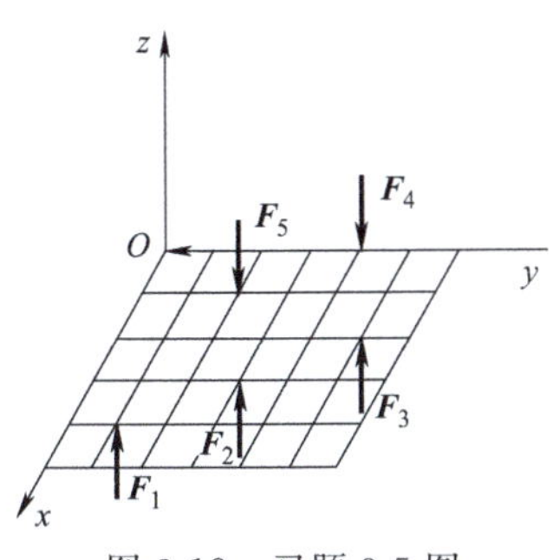

图 3-18　习题 3-5 图

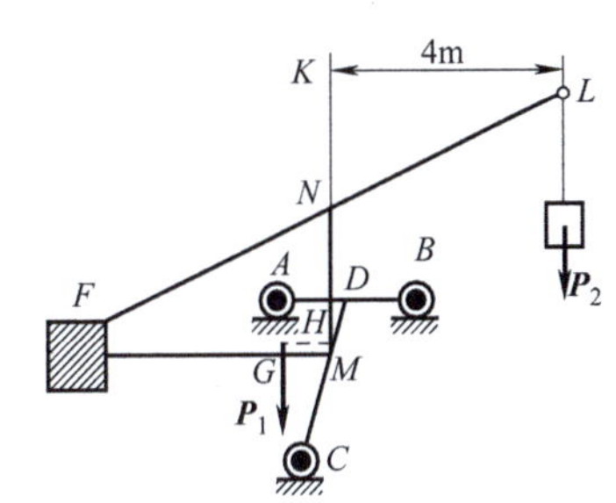

图 3-19　习题 3-6 图

3-7　变速箱中间轴装有两直齿圆柱齿轮，其分度圆半径 $r_1=100\text{mm}$，$r_2=72\text{mm}$，啮合点分别在两齿轮的最低与最高位置，如图 3-20 所示。图中的尺寸单位为 mm。已知齿轮压力角 $\alpha=20°$，在齿轮 1 上的圆周力 $F_1=1.58\text{kN}$。试求当轴平衡时作用于齿轮 2 上的圆周力 F_2 与 A、B 轴承的反力。

3-8　求对称工字形钢截面的形心，尺寸如图 3-21 所示。

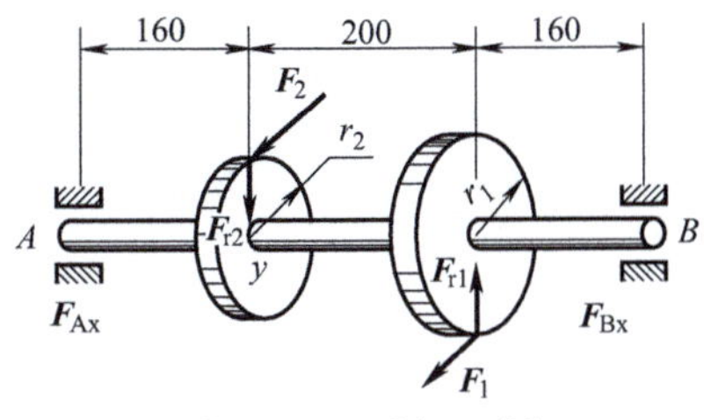

图 3-20　习题 3-7 图

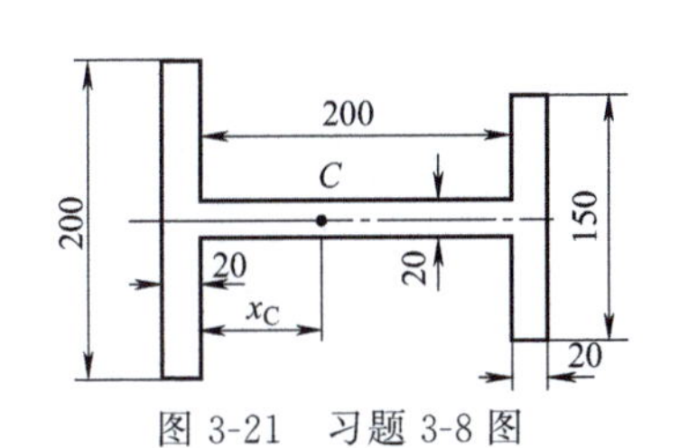

图 3-21　习题 3-8 图

3-9 如图 3-22 所示，在半径为 R 的圆面积内挖出一半径为 r 的圆孔，求剩余面积的重心坐标。

3-10 平面图形及尺寸如图 3-23 所示，单位为 cm，求形心 C 的位置。

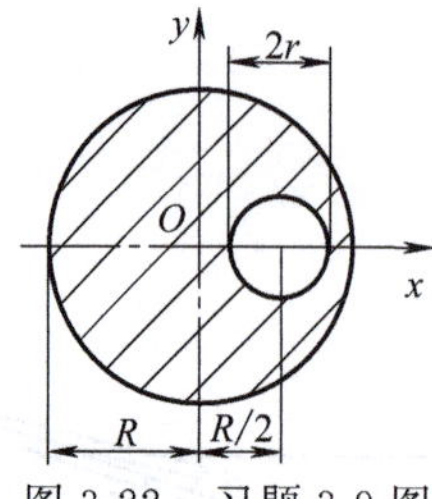

图 3-22 习题 3-9 图

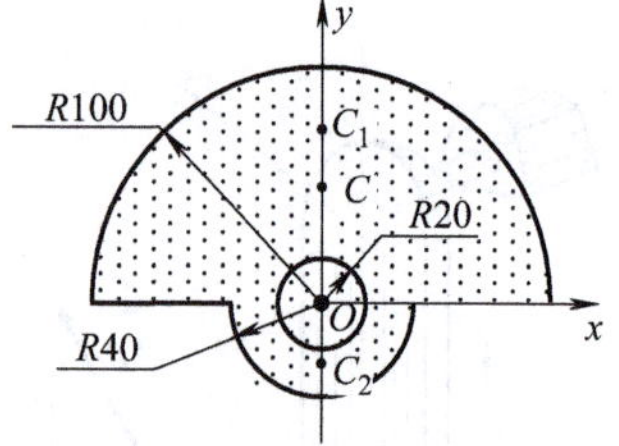

图 3-23 习题 3-10 图

第四章 静力学在工程中的应用

学习目标

（1）掌握桁架杆件的受力特点。

（2）能用节点法、截面法分析计算桁架杆件内力。

（3）掌握摩擦力、静摩擦力、动摩擦力、最大静摩擦力的概念。

（4）能判定摩擦力的方向。

（5）掌握考虑摩擦时物体平衡问题的力学分析计算方法。

（6）掌握自锁的原理与应用。

第一节　平面桁架的受力分析

一、桁架及其结构

桁架是一种由直杆彼此在两端焊接、铆接、榫接或用螺栓连接而成的几何形状不变的稳定结构，具有用料省、结构轻、可以充分发挥材料强度性能等优点。在实际工程中，桁架应用广泛，例如房屋屋架、桥梁、高压线架、油井架、超重机等。所有杆件轴线位于同一平面内的桁架称为平面桁架，杆件轴线不在同一平面内的桁架称为空间桁架，各杆轴线的交点称为节点。

实际工程中的桁架按几何结构分为简单桁架、复杂桁架和联合桁架三种。简单桁架是由一个基本铰接三角形依次增加二元体而组成的桁架，如图 4-1（a）所示。联合桁架是由

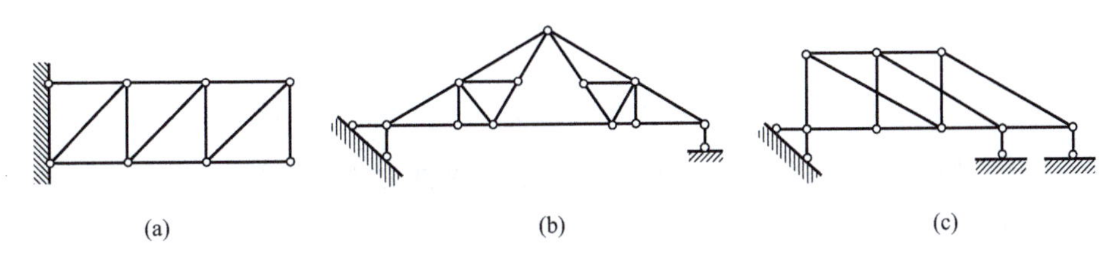

图 4-1　桁架按几何结构的分类

几个简单桁架按几何不变体系的基本组成规则联合而成的桁架，如图 4-1（b）所示。复杂桁架是不按简单桁架或联合桁架的方式组成的其他静定桁架，如图 4-1（c）所示。

研究桁架的目的在于计算各杆件的内力，这种内力是设计桁架或校核桁架的依据。为简化计算，实际工程中常对平面桁架作如下基本假设。

（1）各杆件为直杆，各杆轴线位于同一平面内。

（2）杆件与杆件之间均采用光滑铰链连接。

（3）载荷作用在节点上且位于桁架几何平面内。

（4）各杆件自重不计或平均分布在节点。

满足上述假设的桁架称为理想桁架，桁架中每根杆件均为二力杆，各杆件或者受拉，或者受压。大量实验证明，基于以上理想模型的计算结果与实际情况误差较小，可以满足实际工程设计的一般要求。

（1）桁架在实际工程中有哪些应用？

（2）平面桁架的杆件受哪些力作用？

二、受力分析计算

对于简单桁架，各杆所传递的力均可以通过力系的平衡方程来计算。下面介绍两种平面桁架内力计算方法。

（一）节点法

节点法以节点为平衡对象，节点都受一个平面汇交力系作用。用节点法求解平面桁架内力时，按与组成顺序相反的原则，逐次建立各节点的平衡方程，由节点平衡方程求出各杆内力，桁架各节点未知内力数目一定不超过独立平衡方程数。

（二）截面法

如果只需计算部分杆件的内力，可以采用截面法。选取合适的一截面，假象地把桁架截开，再考虑一部分桁架的平衡，其上力系为平面一般力系，求解出这些被截开杆件的内力，这就是截面法。截面法可以快速求解出某一内力。采用截面法时，节点上的总未知力一般不能多于三个，否则不能全部求解出。截断杆件时，可以考虑桁架的几何组成，在联系处切断，暴露出来的未知力数目一定少于独立方程数目。

习题解析

［例 4-1］ 如图 4-2（a）所示平面桁架，已知铅垂力 $F_C=4\text{kN}$，水平力 $F_E=2\text{kN}$。试求各杆内力。

解：（1）先取整体为研究对象，绘制受力图如图 4-2（b）所示。由平衡方程

$$\sum F_x=0,\quad F_{Ax}+F_E=0$$

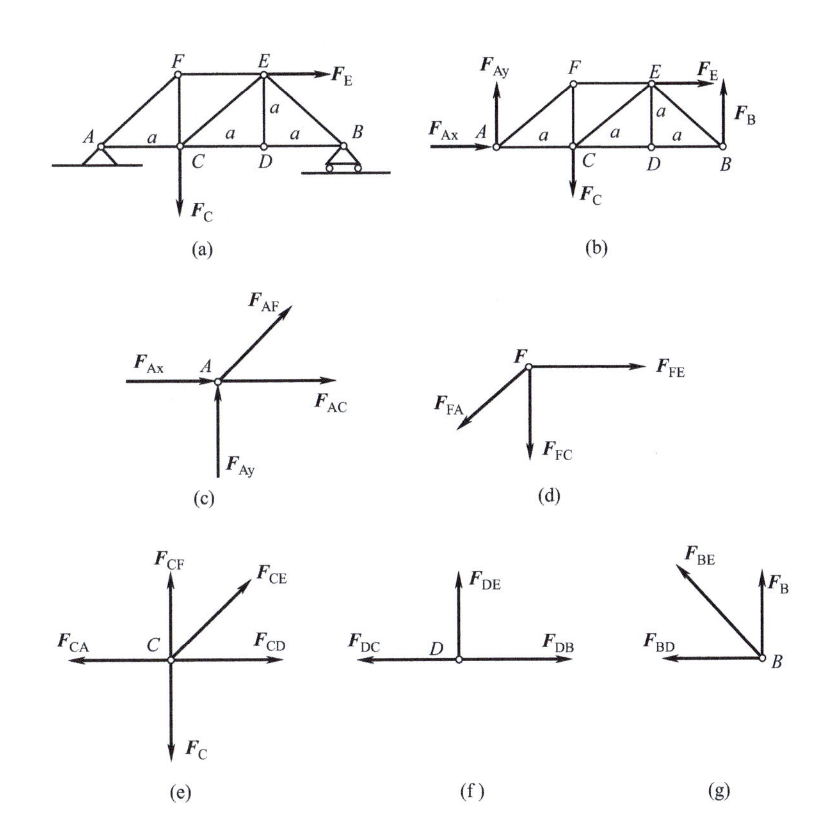

图 4-2　节点法

$$\sum F_y=0, \quad F_B+F_{Ay}-F_C=0$$

$$\sum M_A(\boldsymbol{F})=0, \quad -F_C a-F_E a+F_B\times 3a=0$$

联立求解得　$F_{Ay}=2$（kN），$F_{Ax}=-2$（kN），$F_B=2$（kN）

（2）取节点 A，绘制受力图如图 4-2（c）。由平衡方程

$$\sum F_x=0, \quad F_{Ax}+F_{AC}+F_{AF}\cos 45^\circ=0$$

$$\sum F_y=0, \quad F_{Ay}+F_{AF}\cos 45^\circ=0$$

联立求解得 $F_{AF}=-2\sqrt{2}$（kN），$F_{AC}=4$（kN）

（3）取节点 F，绘制受力图 4-2（d）。由平衡方程

$$\sum F_x=0, \quad F_{FE}-F_{FA}\cos 45^\circ=0$$

$$\sum F_y=0, \quad -F_{FC}-F_{FA}\cos 45^\circ=0$$

联立求解得 $F_{FE}=-2$（kN），$F_{FC}=2$（kN）

（4）取节点 C，绘制受力图 4-2（e）。由平衡方程

$$\sum F_x=0, \quad -F_{CA}+F_{CD}+F_{CE}\cos 45^\circ=0$$

$$\sum F_y=0, \quad -F_C+F_{CF}+F_{CE}\cos 45^\circ=0$$

联立求解得　$F_{CE}=2\sqrt{2}$（kN），$F_{CD}=2$（kN）

（5）取节点 D，绘制受力图 4-2（f）。由平衡方程

$$\sum F_x=0, \quad F_{DB}-F_{DC}=0$$

$$\sum F_y=0, \quad F_{DE}=0$$

联立求解得　$F_{DB}=2$（kN），$F_{DE}=0$

（6）取节点 B，绘制受力图 4-2（g）。由平衡方程

$$\sum F_x=0,\quad -F_{BD}-F_{BE}\cos45^\circ=0$$

$$\sum F_y=0,\quad F_B+F_{BE}\cos45^\circ=0$$

联立求解得　$F_{BD}=2$（kN），$F_{BE}=-2\sqrt{2}$（kN）

［例 4-2］　如图 4-3 所示平面桁架，已知铅垂力 $F_C=4\text{kN}$，水平力 $F_E=2\text{kN}$。试求 FE、CE、CD 杆内力。

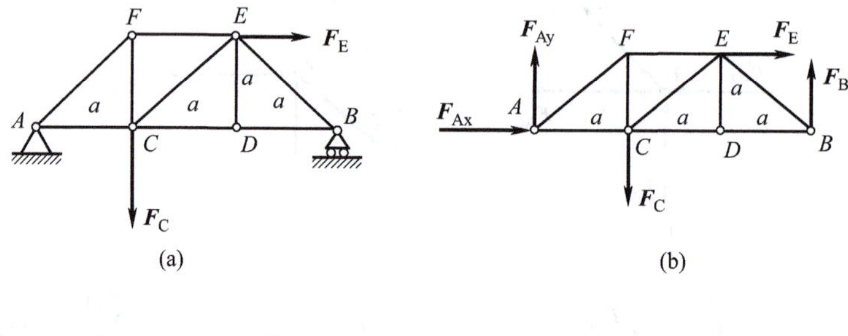

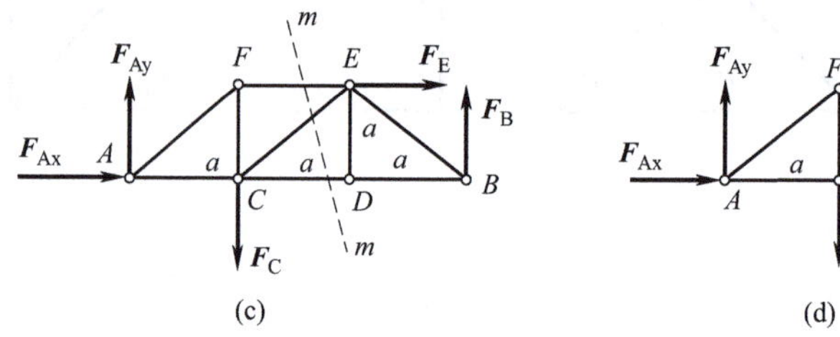

图 4-3　截面法

解：（1）先取整体为研究对象，绘制受力图如图 4-3（b）所示。由平衡方程

$$\sum F_x=0,\quad F_{Ax}+F_E=0$$

$$\sum F_y=0,\quad F_B+F_{Ay}-F_C=0$$

$$\sum M_A(\boldsymbol{F})=0,\quad -F_Ca-F_Ea+F_B\times 3a=0$$

联立求解得 $F_{Ay}=2$（kN），$F_{Ax}=-2$（kN），$F_B=2$（kN）

（2）作一截面 m—m 将三杆截断，如图 4-3（c）所示，取左边部分为研究对象，绘制受力图如图 4-3（d）所示。由平衡方程

$$\sum F_x=0,\quad F_{CD}+F_{Ax}+F_{FE}+F_{CE}\cos45^\circ=0$$

$$\sum F_y=0,\quad F_{Ay}-F_C+F_{CE}\cos45^\circ=0$$

$$\sum M_C(\boldsymbol{F})=0,\quad -F_{FE}a-F_{Ay}a=0$$

联立求解得　$F_{CE}=2\sqrt{2}$（kN），$F_{CD}=2$（kN），$F_{FE}=-2$（kN）

节点法与截面法求桁架内力的区别？

小贴士

有些杆件不需进行计算就可以确定其内力，特别是零杆，即不受力的杆。

判别零杆的方法有以下几种，如图4-4所示。图4-4（a）中节点上不受力，杆1、2均为零杆。图4-4（b）中节点上不受力，杆3为零杆。图4-4（c）中，在节点上沿杆1方向受作用力$\boldsymbol{F}$，则杆2为零杆。

平面桁架的零杆只是在特定载荷下内力为零，零杆绝不是多余的杆件。

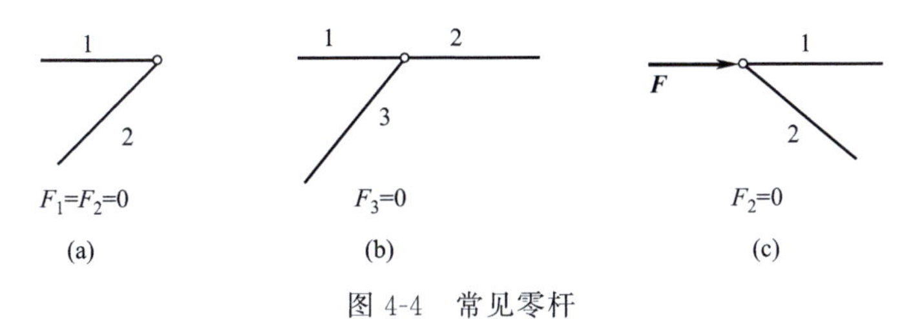

图4-4 常见零杆

截面法计算杆件内力的步骤：

（1）求反力；

（2）判断零杆；

（3）合理选择截面；

（4）列方程求解内力。

试一试

如图4-5所示桁架中哪些杆件是零杆？

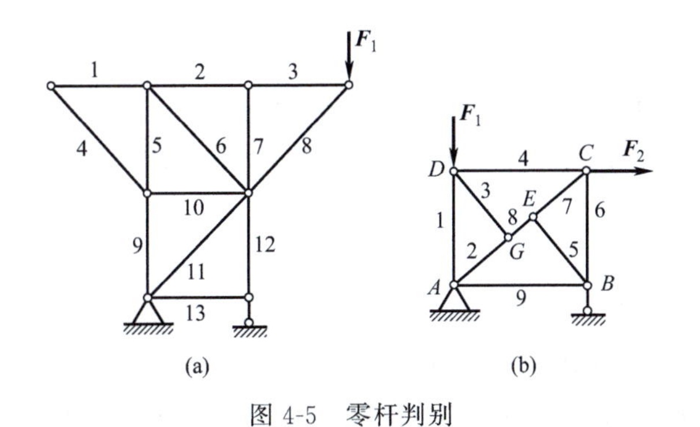

图4-5 零杆判别

第二节 考虑摩擦时物体的平衡问题

前面在分析物体的受力时，我们都假定物体的接触面为绝对光滑，忽略了物体间的摩擦，而在大多数工程实际中，摩擦是一个不容忽视的因素，在产品设计中需要考虑摩擦力。

摩擦在生产和生活中起着十分重要的作用，摩擦产生的影响有利、弊两个方面。所有机器的运动都有摩擦，机器运动时摩擦既磨损机器又使机器局部温度升高，从而降低机器的精度，并且浪费大量能量，这些是摩擦有害的一面。摩擦也有有利的一面，甚至在实际生产和日常生活中必不可少。很难想象，没有摩擦的自然界会是什么情况。人的行走、车轮的滚动、货物借助带式输送机的传输等，都必须依赖于摩擦才能进行。

日常生活中还有哪些摩擦应用？

一、滑动摩擦

两个物体相互接触，当它们发生相对滑动或有相对滑动趋势时，在两个物体的接触面上，就会出现阻止彼此滑动的力，该力称为滑动摩擦力（简称摩擦力）。摩擦力的方向与物体相对运动（或相对运动趋势）的方向相反。

当物体仅有滑动趋势而没有发生相对滑动时，两物体间产生的摩擦力称为静摩擦力；当两物体已经产生相对滑动时，两物体间的摩擦力称为动摩擦力。当物体处于将动而未动的状态，称之为临界平衡状态（简称临界状态）。这时的摩擦力是所有静摩擦力中的最大值，称为最大静摩擦力 $\boldsymbol{F}_{max}$。

（1）什么是摩擦力？摩擦力的方向如何判断？

（2）什么是静摩擦力？什么是动摩擦力？什么是最大静摩擦力？

（一）静摩擦力

（1）静摩擦力的方向。当物体与接触面之间有法向力存在，且有滑动趋势时，沿接触面的切线方向有静摩擦力存在，其方向与滑动趋势方向相反。

（2）静摩擦力的大小。由平衡条件确定，其值在零与最大静摩擦力 F_{max} 之间，即 $0 \leqslant F \leqslant F_{max}$；当物体处于临界平衡状态时，摩擦力达到最大静摩擦力 F_{max}。

（3）最大静摩擦力的计算。大量实验证明：最大静摩擦力的大小与两物体间的正压力（即法向反力）成正比，其方向与相对滑动趋势的方向相反，即

$$F_{max}=\mu N \tag{4-1}$$

上式就是静滑动摩擦定律。式中的比例常数 μ 称为静滑动摩擦系数（简称静摩擦系数），无单位，由接触物体的材料、接触面的情况（如粗糙度、温度、湿度、润滑情况等）等决定。其数值可查阅有关的工程手册。表 4-1 列出了一部分常用材料的摩擦系数。

表 4-1 常用材料的摩擦系数

材料名称	静摩擦系数	动摩擦系数
钢-钢	0.15	0.15
钢-铸铁	0.3	0.18
钢-青铜	0.15	0.15
软钢-铸铁	0.2	0.18
木材-木材	0.4～0.6	0.2～0.5
皮革-铸铁	0.3～0.5	0.6

（二）动摩擦力

当物体处于滑动状态时，实验得出与静滑动摩擦定律相似的动滑动摩擦定律，即

$$F'=\mu' N \tag{4-2}$$

式中，F'为动滑动摩擦力，比例系数μ'为动滑动摩擦系数（简称动摩擦系数），其大小与接触面的材料、粗糙度、湿度、温度等情况有关，而与接触面积的大小无关。

一般$\mu>\mu'$，这说明推动物体从静止开始滑动比较费力，一旦滑动起来，要维持滑动就省力些。各种材料在不同情况下的动摩擦系数是由实验测定的，几种常见材料的动摩擦系数如表 4-1 所示。在精确程度要求不高的情况时，可以近似认为静摩擦系数和动摩擦系数相等。

小贴士

（1）考虑摩擦问题时，首先要分析物体处于哪种状态，即是静止、临界还是运动状态；再根据不同的状态用相应的方法来计算摩擦力。

（2）判断物体处于静止、临界还是运动状态的方法：假设物体处于静止状态，根据平衡方程求出摩擦力 F，再将 F 与 F_{max} 作比较。若 $F<F_{max}$，静止状态；$F=F_{max}$，临界状态；$F>F_{max}$，运动状态，这时的摩擦力需根据动滑动摩擦定律 $F'=\mu' N$ 重新计算。

想一想

在考虑滑动摩擦时，物体的运动状态如何判断？

习题解析

［例 4-3］ 物体重为 $G=1000$N，放在一倾角 $\alpha=30°$的斜面上。已知接触面的静摩擦系数 $\mu=0.2$。今有一大小为 $Q=600$N 的力沿斜面推物体，如图 4-6（a）所示。问物体在斜面上所处的状态？并求摩擦力的大小。

解：假设物体处于静止状态，画出受力图，建立坐标，如图 4-6（b）所示，列平衡方程

$$\sum F_x=0 \quad F+Q-G\sin\alpha=0$$

解得：$F=G\sin\alpha-Q=1000\times0.5-600=-100$ (N)

$$F_{max}=\mu N=\mu G\cos\alpha=0.2\times1000\times\frac{\sqrt{3}}{2}=173\ (N)$$

由于 $F<F_{max}$，所以物体处于静止状态。摩擦力为100N。

摩擦力为负说明摩擦力的方向和原假设的方向相反，所以物体有向上运动的趋势。

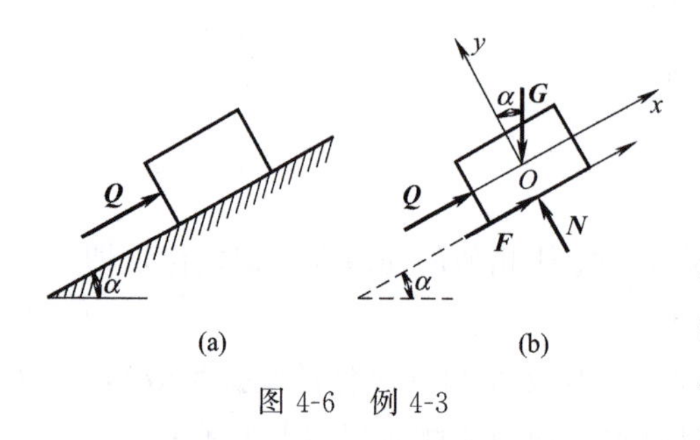

图 4-6 例 4-3

二、摩擦角和自锁

（一）摩擦角

在考虑摩擦的情况下，平衡物体受到法向反力 **N** 和摩擦力 **F** 的作用，两者的合力称为全约束反力，简称全反力，用符号 **R** 表示，如图4-7（a）所示。全反力 **R** 与法向反力 **N** 之间的夹角为 φ。全反力 **R** 和夹角 φ 的大小随摩擦力 **F** 的增大而增大，当物体处于平衡的临界状态时，静摩擦力达到最大值 $\boldsymbol{F}_{max}$，夹角 φ 也达到最大值 φ_m。

物体处于平衡临界状态时，全反力 **R** 与法向反力 **N** 之间的夹角 φ_m 称为摩擦角，如图4-7（b）所示。由此可得

$$\tan\varphi_m=\frac{F_{max}}{N}=\mu \tag{4-3}$$

即摩擦角的正切值等于静摩擦系数。摩擦角和静摩擦系数是两接触物体同一摩擦性能的两种不同度量方式。

（二）自锁

物体平衡时，静摩擦力总是小于或等于最大静摩擦力，φ 角总是小于等于摩擦角 φ_m，即 $0\leqslant\varphi\leqslant\varphi_m$，全反力的作用线不可能超出摩擦角的范围。

如图4-8（a）所示，如果主动力的合力 $\boldsymbol{F}_Q$ 的作用线在摩擦角范围内时，即 $\alpha\leqslant\varphi_m$ 时，无论该合力 $\boldsymbol{F}_Q$ 的数值大小如何，物体总是处于平衡状态。如图4-8（b）所示，若主动力合力 $\boldsymbol{F}_Q$ 的作用线在摩擦角范围之外时，既 $\alpha>\varphi_m$ 时，则无论这个力怎样小，物体一定滑动。

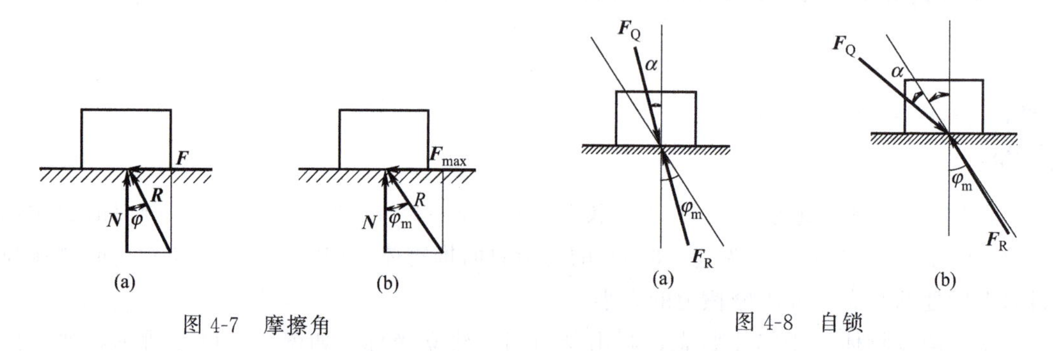

图 4-7 摩擦角

图 4-8 自锁

这种主动力合力的作用线在摩擦角范围内，物体依靠摩擦总能静止而与主动力大小无关的现象称为自锁。自锁的条件为

$$\alpha\leqslant\varphi_m \tag{4-4}$$

式中，α 为主动力合力的作用线与物体接触面的法线之间的夹角。

实际工程中常应用自锁原理设计一些机构或夹具，如千斤顶、压榨机、圆锥销等，使这类构件无论外力多大都保持在平衡状态下工作。应用这个原理，也可以设法避免发生自锁现象。

(1) 什么是自锁？

(2) 自锁的条件是什么？

三、考虑摩擦时的平衡问题

小贴士

考虑摩擦时物体的平衡问题，其解题方法、步骤与不考虑摩擦时基本相同，所不同的是：

(1) 在画物体受力图时，一定要画出摩擦力，摩擦力的方向为沿着接触面的公切线并与物体相对滑动或相对滑动趋势方向相反，当方向不定时可假设。

(2) 除列出物体的平衡方程外，还应附加静摩擦力的求解条件作为补充方程。因静摩擦力有一个变化范围，故所得结果也是一个范围值。

(3) 在临界状态时，补充方程为 $F_{max}=\mu N$，所得结果为平衡范围的极限值。

在考虑滑动摩擦的平衡计算时，除了列出平衡方程还应补充什么条件？

习题解析

[例 4-4] 将重为 G 的物体放在斜面上，斜面倾角为 α，静摩擦系数为 μ，求能使物体静止在斜面上的水平推力 Q 的大小，如图 4-9 (a) 所示。

解：若 Q 较小，物体将向下滑动；若 Q 较大，物体将向上滑动。因此所求 Q 为一范围，即 $Q_{min}\leqslant Q\leqslant Q_{max}$。

(1) 求物体不致下滑的 Q_{min}。画出受力图，建立坐标，如图 4-9 (b) 所示，列平衡方程

$$\sum F_x=0 \quad Q\cos\alpha-G\sin\alpha+F=0$$
$$\sum F_y=0 \quad -Q\sin\alpha-G\cos\alpha+N=0$$

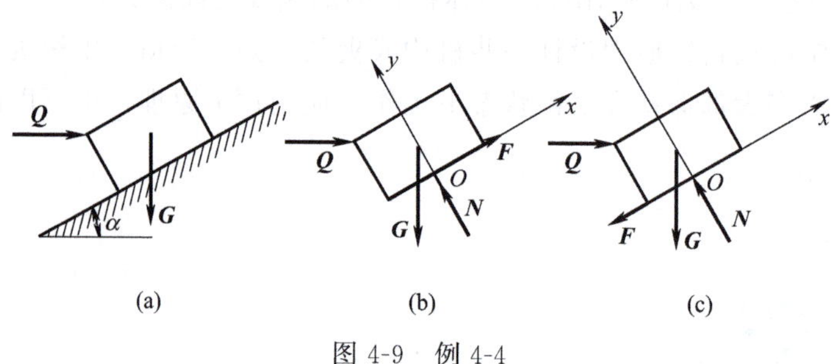

图 4-9 例 4-4

补充方程 $F=\mu N$

解得：

$$Q_{min}=G\frac{\sin\alpha-\mu\cos\alpha}{\cos\alpha+\mu\sin\alpha}$$

(2) 求物体不致下滑的 Q_{max}。画出受力图，建立坐标如图 4-9 (c) 所示，列平衡方程

$$\sum F_x=0 \quad Q\cos\alpha-G\sin\alpha-F=0$$

$$\sum F_y=0 \quad -Q\sin\alpha-G\cos\alpha+N=0$$

补充方程 $F=\mu N$

解得：

$$Q_{max}=G\frac{\sin\alpha+\mu\cos\alpha}{\cos\alpha-\mu\sin\alpha}$$

[例 4-5] 长 4m，重 200N 的梯子，斜靠在光滑的墙上，如图 4-10 (a) 所示，梯子与地面成 $\alpha=60°$ 角，梯子与地面的静摩擦系数 $\mu=0.4$，有一重为 600N 的人登梯而上，问他上到何处时梯子就要开始滑倒。

解：设梯子要开始滑倒时，人在距离 B 点为 x 的地方。

(1) 以梯子为研究对象，画出受力图，建立坐标如图 4-10 (b) 所示。

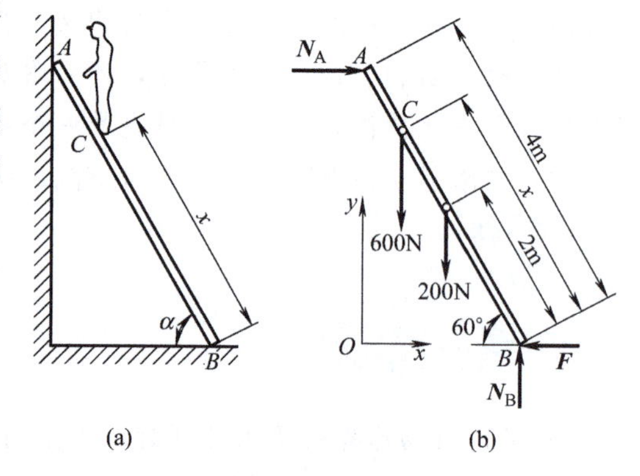

图 4-10 例 4-5

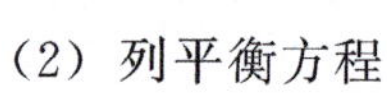

(2) 列平衡方程

$$\sum F_x=0 \quad N_A-F=0$$

$$\sum F_y=0 \quad N_B-600-200=0$$

梯子要开始滑倒时处于临界状态，因此有补充方程 $F=\mu N_B$

(3) 解方程得 $x=3.03$ (m)

[例 4-6] 如图 4-11 (a) 所示为一制动器的示意图。已知制动器摩擦块与滑轮表面的静摩擦系数为 μ，作用在滑轮上的力偶的力偶矩为 m，A 和 O 都是铰链，几何尺寸如图所示。求制动滑轮所必需的最小力 P_{min}。

解：当摩擦块与滑轮表面产生摩擦力的力矩刚好等于力偶矩 m 时，滑轮刚刚能停止转动，并处于临界状态，此时力 P 值最小。

(1) 先取滑轮为研究对象，画出受力图，建立坐标如图 4-11 (b) 所示，列平衡方程

$$\sum m_o(\boldsymbol{F})=0 \quad m-Fr=0$$

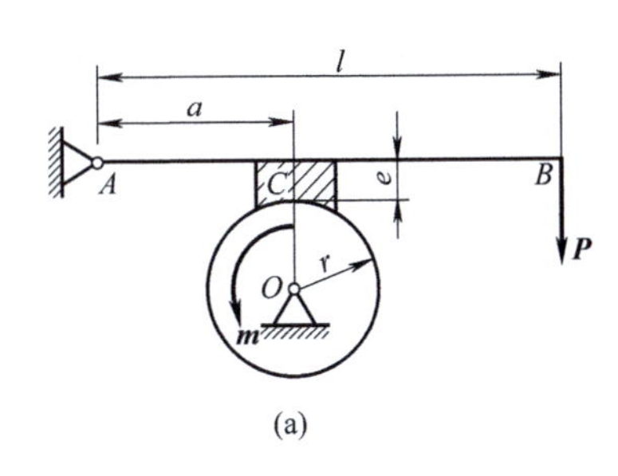

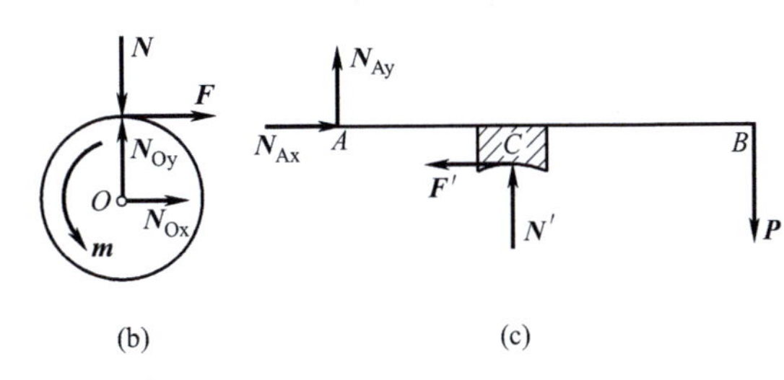

图 4-11　例 4-6

补充方程 $F=\mu N$

解得　$F=\dfrac{m}{r}$，$N=\dfrac{m}{\mu r}$

（2）再取制动杆 AB 为研究对象，画出受力图，建立坐标如图 4-11（c）所示，列平衡方程

$$\sum m_A(\boldsymbol{F})=0 \quad N'a-F'e-Pl=0$$

补充方程　$F'=\mu N'$

解得

$$P=\frac{N'(a-\mu e)}{l}=\frac{m(a-\mu e)}{\mu rl}$$

物块重为 P，与水平面之间的静摩擦系数为 μ，用同样大小的力 F 使物块向右滑动，如图 4-12（a）所示施力方法与图（b）所示的施力方法相比较，哪一种更省力？

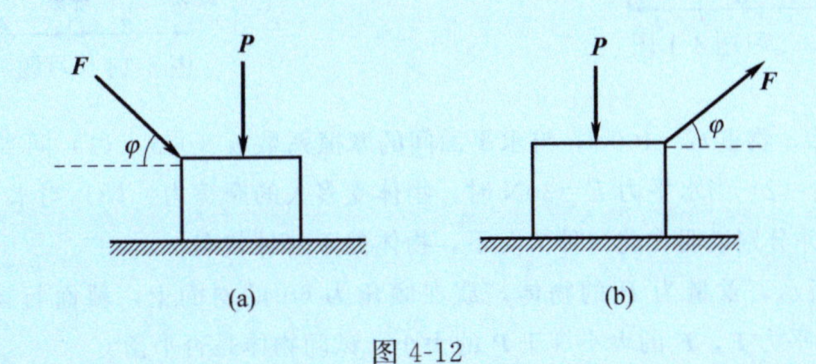

图 4-12

本章知识要点

（1）桁架杆件铰接而成，各杆件轴线位于同一平面内，各杆件受拉力或压力作用。

（2）桁架各杆件内力通过力系平衡方程来计算，有节点法和截面法两种。节点法以节点为平衡对象，逐次建立各节点的平衡方程，求出各杆件内力。截面法假象地把桁架截开，建立其中一部分桁架的平衡方程，只能求解出部分杆件的内力，但可以快速求解出某些杆件的内力。

(3) 两个相互接触的物体，发生相对滑动或相对滑动趋势时，产生摩擦力的方向与物体相对滑动或相对滑动趋势方向相反。

(4) 考虑摩擦问题时，首先要分析物体处于哪种状态，即是静止、临界还是运动状态；再根据不同的状态用相应的方法来计算摩擦力。

① 若物体处于静止状态，则由静力平衡方程来确定物体之间的摩擦力；

② 若物体处于临界平衡状态，则为最大静摩擦力，根据 $F_{max}=\mu N$ 计算；

③ 若物体处于运动状态，则为动摩擦力，根据 $F'=\mu' N$ 计算。

(5) 判断物体处于静止、临界还是运动状态的方法：假设物体处于静止状态，根据平衡方程求出摩擦力 F，再将 F 与 F_{max} 作比较。若 $F<F_{max}$，静止状态；$F=F_{max}$，临界状态；$F>F_{max}$，运动状态。

(6) 当摩擦力达到最大值 F_{max} 时，全约束反力与法向反力之间的夹角 φ_m 称为摩擦角。当主动力的合力的作用线在摩擦角范围内时，无论主动力的合力的大小如何，物体始终保持静止状态，这就是工程上的自锁现象。引入摩擦角是为了说明自锁。

4-1 如图 4-13 所示平面桁架，已知 F、a，试用节点法求各杆内力。

4-2 如图 4-14 所示平面桁架，试用截面法求 3、4、5、6 各杆的内力。

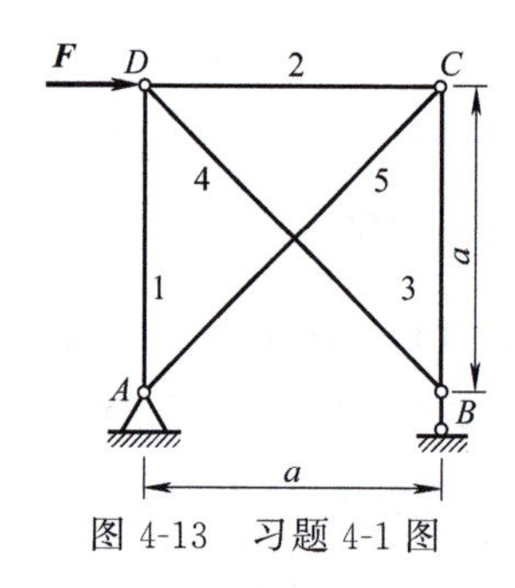

图 4-13 习题 4-1 图

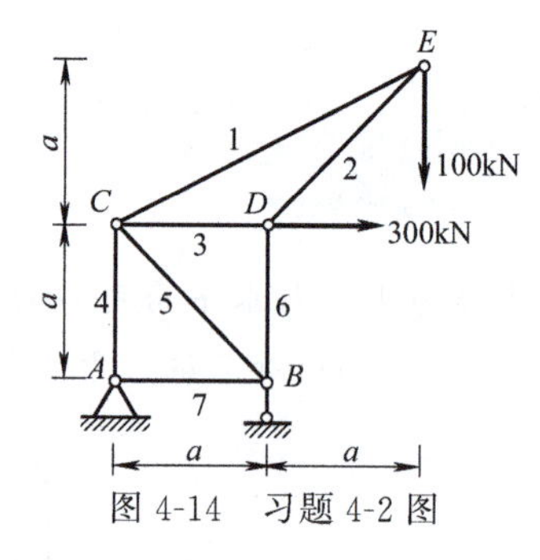

图 4-14 习题 4-2 图

4-3 如图 4-15 示，物重 $G=100\text{N}$，与水平面间的摩擦系数 $\mu=0.3$。(1) 问当水平力 $F=10\text{N}$ 时，物体受多大的摩擦力？(2) 当水平力 $F=30\text{N}$ 时，物体受多大的摩擦力？(3) 当水平力 $F=50\text{N}$ 时，物体受多大的摩擦力？并分别说明在此三种情况下，物体处于何种状态？

4-4 如图 4-16 所示，重量为 P 的物体，放在倾角为 60°的斜面上，斜面与物体之间的摩擦角为 45°，在物体上加一水平力 $\boldsymbol{F}$，$\boldsymbol{F}$ 的大小等于 $\boldsymbol{P}$ 的大小，试问物体是否平衡？

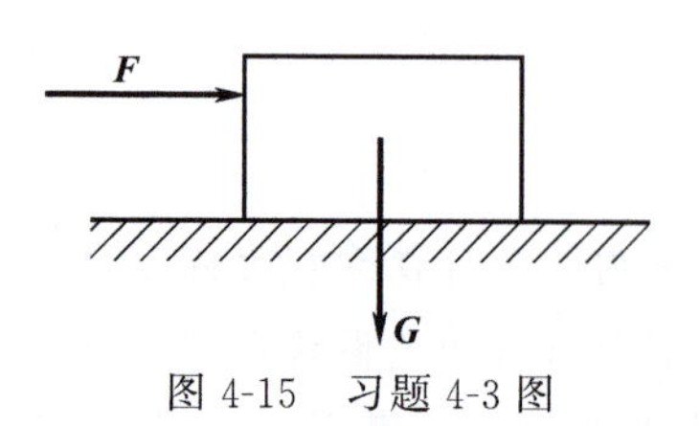

图 4-15 习题 4-3 图

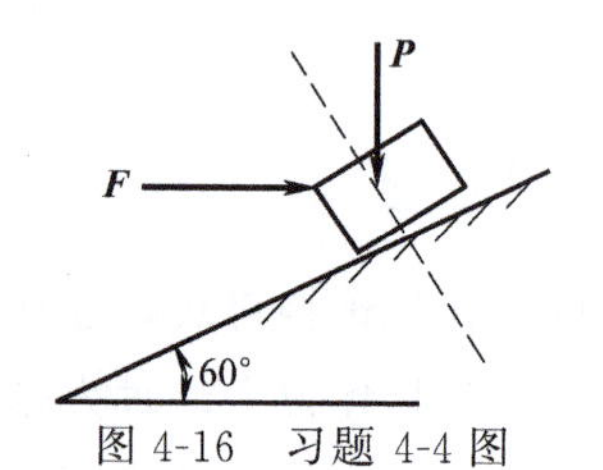

图 4-16 习题 4-4 图

4-5 如图 4-17 所示，滑块重 980N，放在倾角 α 为 30°的斜面上，已知接触面间的静摩擦系数为 0.2，现用一个 $Q=588\text{N}$ 的力沿斜面向上推物体，问物体处于何种运动状态，摩擦力等于多少？

4-6 重为 G 的物体放在倾角为 α 的斜面上，如图 4-18 所示，物体与斜面间的摩擦角为 φ_m，且 $\alpha>\varphi_m$。如在物体上作用一力 $\boldsymbol{F}$，此力与斜面平行，试求能使物体保持平衡的力 F 的最大值和最小值。

4-7 在重 $W=600$N 的滑块 B 上作用一水平向左的力 $P=800$N，滑块与水平面间的静滑动摩擦系数 $\mu=0.3$。OA 杆水平，其长度 $OA=0.5$m，它与 AB 杆间的夹角 $\alpha=30°$，在 OA 杆上作用有一力偶矩 $m=250$N·m 的力偶，如图 4-19 所示。OA、AB 两杆的重量不计，问：滑块 B 所处状态和摩擦力 F 的大小？

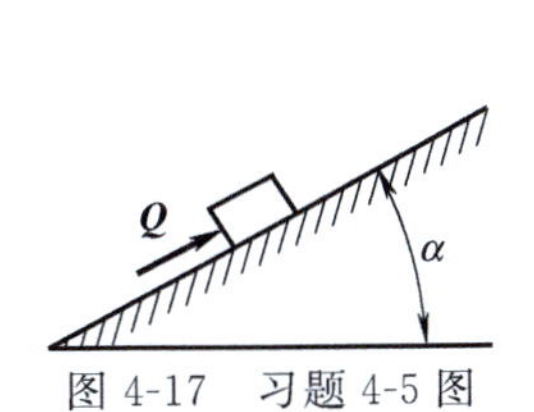

图 4-17 习题 4-5 图

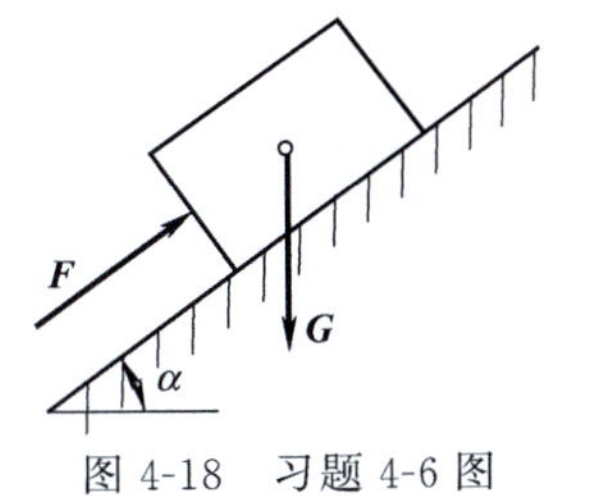

图 4-18 习题 4-6 图

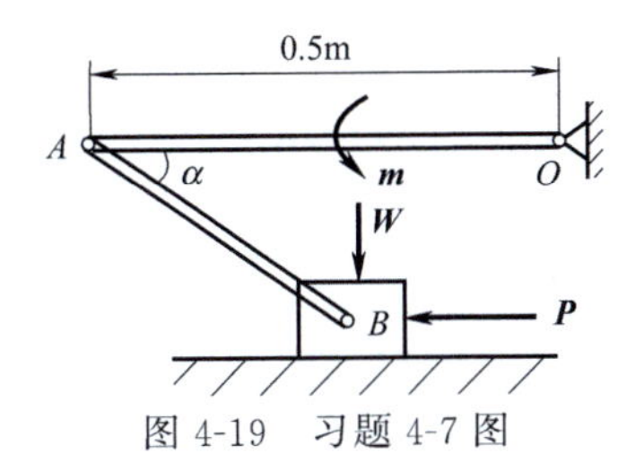

图 4-19 习题 4-7 图

第二篇　材料力学

在生产实践中，各种机械和工程结构得到广泛应用，如桥梁、房屋、电机、机床等。机械和工程结构都是由若干个构件组成的。在静力学研究中，为方便求解约束反力，我们将构件抽象化成刚体，而实际的构件并非如此。任何构件在外力作用下都将不同程度地发生形状和尺寸的改变，即变形，这就是力的内效应。我们把发生变形的构件统称为变形固体，简称变形体，材料力学的研究对象就是变形体。

随着载荷的不断增加，构件的变形和内力也会逐渐增加，但这种增加是有一定限度的。如果构件的形状、尺寸设计不合理，或者选用材料不当，构件产生的内力或变形过大，则构件将不能正常工作，甚至产生破坏。

为了保证机械和工程结构的正常工作，在载荷作用下，构件都应该具有足够的承受载荷能力，简称承载能力，也即构件必须具有足够的强度、刚度和稳定性。这些基本要求，不仅与构件的截面形状和尺寸有关，而且还与材料的力学性能有关，而这些又都关系到制造成本。因此，如何合理地选择构件的材料，正确地确定构件的截面形状，使构件既满足使用要求，又降低制造成本，成为构件设计中的一个十分重要的问题。因此，材料力学是研究构件强度、刚度和稳定性的科学。

我国历史上在材料力学方面的成就是有目共睹的。早在3000年前，我们的祖先就提出了受压的柱以圆截面为宜，而受弯的梁以矩形截面为好的实践经验，从而有“冬瓜梁，丝瓜柱”之说。古代修建的赵州桥，其双曲拱减轻了地面的负荷，又增加了泄洪能力，为南京长江大桥的引桥提供了很好的借鉴。

本篇主要介绍构件在基本变形形式下的内力、强度和刚度计算。要求读者对内力、强度和刚度问题有明确的基本概念、必要的基础知识和初步的计算能力，从而对一些工程实际问题具有定性和定量的分析能力和解决问题的能力。

(1) 材料力学的研究对象是什么？

(2) 材料力学研究的主要内容是什么？

第五章

材料力学基本知识

学习目标

（1）了解材料力学的主要研究对象。

（2）明确材料力学的主要任务，掌握材料强度、刚度和稳定性的概念。

（3）了解材料力学中变形体的几种基本假设。

（4）掌握杆件受力和变形的基本形式。

（5）掌握内力求解的基本方法和步骤。

（6）掌握应力、应变的相关概念。

第一节　材料力学的基本概念

一、材料力学的主要任务

材料在外力作用下会发生尺寸和形状的改变，外力卸除后能消失的变形称为弹性变形，不能消失的变形称为塑性变形。材料力学就是研究构件在外力作用下的受力、变形和破坏的规律，为构件的安全性和经济性提供必要的保证，具体而言，就是构件要具有足够的强度、刚度和稳定性。

强度是指构件在外力的作用下，不发生破坏的能力。构件在外力作用下可能断裂，也可能发生显著的不消失的塑性变形，这两种情况都属于破坏。构件正常工作需要有足够的强度，以保证在规定的使用条件下不发生意外断裂或者塑性变形，这类条件称为强度条件。

刚度是指构件在外力作用下，抵抗变形的能力。多数构件在正常工作时只允许发生弹性变形，将构件的变形控制在设计范围以内，以保证其在规定的使用条件下不产生过大变形，这类条件称为刚度条件。

稳定性是指构件在某些受力形式（如轴向压力）下，其平衡形式不会发生突然转变的能力。某些细长杆件（或薄壁构件）在轴向压力达到一定的数值时，会失去原来的平衡形态而丧失工作能力，这种现象称为**失稳**。构件应具有稳定平衡需要满足的条件，以保证在其规定的条件下不失稳，这类条件称为稳定性条件。

构件的强度、刚度和稳定性与所用材料的力学性能有关，而材料的力学性能必须由实验来测定；还有些无法由理论分析来解决的实际工程问题，也必须依赖于实验手段进行分析。因此，材料力学的分析方法是建立在实验的基础之上，对问题作一些科学的假定，将复杂的问题加以简化，从而得到便于工程计算的理论成果和计算公式。

由此可见，材料力学的任务是：在保证构件满足强度、刚度和稳定性要求的前提下，以最经济的代价为构件确定合理的形状与尺寸，选择适宜的材料，提供必要的理论基础、计算方法和实验技术。

材料力学的主要任务是什么？

二、材料力学的基本假设

研究变形固体，必然要涉及组成结构或构件的材料，如钢材、混凝土、有色金属、塑料等。这些材料在力的作用下，有着互不相同的变形性能。例如，在同样的拉伸载荷作用下，塑料的变形程度大，钢丝的变形程度小，而混凝土则可能被拉坏。为了研究的方便，材料力学对变形固体做出如下假设。

（1）**均匀连续性假设**：假定物体的全部体积内，材料在各处都是均匀、连续分布的。根据这一假定，物体内因受力和变形而产生的内力和位移都将是连续的。

（2）**各向同性假设**：假定物体在所有方向上均具有相同的物理和力学性能。

（3）**弹性小变形假设**：假定构件受力后的变形量与构件原始尺寸相比是极其微小的。根据这一假定，在研究构件的平衡问题，以及其内部的受力和变形等问题时，均可略去变形的影响，按构件的原始尺寸计算，从而使计算简化。

从实验结果来看，依据上述假设所得到的理论，满足一般工程的要求，是符合实际的。上述假设往往也是其他力学，如弹性力学、塑性力学、连续介质力学等的共同假设。

第二节 材料变形的基本形式

材料力学所研究的物体仅限于杆、轴、梁等物体，其几何特征是纵向尺寸（长度）远大于横向（横截面）尺寸，这类物体统称为杆或杆件。

实际杆件的受力可以是各式各样的，但都可以归纳为四种基本变形形式：轴向拉伸（或压缩）、剪切、扭转和弯曲。

（一）轴向拉伸或压缩

当杆件两端承受沿轴线方向的拉力或压力时，杆件将产生轴向伸长或缩短，其横截面变细或变粗，如图 5-1 所示。

（二）剪切

当物体受到两个相距很近、平行、反向的作用力时，杆件将在两力之间的截面 $m—n$ 处产生相对滑移，这就是剪切变形。如图 5-2 所示。

图 5-1　轴向拉伸与压缩

（三）扭转

当作用在杆件上的载荷是一对大小相等、方向相反、作用面均垂直于杆件轴线的力偶 M_e 时，杆件将发生扭转变形，即杆件各横截面绕杆轴线发生相对转动，如图 5-3 所示。工程上常把传递转动的杆件称为**轴**。

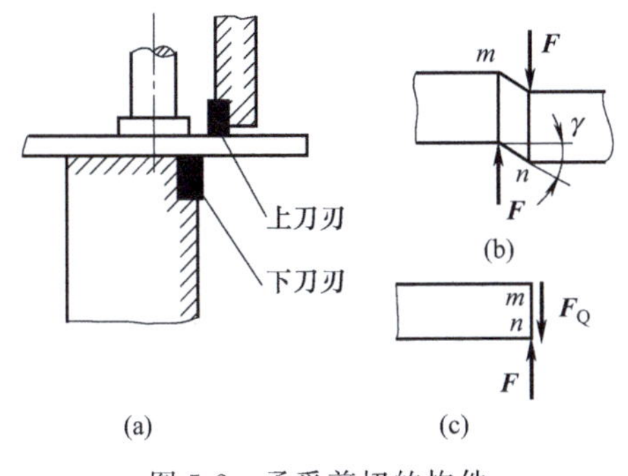

图 5-2　承受剪切的构件

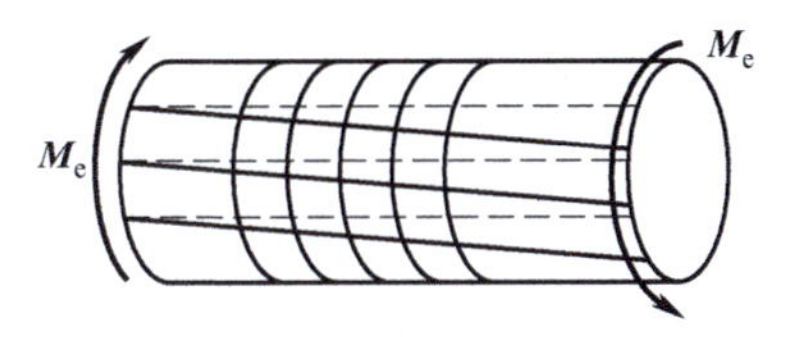

图 5-3　承受扭转的圆轴

（四）弯曲

当外力或外力偶矩作用在杆件的纵向对称平面内（如图 5-4 所示的阴影部分）时，杆件将发生弯曲变形，其轴线由直线变成曲线，如图 5-5 所示的火车车轮轴的变形。工程上常把承受弯曲的杆件称为**梁**。

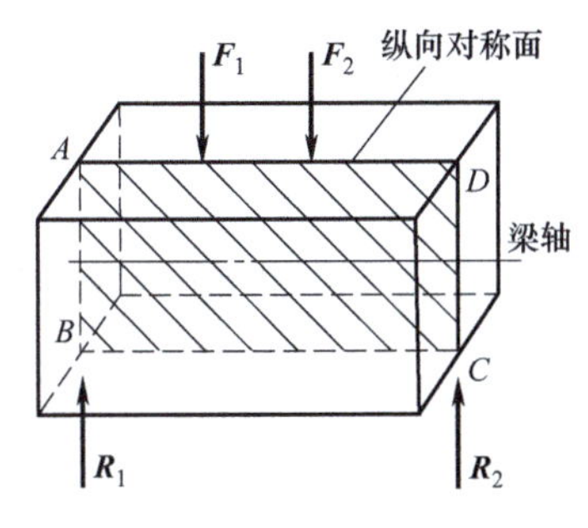

图 5-4　纵向对称平面

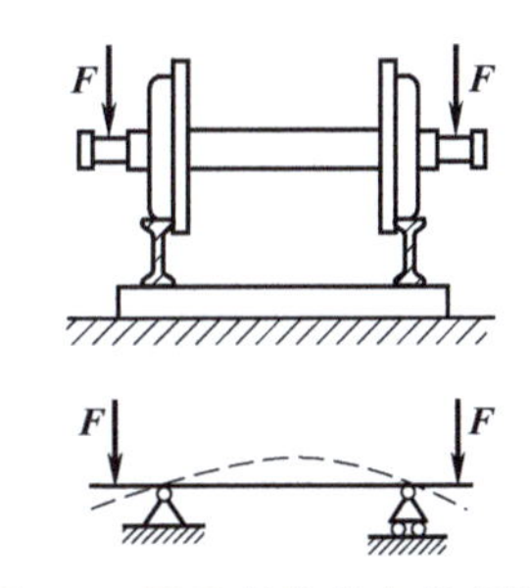

图 5-5　承受弯曲的火车车轮轴

（五）组合变形

由两种或两种以上基本变形叠加而成的变形形式称为组合变形。如图 5-6 所示，杆件在 B 点受到一斜向下的力 $\boldsymbol{F}$，将 $\boldsymbol{F}$ 在直角坐标轴上分解后，水平分力会使杆件发生拉伸变形，垂直分力会使杆件发生弯曲变形，故杆件受到的是拉伸和弯曲组合变形。如图 5-7 所示，杆件在 B 点受到集中力 $\boldsymbol{F}$ 和集中力偶 $\boldsymbol{m}$ 的作用，$\boldsymbol{F}$ 使杆件发生弯曲变形，$\boldsymbol{m}$ 使杆件发生扭转变形，故杆件受到的是弯曲和扭转组合变形。

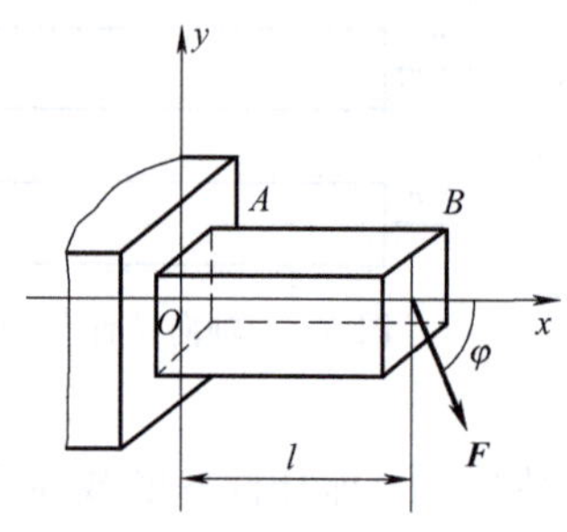

图 5-6　受拉伸和弯曲组合变形的杆件

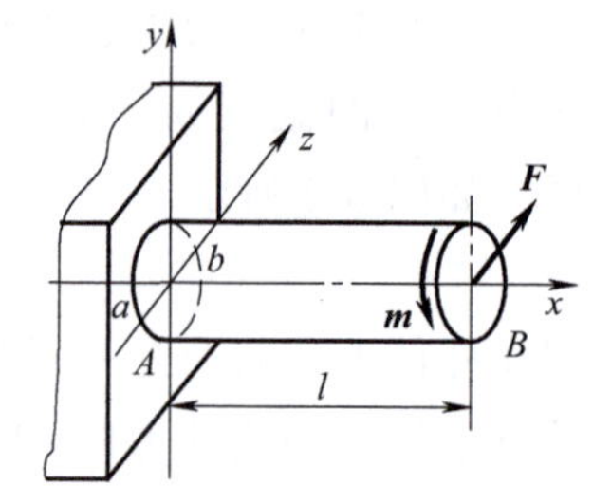

图 5-7　受弯曲和扭转组合变形的轴

第三节　内力和应力

一、内力和截面法

物体受外力作用产生变形时，内部各部分因相对位置改变而引起的相互作用，称为**内力**。内力随外力的改变而变化，并与构件的强度、刚度和稳定性密切相关。材料力学采用截面法来研究构件内力的分布及大小，**截面法**求内力的一般步骤是：

（1）截——沿假想截面将构件截成两段（应当注意，截面不能选在外力作用点处）；

（2）取——选取被截分后的任意一段构件（左段或右段）为研究对象；

（3）代——画出作用在研究对象上的外力，并用作用于截面上的内力代替舍去部分对研究对象的作用；

（4）平——对研究对象建立平衡方程式，求解该截面上内力的大小和方向。

应指出，在使用截面法求内力时，构件在被截开前，静力学中的力系等效代换及力的可传性是不适用的。

习题解析

［例 5-1］　如图 5-8 所示为一受拉杆件的力学模型，拉杆两端各作用有一轴向外力 $\boldsymbol{F}$，求在该杆的任一截面 $m—m$ 处所受的内力。

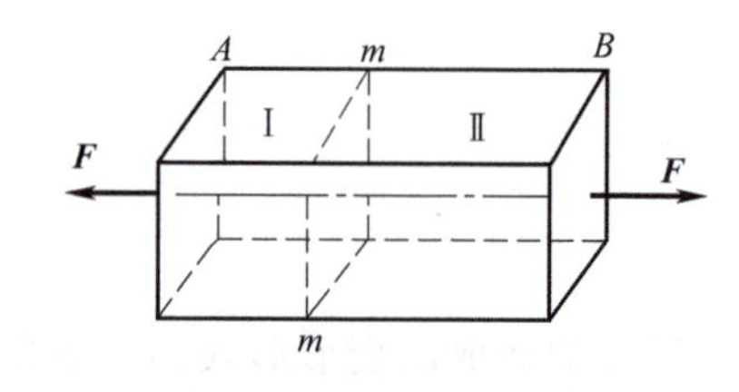

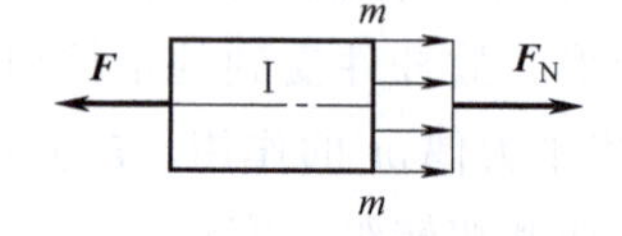

图 5-8　拉伸时的内力计算

解：(1) 截——沿 $m—m$ 截面将构件截成左右两段。

(2) 取——选取被截分后的左段构件为研究对象。

(3) 代——用作用于截面上的内力 $\boldsymbol{F}_{\mathrm{N}}$ 代替舍去右段部分对左段的作用。

(4) 平——建立平衡方程式，求解。

$\sum F_{x}=0 \quad F_{\mathrm{N}}-F=0$，故 $F_{\mathrm{N}}=F$。

小贴士

截面法使用时的注意事项：

物体被假想截为两部分后，无论取哪部分分析，截面上的内力方向都必须按照规定的正方向去标注，只有按照正方向去设置截面内力，无论取哪部分，分析结果都是一样的，否则在后面的学习中容易出错。

二、应力与许用应力

（一）应力

所谓应力就是作用在横截面上内力的分布集度。如图 5-9（a）所示，若在横截面 $m—m$ 上的微小面积 ΔA 上作用的内力之合力为 ΔF_{N}，则比值 $\dfrac{\Delta F_{\mathrm{N}}}{\Delta A}$ 称为内力 ΔF_{N} 在 ΔA 面积上的平均集度，并用 p 表示，即

$$p_{\text{平均}}=\frac{\Delta F_{\mathrm{N}}}{\Delta A} \tag{5-1}$$

一般情况下，截面上的内力并不是均匀分布的，因此平均应力 $p_{\text{平均}}$ 随所取 ΔA 的不同而不同，当 $\Delta A \to 0$ 时，上式的极限值为

$$p=\lim_{\Delta A \to 0}\frac{\Delta F_{\mathrm{N}}}{\Delta A}=\frac{\mathrm{d}F_{\mathrm{N}}}{\mathrm{d}A} \tag{5-2}$$

我们称 $\boldsymbol{p}$ 为横截面上 M 点的内力集度——应力。$\boldsymbol{p}$ 是矢量，通常它分解成垂直于截面的分量 $\boldsymbol{\sigma}$ 和相切与截面的分量 $\boldsymbol{\tau}$，如图 5-9（b）所示。若 $\boldsymbol{p}$ 与垂直于横截面的轴线呈 α 角，则有

$$\sigma=p\cos\alpha,\ \tau=p\sin\alpha \tag{5-3}$$

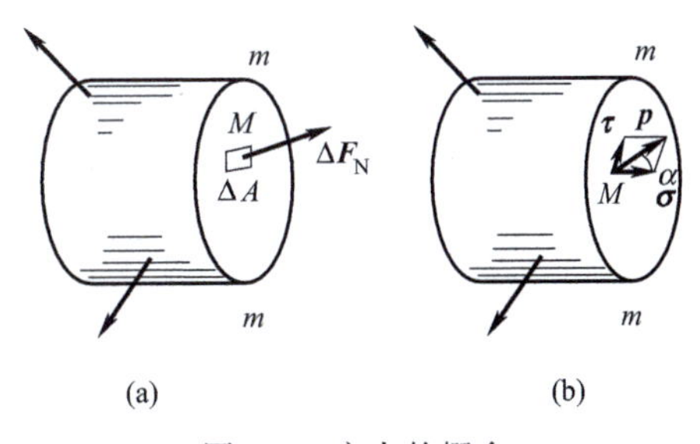

图 5-9 应力的概念

σ 称为正应力，τ 称为剪应力（或切应力）。 在国际单位制中，应力的单位为 Pa 或 MPa，工程上多用 MPa，$1\mathrm{MPa}=10^{6}\mathrm{Pa}=1\ \mathrm{N/mm^{2}}$。所以，在运算中可以采用 N·mm 、MPa 等单位，使运算简便。

应力是材料力学中一个极为重要的基本概念，是判断杆件强度是否足够的指标。

应力是点在某一截面受到的力，一般而言，同一点在不同截面上的应力是不同的，同一点在同一截面上沿不同方向的应力也不相同，同一截面上不同点的应力也不同。所以应力必须指明是在哪个截面哪个点上。

从应力的定义可见，应力有哪些特征？

（二）许用应力

使材料丧失工作能力的应力称为**极限应力**，用 σ^0 表示。为使构件正常工作，构件所受到的最大工作应力应小于材料的极限应力，为使构件留有必要的强度储备，一般将极限应力除以一个大于 1 的系数，即**安全因数** n，作为强度设计时的最大许可值，称为**许用应力**，用 $[\sigma]$ 表示，单位为 MPa。即

$$[\sigma]=\frac{\sigma^0}{n} \tag{5-4}$$

对于塑性材料，当应力达到屈服极限时，零件发生明显的塑性变形，影响其正常工作，因此，塑性材料的极限应力 σ^0 为**屈服极限** σ_s（或 $\sigma_{0.2}$）；对于脆性材料，直到破坏为止并不产生明显的塑性变形，只有在断裂后才丧失工作能力，因此，脆性材料的极限应力 σ^0 是**强度极限** σ_b。为了保证构件的安全性，必须使杆内的最大工作应力不超过材料的许用应力，这就是保证构件不被破坏的强度条件，即

$$\sigma_{max}\leqslant[\sigma] \tag{5-5}$$

同理可得，构件在纯剪切时的应力状态下强度条件为

$$\tau_{max}\leqslant[\tau] \tag{5-6}$$

式中　$[\tau]$——材料许用切应力，MPa。

实验证明，许用剪切应力 $[\tau]$ 与许用拉伸应力 $[\sigma]$ 之间有以下约略关系：塑性材料 $[\tau]=(0.6\sim0.8)[\sigma]$；脆性材料 $[\tau]=(0.8\sim1.0)[\sigma]$。

塑性材料的安全系数，在静载荷情况下一般取 $n=1.5\sim2.0$。脆性材料由于均匀性较差，且突然破坏，有更大的危险性，所以安全系数取得比较大，在静载荷情况下，一般取 $n=2.0\sim5.0$。表 5-1 列出了常用工程材料在常温静载荷下的拉伸与压缩时的许用应力值。

表 5-1　常用材料的许用应力值　　MPa

塑性材料	许用应力 $[\sigma]$	脆性材料	许用拉应力 $[\sigma]_l$	许用压应力 $[\sigma]_y$
Q215	140	灰铸铁	35～55	160～200
Q235	160	松木顺纹	7～10	10～12
45 钢调质	240	混凝土	0.1～0.7	1～9
合金钢	100～400	砖砌物	<0.2	0.6～2.5
铜	30～120			
铝	30～80			

何谓许用应力？

三、位移和应变

（一）位移

物体受外力作用或环境温度变化时，物体内各质点的坐标会发生改变，这种坐标位置的改变量称为位移。位移分为线位移和角位移，线位移是指物体上一点位置的改变，角位移是指物体上一条线段或一个面转动的角度。

变形体在外力作用下，不但会产生位移，也会引起受力体形状和大小的变化，这种变化称之为变形。通常，物体内各部分的变形是不均匀的，为了衡量各点处的变形程度，需要引入应变的概念。

（二）应变

1. 线应变

一个构件（变形体）的变化有的不易察觉，需要仪器进行精确的测量，通常用许多个微小单元体（简称微元体或微元）组成，微元体通常为直六面体，则物体整体的变形是所有微元体变形累加的结果。在正应力的作用下，如图 5-10 所示，微元体沿着正应力方向和垂直于正应力方向将产生伸长或缩短，这种变形称为线变形。这种变形程度的量称为线应变或正应变，用 ε 表示。根据微元体变形前后在 x 方向长度 $\mathrm{d}x$ 的相对改变量，有

$$\varepsilon_x=\frac{\mathrm{d}u}{\mathrm{d}x} \tag{5-7}$$

式中，$\mathrm{d}x$ 为变形前微元体在正应力作用方向的长度；$\mathrm{d}u$ 为微元体变形后相距 $\mathrm{d}x$ 的两截面沿正应力方向的相对位移；ε_x的下标 x 表示应变方向。

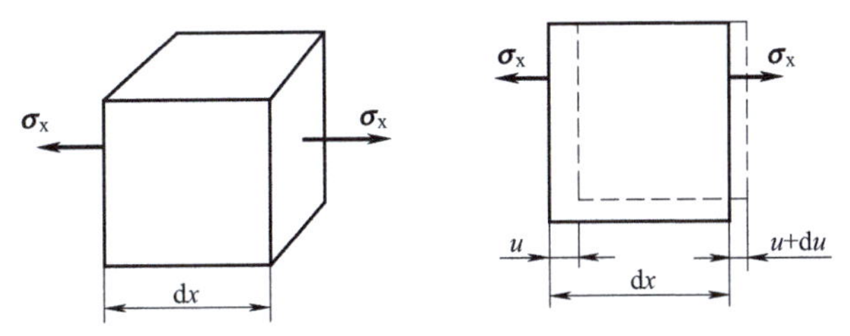

图 5-10　线应变

如果考虑受拉等直杆的变形情况，如图 5-11 所示，其原长为 l，在两端轴向拉力作用下的伸长为 δ，则该杆沿长度方向的平均线应变为

$$\varepsilon_m=\frac{\delta}{l} \tag{5-8}$$

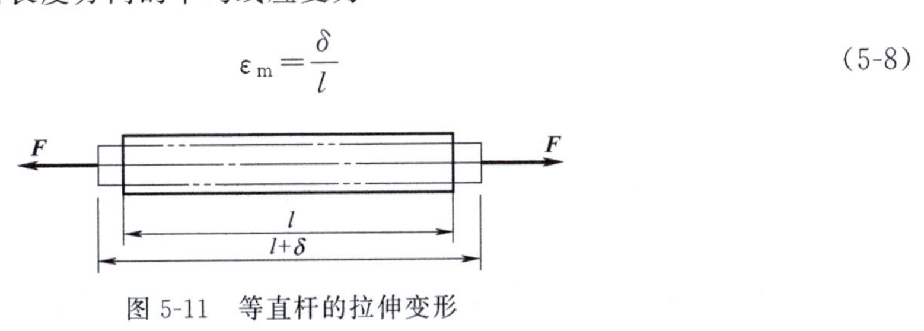

图 5-11　等直杆的拉伸变形

如果杆内各点变形是均匀的，ε_m认为是杆内各点处沿杆长方向的线应变 ε。对于杆内各处变形是不均匀的情况，可在各点处沿杆长方向取一微小段 Δx，若该微小段的长度改变量为 $\Delta\delta$，则定义该点处沿杆长方向的线应变为

$$\varepsilon=\lim_{\Delta x\to 0}\frac{\Delta\delta}{\Delta x}=\frac{\mathrm{d}\delta}{\mathrm{d}x} \tag{5-9}$$

线应变 ε 可以度量物体内各点处沿某一方向长度的相对改变。在小变形情况下，ε 是一个微小的量。

2. 切应变

物体变形后，原来相互垂直的两条边夹角发生变化，如图 5-12 所示，通过 A 点的两个互相垂直的微线段之间的直角改变量 γ 称为 A 点的切应变或剪应变，用弧度（rad）来度量。小变形时，γ 也是一个微小的量。

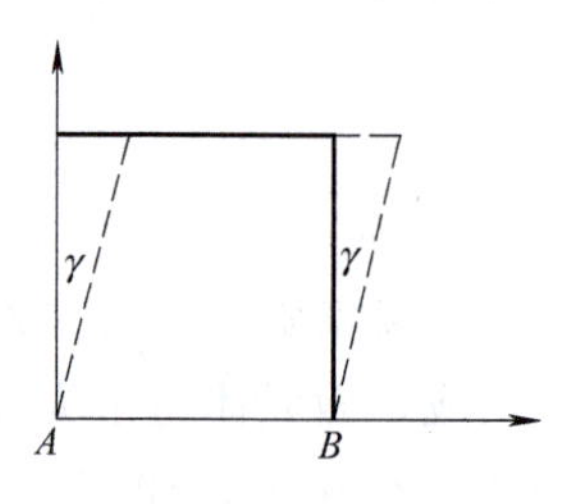

图 5-12 切应变

由此可见，构件的整体变形是由各微元体局部变形的组合结果，而微元体的局部变形则可用线应变和切应变表示。线应变和切应变是度量构件内一点处变形程度的两个基本量，以后可以注意到，它们分别与正应力 σ 和切应力 τ 相联系。

本章知识要点

一、基本概念

（1）强度：在荷载作用下，构件应不发生破坏（断裂或塑性屈服）。

（2）刚度：在荷载作用下，构件所产生的变形应不超过工程允许的范围。

（3）稳定性：在荷载作用下，构件在其原有形态下的平衡应保持为稳定的平衡。

（4）内力：构件在受到外力作用而产生变形时，其内部各部分之间因相对位置改变而产生的相互作用。

（5）应力：构件某一截面上的某一点处的内力集度，沿截面法向的称为正应力，沿截面切向的称为切应力。

（6）位移：刚体在外力作用下，从原位置移动到一个新的位置，刚体内部各部分这种位置的改变称为位移，可由线位移和角位移来表示。刚体内的某一点从原位置到新位置的连线表示该点的线位移，刚体内的某一线段或某一平面在构件位置改变时转动的角度称为角位移。

（7）变形：变形体在外力作用下产生的形状和大小的变化称为变形，可由线变形和角变形来表示。

（8）应变：任取一个微小六面体，沿棱边方向单位长度上的平均伸长或缩短量称为线应变，棱边间夹角的改变量称为切应变。

二、材料力学基本假设

（1）连续性假设：认为材料沿各个方向的力学性能完全相同。

（2）均匀性假设：认为从固体内任一点处取出的体积单元的力学性能完全相同。

(3) 各向同性假设：认为材料沿各个方向的力学性能完全相同。

三、求解内力的方法

用一个假想截面把构件分成两部分，以确定假想截面处内力的方法称为截面法。可将其归纳为以下 3 个步骤。

(1) 在需要求内力的截面处，用假想截面将构件分成两个部分。

(2) 任取一部分作为研究对象，将舍弃部分对研究对象的作用以内力的形式来代替。

(3) 根据研究对象的平衡条件，列平衡方程确定内力值。

四、杆件变形的基本形式

轴向拉伸和压缩：在一对作用线与直杆轴线重合的外力作用下，直杆的主要变形为长度改变。

剪切：在一对相距很近的大小相等、方向相反的横向外力作用下，直杆的主要变形为横截面沿外力作用方向发生相对错动。

扭转：在一对转向相反、作用面垂直于杆轴线的外力偶作用下，直杆的相邻横截面将绕轴线发生相对转动。

纯弯曲：在一对转向相反、作用面在包含杆轴线在内的纵向平面内的外力偶作用下，直杆的相邻横截面将绕垂直于纵向平面的某一横向轴发生相对转动，其轴线将弯曲成曲线。

同步训练

5-1 如图 5-13 所示，试用截面法求杆件指定截面的内力。

5-2 试求图 5-14 所示，杆件 $m—m$ 和 $n—n$ 两截面上的内力，并指出 AB 和 BC 两杆的变形的基本类型。

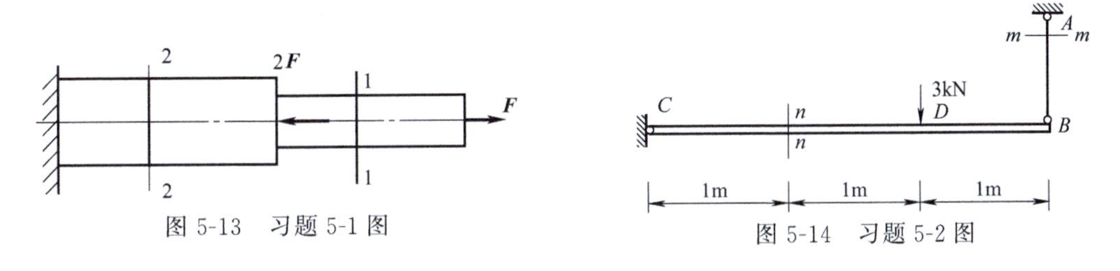

图 5-13 习题 5-1 图

图 5-14 习题 5-2 图

5-3 试求图 5-15 所示拉伸试件在 A、B 两截面之间的平均线应变。已知 $L=100\text{mm}$，$\Delta L=5\times10^{-2}\text{mm}$。

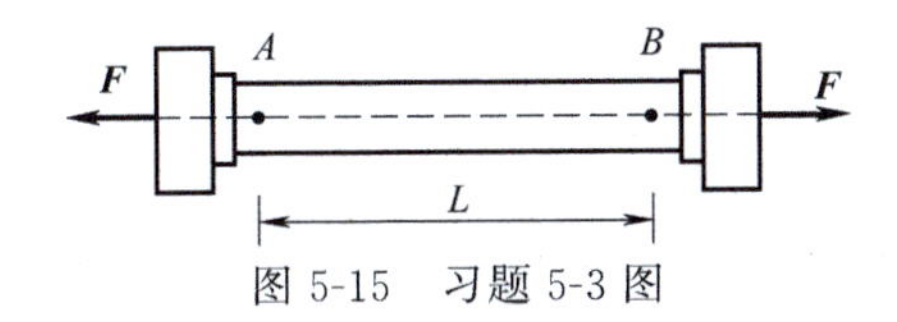

图 5-15 习题 5-3 图

5-4 如图 5-16 所示，圆形薄板的半径为 R，变形后的增量为 ΔR，如果 $R=80\text{mm}$，$\Delta R=3\times10^{-3}\text{mm}$，试求沿半径方向和外圆圆周方向的平均应变。

5-5 在外载荷作用下，某单元体的两边夹角由 30°变化到 31°，问切应变是多大？

5-6 如图 5-17 所示，等腰直角三角形薄板因载荷作用发生变形，B 点垂直向上的位移 $\Delta BB'=$

0.03mm，但 AB 和 BC 仍保持直线，OB 长 120mm，BC 长 169.7mm，试求 OB 的平均线应变，并求 AB 和 BC 两边在 B 点的角度改变。

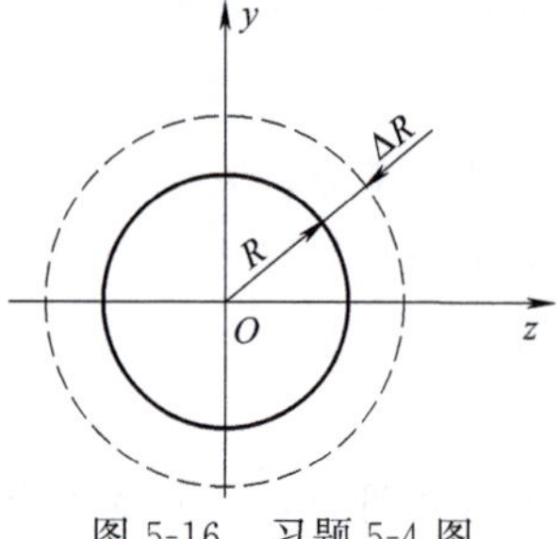

图 5-16　习题 5-4 图

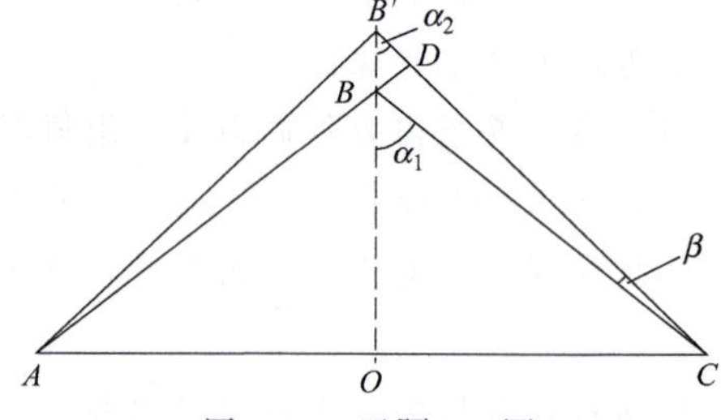

图 5-17　习题 5-6 图

第六章 轴向拉伸和压缩

学习目标

(1) 掌握轴向拉压杆的内力计算，学作轴力图。

(2) 掌握拉压杆横截面、斜截面上的应力分析方法与强度计算。

(3) 掌握胡克定律及拉压杆的变形计算方法。

(4) 了解塑性、脆性材料的拉伸与压缩的力学性能及测试方法。

(5) 了解应力集中的概念。

第一节 轴向拉伸或压缩时的内力

作用在杆件上的外力，如果其合力作用线与杆的轴向重合，称为轴向载荷。在不同形式的外力作用下，杆件的内力、变形及应变相应地也不同，承受拉伸或者压缩的构件是材料力学中最常见的一种受力构件，在工程实际中很多构件在忽略自重等因素后可看作拉压杆。如图 6-1 所示，吊车结构中的 AB 杆是轴向拉伸的杆件；如图 6-2 所示，曲柄连杆机构中的连杆也是轴向拉伸的杆件；如图 6-3 所示，简单起重装置中，钢索受拉，撑杆受压。为了解决拉压杆的强度与刚度问题，首先要分析拉压杆的内力。

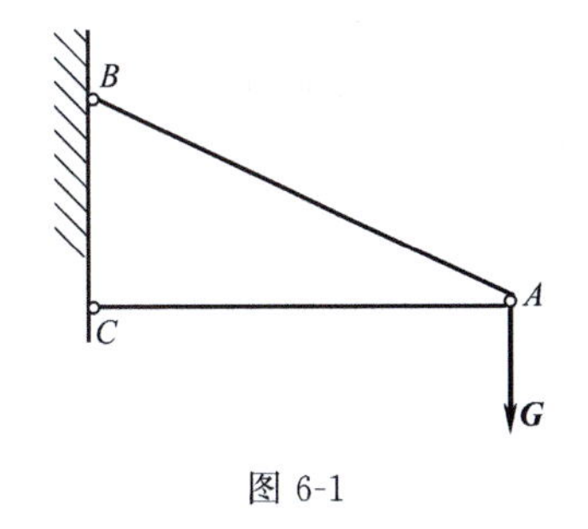

图 6-1

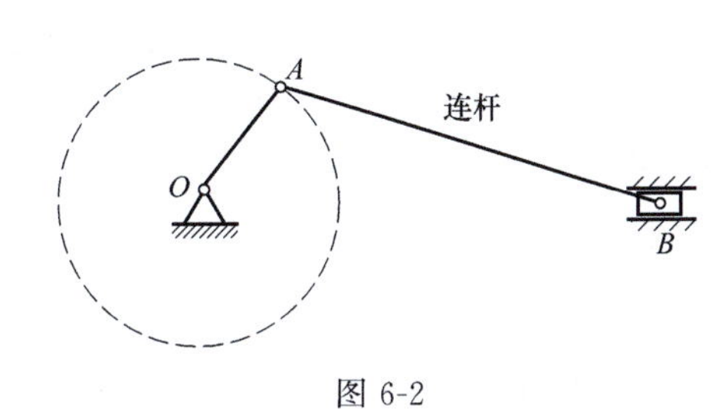

图 6-2

一、轴向拉伸和压缩时的外力特点

轴向拉伸和压缩是杆件变形中最简单的一种形式。受轴向拉伸和压缩的杆件，其外力特点是：作用线与杆件的轴线相重合。其变形特点是：杆件沿轴向伸长或缩短，其横截面变细或变粗，如图 6-4 所示。

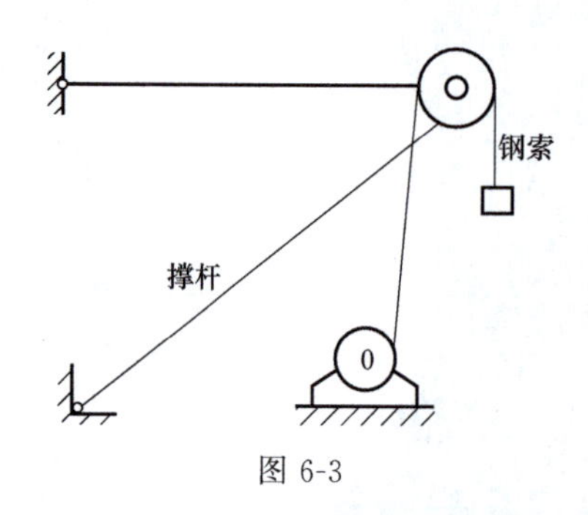

图 6-3

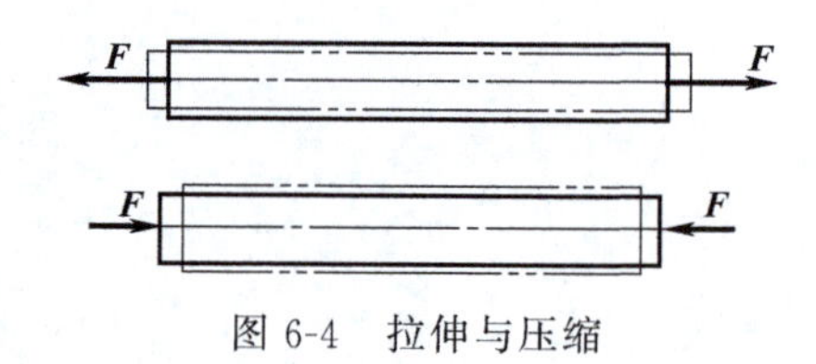

图 6-4 拉伸与压缩

二、轴向拉伸和压缩时的内力——轴力

在讲授截面法时，我们已经通过例 5-1 了解到杆件受拉伸变形时截面上内力的求解方法。现在，我们以杆件受压缩变形为例，再来看一下内力的求解过程。如图 6-5（a）所示为一受压杆件的力学模型，两端各作用一沿着轴线指向杆件的外力 $\boldsymbol{F}$，在该杆的任一截面 $m—m$ 处将其假想地截开，并取左段为研究对象。如前所述，用作用于横截面 $m—m$ 上的分布内力系合力 $\boldsymbol{F}_N$来代替舍去部分对研究对象的作用。

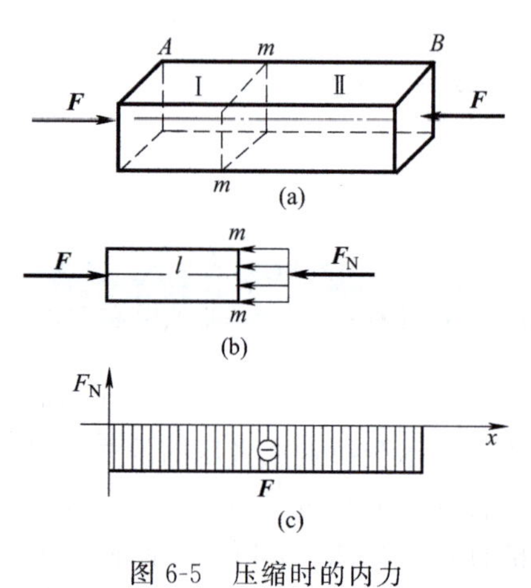

图 6-5 压缩时的内力

列平衡方程 $\sum F_x=0$

有 $F-F_N=0$

所以 $F_N=F$

显然，不论是受拉伸，还是受压缩，杆件横截面上的内力均沿着杆件的轴线，这种内力称为**轴力**。轴力可以是拉力也可以是压力，为了区别起见，一般把受拉伸时的轴力 $\boldsymbol{F}_N$规定为正，把受压缩时的轴力 $\boldsymbol{F}_N$规定为负。图 6-5 中所示的杆件受压，故轴力 $\boldsymbol{F}_N$为负值。

求解轴力也常用以下方法：杆件截面上的轴力在数值上等于所取研究部分所有外力的代数和。外力离开该截面时取为正，指向该截面时取为负。即

$$F_N=\sum_{i=1}^{n}F_i \tag{6-1}$$

轴力为正时，表示轴力离开截面，杆件受拉；轴力为负时，表示轴力指向截面，杆件受压。用这种方法求解图 6-5 中 $m—m$ 截面上所受的内力，可一步写出 $F_N=-F$，说明杆件受压缩变形。

想一想

杆件受到拉伸或者压缩时，所产生的内力叫什么？

三、轴力图

当多个沿着杆件轴线的外力作用在杆件的不同段内时，各截面上的轴力是不相同的。

为了形象地表示出轴力沿杆件轴线的变化情况，常用**轴力图**来表示。我们将沿杆件轴线方向取为横坐标，表示横截面的位置；以垂直于杆件轴线方向为纵坐标，表示轴力 F_N 的大小和正负。轴力图可清楚地反映出轴力沿杆件轴线的变化情况。

习题解析

［例 6-1］ 图 6-6（a）表示一等截面直杆，其受力情况如图所示。试作其轴力图。

解：对杆件进行受力分析，如图 6-6（b）所示，求约束反力 F_A；

根据 $\sum F_x=0$，　　$-F_A-F_1+F_2-F_3+F_4=0$

得　　$F_A=-40\text{kN}+55\text{kN}-25\text{kN}+20\text{kN}=10(\text{kN})$

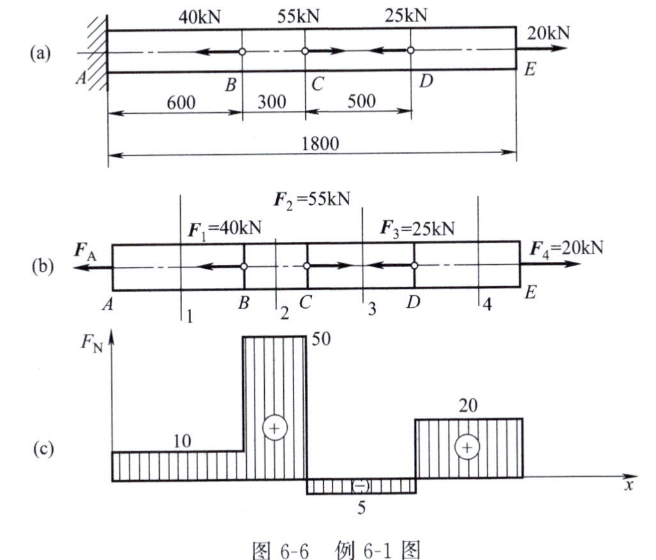

图 6-6　例 6-1 图

计算轴力可用截面法，亦可直接应用结论式（6-1），因而不必再逐段截开及作研究段的分离体图。在计算时，取截面左侧或右侧均可，一般取外力较少的轴段为好。

AB 段　$F_{N1}=F_A=10(\text{kN})$（考虑左侧）

BC 段　$F_{N2}=10\text{kN}+40\text{kN}=50(\text{kN})$（考虑左侧）

CD 段　$F_{N3}=20\text{kN}-25\text{kN}=-5(\text{kN})$（考虑右侧）

DE 段　$F_{N4}=20\text{kN}$（考虑右侧）

由以上计算结果可知，最大轴力 F_{Nmax} 在 BC 段，受拉，其轴力图如图 6-6（c）所示。

第二节　轴向拉伸或压缩时的应力和强度

一、平面假设

为研究受轴向拉伸或压缩［以下简称拉（压）］杆件横截面上的各点处的应力分布规律，我们通过试验来观察杆件受拉（压）的变形情况。取一等截面直杆，在杆件表面等间距画上与杆件轴线平行的纵向线及与之垂直的横向线 ab 和 cd，形成一系列大小相同的正方形网格，如图 6-7（a）所示。然后，在杆件的两端施加轴向外力 $\boldsymbol{F}$，使杆件产生拉伸变形。试验中发现，各纵向线和横向线仍为直线，并仍然分别平行和垂直于杆件轴线，只是横向线间距增大（ab 和 cd 分别平移到 $a'b'$ 和 $c'd'$ 位置），而纵向线的间距减小了，如图 6-7（b）所示。

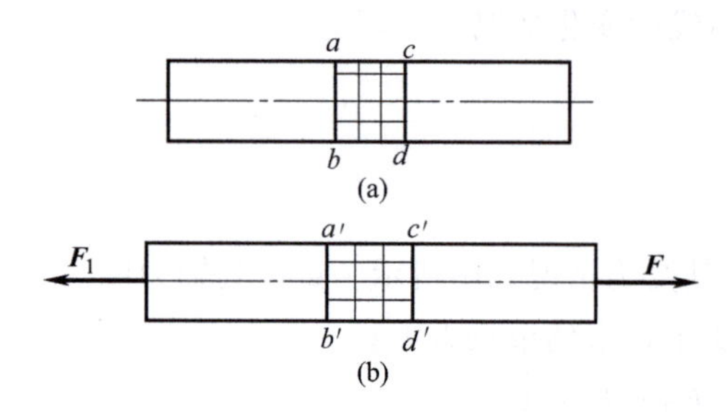

图 6-7 杆件受拉图形

根据上述试验所观察到的现象，对杆件内部的变形，做如下假设：变形前为平面的横截面，在变形后仍保持为平面，并且仍垂直于杆件轴线，只是各横截面沿杆件轴线产生了相对平移，这个假设就是著名的**平面假设**。

二、拉（压）时杆件横截面上的正应力

由平面假设可知，应力在横截面上是均匀分布的，即截面上各点处的应力大小相等，其方向与轴力 $\boldsymbol{F}_N$ 方向一致，为正应力，如图 6-8 所示。

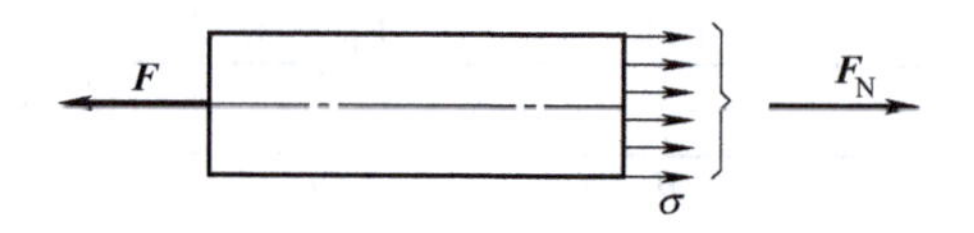

图 6-8 杆件横截面正应力

杆件受轴向拉伸（或压缩）时，横截面上正应力的计算公式为

$$\sigma=\frac{F_N}{A} \quad (\text{MPa}) \tag{6-2}$$

式中 F_N——横截面上的轴力，N；

A——横截面面积，mm^2。

式（6-2）表明，受轴向拉伸（或压缩）的杆件，其横截面上的正应力 σ 与轴力 F_N 成正比，与横截面面积 A 成反比，工程上一般规定：拉应力为正，压应力为负。

轴力图上轴力相等的杆件部分应力是否相等？为什么？

［例 6-2］ 如图 6-9 所示的杆件，已知 AB 段和 BC 段的面积 $A_1=200\text{mm}^2$，$A_2=500\text{mm}^2$；作用的轴向力 $F_1=10\text{kN}$，$F_2=30\text{kN}$；$l=100\text{mm}$。试计算各段横截面上的应力。

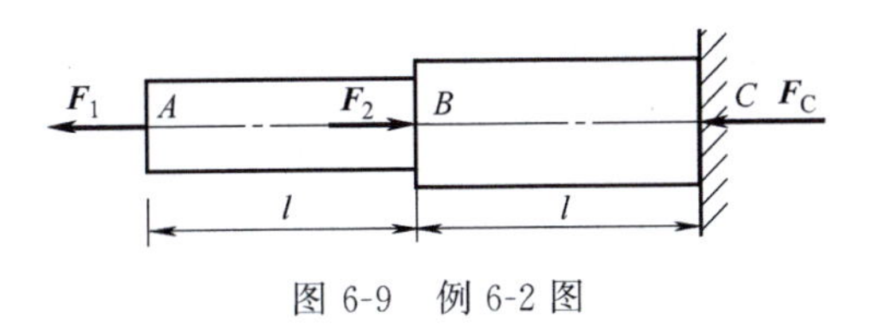

图 6-9　例 6-2 图

解：(1) 对杆件受力分析，求出 C 处的约束反力 F_C。

由　$$\sum F_x=0,\ -F_1+F_2-F_C=0$$

得　$$F_C=-10+30=20\ (\text{kN})$$

(2) 计算杆件的轴力并画轴力图。

AB 段　$F_{N1}=F_1=10\ (\text{kN})$

BC 段　$F_{N2}=F_C=10-30=-20\ (\text{kN})$

(3) 计算各段的应力。

AB 段　$$\sigma_1=\frac{F_{N1}}{A_1}=\frac{10\times1000}{200}=50\ (\text{MPa})$$

BC 段　$$\sigma_2=\frac{F_{N2}}{A_2}=\frac{-20\times1000}{500}=-40\ (\text{MPa})$$

计算结果表明，杆件在 AB 段受到的是拉应力，在 BC 段受到的是压应力。轴力图如图 6-10 所示。

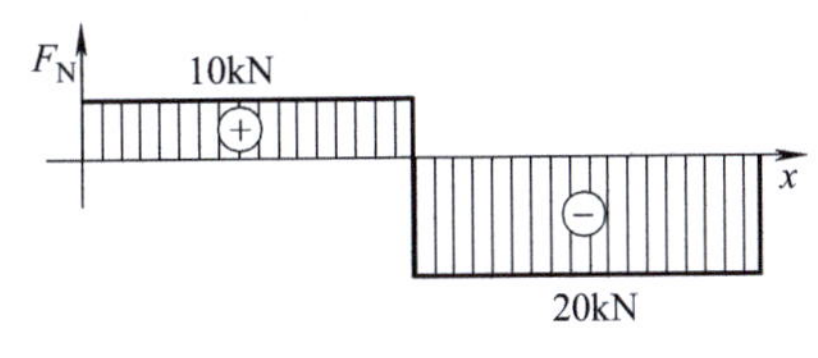

图 6-10

三、拉（压）时杆件斜截面上的应力

前面研究了拉压杆横截面上的应力，为了更全面地了解杆内的应力情况，现在研究为一般的任意方位截面上的应力。

设杆件横截面的面积为 A，如图 6-11 (a) 所示，利用截面法，用任一斜截面 m—m，设该斜截面的外法线 n 与 x 的夹角为 α，斜截面 m—m 上的应力 p_α 也是均匀分布的，如图 6-11 (b) 所示，且其方向必与杆轴平行。

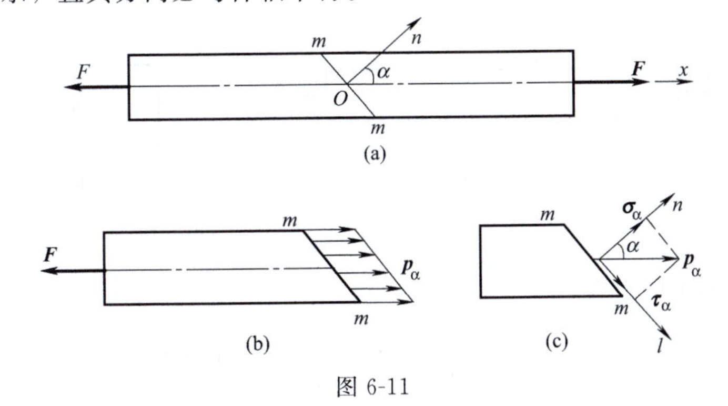

图 6-11

根据上述分析，得杆左段的平衡方程为

$$p_{\alpha}\frac{A}{\cos\alpha}-F=0$$

由此截面 $m—m$ 上各点处的应力为

$$p_{\alpha}=\frac{F\cos\alpha}{A}=\sigma\cos\alpha$$

式中，$\sigma=F/A$，代表杆件横截面上的正应力。

将应力 p_{α} 沿截面法向与切向分解，如图 6-11（c）所示，得斜截面上的正应力与切应力分别为

$$\sigma_{\alpha}=p_{\alpha}\cos\alpha=\sigma\cos^{2}\alpha \tag{6-3}$$

$$\tau_{\alpha}=p_{\alpha}\sin\alpha=\frac{\sigma}{2}\sin^{2}\alpha \tag{6-4}$$

从上式看出，σ_{α} 和 τ_{α} 均随 α 角度改变而改变。当 $\alpha=0$ 时，斜截面 $m—m$ 即为垂直于杆轴线的横截面，正应力达到最大值，其值为

$$\sigma_{\max}=\sigma$$

当 $\alpha=45°$ 时，切应力达到最大值，其值为

$$\tau_{\max}=\frac{\sigma}{2}$$

这就是说：轴向拉（压）杆的最大正应力发生在横截面上，最大切应力发生在与轴线成 45°角的斜截面上。

小贴士

方位角与切应力的正负符号规定：

以 x 轴为始边，方位角 α 为逆时针转向时为正，反之为负；切应力对截面内侧任意点的矩为顺时针转向时规定为正，反之为负。

试一试

如图 6-12（a）所示，轴向受压等截面杆的截面面积 $A=600\text{mm}^2$，载荷 $F=50\text{kN}$，试求斜截面 $m—m$ 上的正应力与切应力。

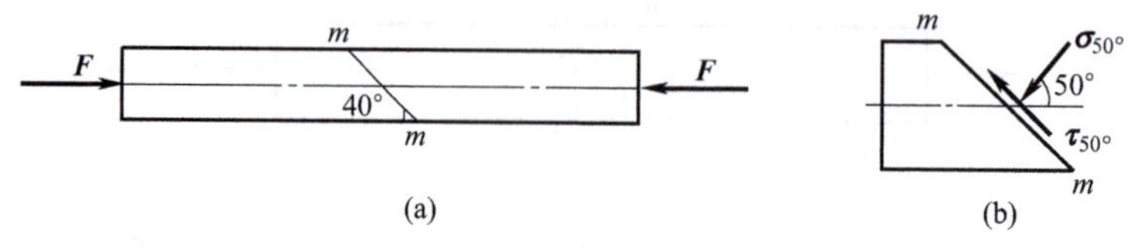

图 6-12

解：杆件截面上的正应力为

$$\sigma=\frac{F_{\text{N}}}{A}=\frac{-50\times10^{3}}{600\times10^{-6}}=-83.3\ (\text{MPa})$$

斜截面 $m—m$ 的方位角为 $\alpha=50°$，于是可以得出截面 $m—m$ 上的正应力与切应力分别为

$$\sigma_{50°}=\sigma\cos^2\alpha=(-83.3\times10^6)\cos^2 50°=-34.4\ (\text{MPa})$$

$$\tau_{50°}=\frac{\sigma}{2}\sin2\alpha=\frac{-83.3\times10^6}{2}\sin100°=-41.0\ (\text{MPa})$$

其方向如图 6-12（b）所示。

四、杆件受拉（压）变形时的强度计算

由轴力图可直观地判断出等直杆内力最大值所发生的截面，该截面称为危险截面，危险截面上应力值最大的点称为危险点，其上应力称为最大工作应力，为了保证构件有足够的强度，最大工作应力应小于材料的许用应力。即拉（压）杆的正应力强度条件为

$$\sigma_{\max}=\frac{F_N}{A}\leqslant[\sigma] \tag{6-5}$$

根据上述强度条件，可以解决三种类型的强度计算问题：

① 强度校核，若已知杆件的载荷、截面尺寸及材料的许用应力，即可用公式（6-5）校核杆件是否满足强度要求；

② 设计截面尺寸，若已知杆件承受的载荷、材料的许用应力，则可用公式（6-6）确定杆件所需的最小横截面面积；

$$A\geqslant\frac{F_{N\max}}{[\sigma]} \tag{6-6}$$

③ 确定许可载荷，若已知构件的截面尺寸和材料的许用应力，则可用公式（6-7）确定杆件所能承受的最大载荷。

$$F_{\max}=F_{N\max}\leqslant[\sigma]A=[F] \tag{6-7}$$

必须指出，对受压直杆进行强度计算时，式（6-5）仅适用较粗短的直杆。对细长的受压杆，应进行稳定性计算。

受轴向拉伸（或压缩）杆件的强度条件是什么？用它可以解决哪些工程计算问题？

习题解析

［例 6-3］　如图 6-13 所示，圆杆上有一穿透直径的槽。已知圆杆直径 $d=20\text{mm}$，槽的宽度为 $\frac{d}{4}$，材料的［σ］$=160\text{MPa}$，设拉力 $F=30\text{kN}$，试校核圆杆的强度。

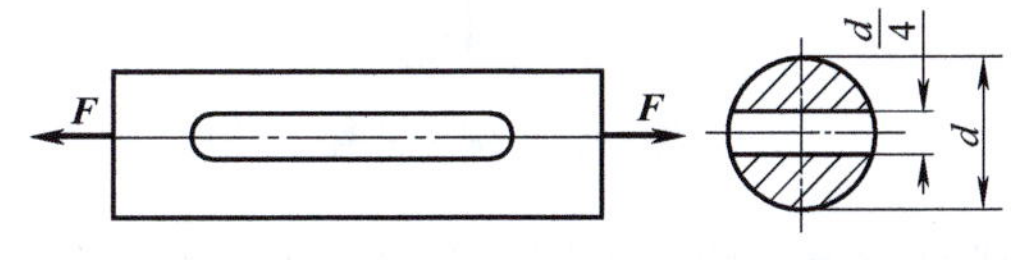

图 6-13　例 6-3 图

解：(1) 求内力：$F_N=F=30$ (kN)

(2) 确定危险截面面积：受力杆件任意截面上的轴力相等，但中间一段因开槽而使截面面积减小，故杆的危险截面应在开槽段，开槽段的横截面积为

$$A=\frac{\pi}{4}d^2-d\ \frac{d}{4}=\frac{d^2}{4}(\pi-1)$$

(3) 强度校核。

$$\sigma_{max}=\frac{F_N}{A}=\frac{30\times10^3\text{N}}{\frac{(20\text{mm})^2}{4}(\pi-1)}=140\text{MPa}<[\sigma]$$

因为最大应力 σ_{max} 小于材料的许用应力 $[\sigma]$，故圆杆强度足够。

［例 6-4］ 如图 6-14 所示起重机的起重链条由圆钢制成，受到的最大拉力为 $F=25$kN，已知圆钢材料为 Q215A，许用应力 $[\sigma]=140$MPa。若只考虑链环两边所受的拉力，试确定圆钢的直径 d（注：标准链环圆钢的直径系列为 5、7、8、9、11、13、16、18、20 等）

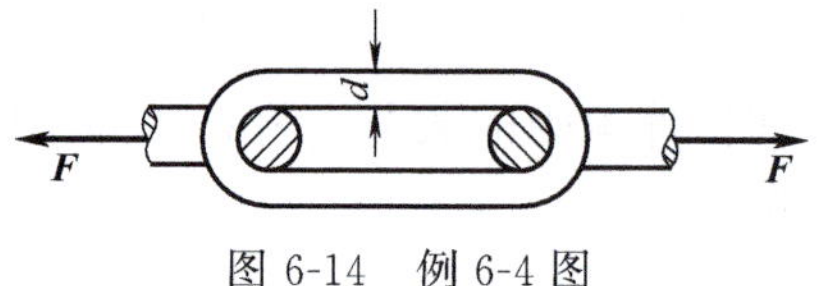

图 6-14 例 6-4 图

解：由公式 $A\geqslant\frac{F_N}{[\sigma]}=\frac{F}{[\sigma]}$ 可得截面面积，而链环的横截面有 2 个圆面积，故 $A=2\times\frac{\pi d^2}{4}$，解得链环圆钢直径为

$$d\geqslant\sqrt{\frac{2F}{\pi[\sigma]}}=\sqrt{\frac{2\times25000}{\pi\times140}}=10.662\ (\text{mm})$$

因此，应选用 $d=11$mm 的圆钢。若从安全角度考虑，最好选用 $d=13$mm 的圆钢。

［例 6-5］ 重物 P 由铜丝 CD 悬挂在钢丝 AB 之中点 C，如图 6-15 (a) 所示。已知铜丝直径 $d_1=2$ mm，许用应力 $[\sigma]_1=100$MPa，钢丝直径 $d_2=1$mm，许用应力 $[\sigma]_2=240$MPa，且 $\alpha=30°$，试求结构的许可载荷。

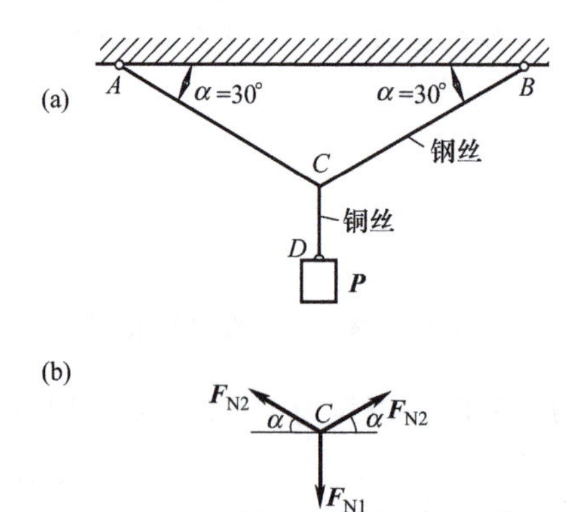

图 6-15 例 6-5 图

解：(1) 以点 C 为研究对象，画受力图。如图 6-15 (b) 所示，设铜丝和钢丝的拉力

分别为 F_{N1} 和 F_{N2}。

（2）列平衡方程 $\sum F_y=0$，有 $2F_{N2}\sin\alpha=F_{N1}=P$，得

$$F_{N2}=\frac{P}{2\sin\alpha}$$

（3）根据公式，对铜丝

$$\sigma_1=\frac{F_{N1}}{A_1}=\frac{P}{\frac{\pi}{4}d_1^2}\leqslant[\sigma]_1$$

故

$$[P]_1\leqslant\frac{\pi d_1^2[\sigma]_1}{4}=\frac{\pi\ (2\text{mm})^2\times100\text{MPa}}{4}=314\ (\text{N})$$

对钢丝

$$\sigma_2=\frac{F_{N2}}{A_2}=\frac{P}{\frac{\pi}{4}d_2^2 2\sin\alpha}\leqslant[\sigma]_2$$

故

$$[P]_2\leqslant\frac{\pi d_2^2\sin\alpha[\sigma]_2}{2}=\frac{\pi\ (1\text{mm})^2\times\sin30^\circ\times240\text{MPa}}{2}=188\ (\text{N})$$

为保证安全，结构的许可载荷应取较小值，即 $[P]=188\text{N}$。

第三节　轴向拉伸或压缩时的应变和变形

一、杆件受拉（压）变形时的应变

由实验可知，杆件受沿轴向方向的外力作用时，变形主要表现为沿轴向的伸长（或缩短），即**纵向变形**；沿横向（垂直于轴线方向）的缩小（或增大），即**横向变形**。

（一）纵向变形

设一等截面直杆原长为 l，横截面面积为 A。在轴向拉力 $\boldsymbol{F}$ 的作用下，长度由 l 变为 l_1，如图 6-16（a）所示。则杆件沿轴线方向的伸长量为：$\Delta l=l_1-l$。拉伸时 Δl 为正，压缩时 Δl 为负。

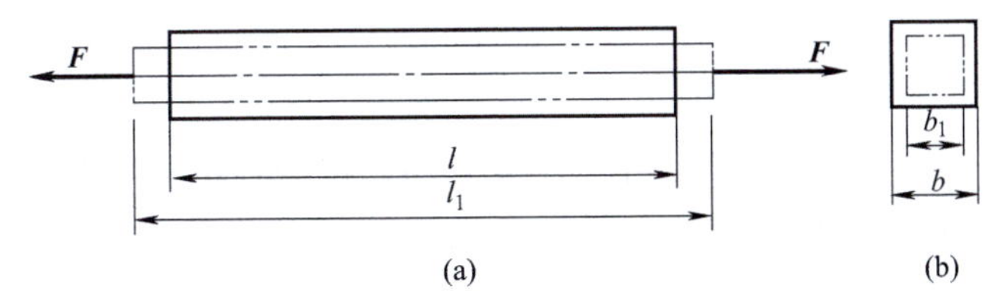

图 6-16　杆件拉伸变形

杆件的伸长量与杆的原长有关，为了消除杆件长度的影响，将 Δl 除以 l，即以单位长度的伸长量来表征杆件变形的程度，称为**线应变**或**相对变形**，用 ε 表示

$$\varepsilon=\frac{\Delta l}{l} \tag{6-8}$$

式中，ε 是一无量纲的量，其符号与 Δl 的符号一致。

（二）横向变形

在轴向力作用下，杆件沿轴向伸长（或缩短）的同时，横向尺寸也将缩小（或增大）。

设横向尺寸由 b 变为 b_1，如图 6-16（b）所示。则绝对变形：$\Delta b=b_1-b$

横向线应变为
$$\varepsilon'=\frac{\Delta b}{b} \tag{6-9}$$

与 ε 相同，ε'也是一无量纲的量。

（三）泊松比

实验表明，对于同一种材料，当应力不超过比例极限时，横向线应变 ε'与纵向线应变 ε 之比的绝对值为常数。称该比值为**泊松比**，亦称**横向变形系数**，用符号 μ 表示。由于两个应变的符号恒相反，故有

$$\varepsilon'=-\mu\varepsilon \tag{6-10}$$

泊松比 μ 是材料的另一个弹性常数，无量纲，由实验测得。工程上常用材料的泊松比见表 6-1。

表 6-1　常用材料的 E、G 和 μ

材料名称	弹性模量 E /10^3MPa	切变模量 G /10^3MPa	泊松比 μ	材料名称	弹性模量 E /10^3MPa	切变模量 G /10^3MPa	泊松比 μ
合金钢	206	79.38	0.25～0.30	硬铝合金	70	26	0.33
非合金钢	196～206	79	0.24～0.28	轧制铝	68	25～26	0.32～0.36
铸钢	172～202		0.3	轧制磷青铜	113	41	0.32～0.35
球墨铸铁	140～154	73～76	0.25～0.29	轧制锰青铜	108	39	0.35
灰铸铁	113～157	44	0.23～0.27	冷拔黄铜	89～97	34～36	0.32～0.34
尼龙	28.3	10.1	0.4	轧制纯铜	108	39	0.31～0.34

二、杆件受拉（压）变形时的变形

由上一节可知，当杆件横截面上的正应力不超过比例极限时，正应力 σ 与纵向线应变 ε 成正比，即有胡克定律 $\sigma=E\varepsilon$。将式（6-2）和式（6-8）代入胡克定律，经变换得

$$\Delta l=\frac{F_N l}{EA} \tag{6-11}$$

上式也称为**胡克定律**，故胡克定律有两种表达形式，式中的 E 为材料的**弹性模量**，与材料的性质有关，其单位与应力相同，常用单位为 GPa。弹性模量表示在受拉（压）时，材料抵抗弹性变形的能力。由式（6-11）可看出，EA 越大，杆件的变形 Δl 就越小，故 EA 称为杆件的**抗拉（压）刚度**。工程上常用材料的弹性模量见表 6-1。通过式（6-11）可以计算出杆件受轴向拉伸（或压缩）时的变形。

习题解析

［例 6-6］　图 6-17 为一阶梯形钢杆，已知杆的弹性模量 $E=200$GPa，AC 段的截面面积为 $A_{AB}=A_{BC}=500\text{mm}^2$，$CD$ 段的截面面积为 $A_{CD}=200\text{mm}^2$，杆的各段长度及受力情况如图 6-17（a）所示。试求：（1）杆截面上的内力和应力；（2）杆的总变形。

解：（1）求各截面上的内力，并作轴力图。

BC 段与 CD 段　　$F_{N2}=-F_2=-10\text{kN}=-10$（kN）　　（受压）

AB 段　　$F_{N1}=F_1-F_2=30\text{kN}-10\text{kN}=20$（kN）　　（受拉）

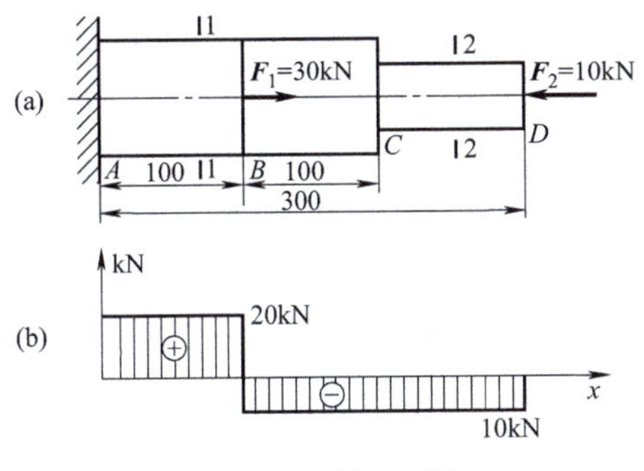

图 6-17　例 6-6 图

作轴力图如图 6-17（b）所示。

（2）计算各段应力。

AB 段　　$\sigma_{AB}=\frac{F_{N1}}{A_{AB}}=\frac{20\times10^3N}{500mm^2}=40\ (MPa)$　　（拉应力）

BC 段　　$\sigma_{BC}=\frac{F_{N2}}{A_{AB}}=-\frac{10^4N}{500mm^2}=-20\ (MPa)$　　（压应力）

CD 段　　$\sigma_{CD}=\frac{F_{N2}}{A_{CD}}=-\frac{10^4N}{200mm^2}=-50\ (MPa)$　　（压应力）

（3）杆的总变形。

全杆总变形 Δl_{AD} 等于各段杆变形的代数和，即

$$\Delta l_{AD}=\Delta l_{AB}+\Delta l_{BC}+\Delta l_{CD}=\frac{F_{N1}l_{AB}}{EA_{AB}}+\frac{F_{N2}l_{BC}}{EA_{BC}}+\frac{F_{N2}l_{CD}}{EA_{CD}}$$

代入数据，并注意单位和符号，得

$$\frac{1}{200\times10^3MPa}\times\left[\frac{(20\times10^3N)\times(100mm)}{500mm^2}-\frac{(10^4N)\times(100mm)}{500mm^2}-\frac{(10^4N)\times(100mm)}{200mm^2}\right]$$

$=-0.015\ (mm)$

计算结果为负，说明整个杆件缩短。

第四节　材料在拉伸与压缩时的力学性能

材料在外力作用下其强度和变形方面所表现出的力学性能，是强度计算和选用材料的重要依据。在不同的温度和加载速度下，材料的力学性能将发生变化。本节介绍常用材料在常温（指室温）、静载（加载速度缓慢平稳）情况下，拉伸和压缩时的力学性能。

一、拉伸试件

材料的拉伸和压缩试验是测定材料力学性能的基本试验，试验中的试件按国家标准（GB/T 228.1—2010）设计，如图 6-18 所示。

试件的等直部分长为 l 的一段，称为**标距**。标距与直径 d 或横截面面积 A 之间的关系规定如下：

对圆形截面试件　　$l=10d$ 和 $l=5d$；

对于矩形截面试件 $l=11.3\sqrt{A}$ 和 $l=5.65\sqrt{A}$。两端加粗是为了便于装夹，且可避免在试件装夹部分发生破坏。

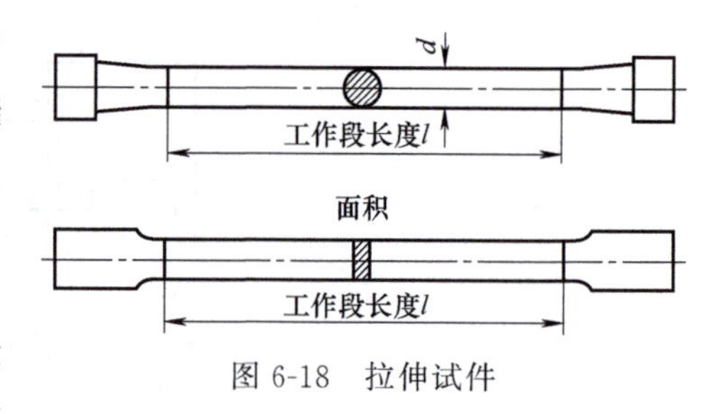

图 6-18 拉伸试件

二、低碳钢在拉伸时的四个阶段

工程上，含碳量低于 0.25％的非合金钢称为低碳钢，低碳钢是工程上应用最广泛的材料，同时，低碳钢试件在拉伸试验中所表现出来的力学性能最为典型。

将试件装上试验机后，缓慢加载，直至拉断，试验机的绘图系统可自动绘出试件在试验过程中工作段的变形和拉力之间的关系曲线图，常以横坐标代表试件工作段的伸长 ΔL，纵坐标代表试验机上的载荷读数（即试件的拉力 F），此曲线称为拉伸图或 F-ΔL 曲线，如图 6-19 所示。

试件的拉伸图不仅与试件的材料有关，而且与试件的几何尺寸有关。所以，不宜用试件的拉伸图表征材料的拉伸性能。将拉力 F 除以试件横截面原面积 A，得试件横截面上的应力 σ。将伸长 ΔL 除以试件的标距 L，得试件的**应变** ε。以 ε 和 σ 分别为横坐标与纵坐标，这样得到的曲线则与试件的尺寸无关，此曲线称为应力-应变图或 σ-ε 曲线。如图6-20所示为 Q235 钢的 σ-ε 曲线。

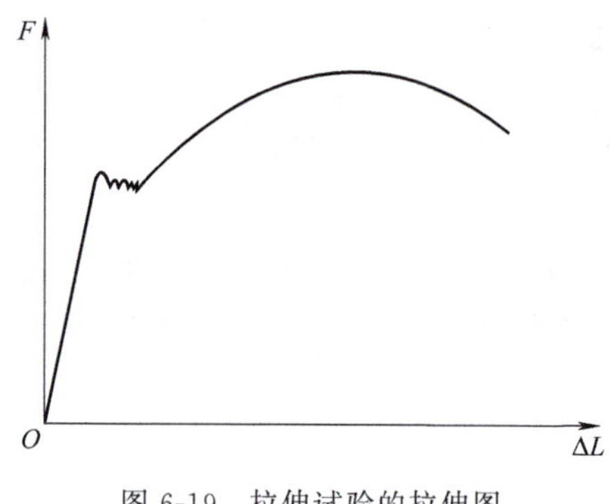

图 6-19 拉伸试验的拉伸图

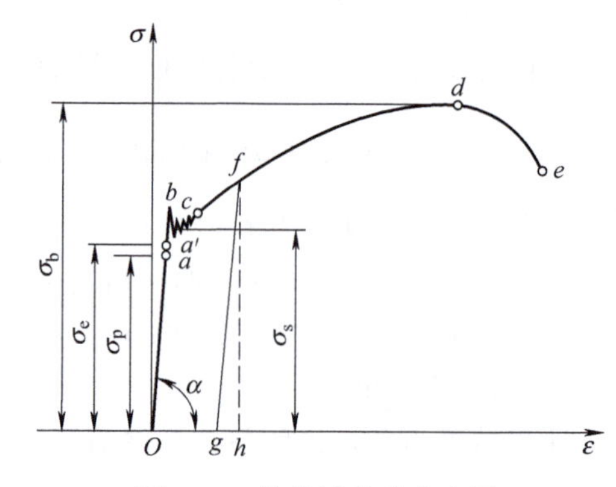

图 6-20 拉伸试验的应变图

从图 6-20 中可见，整个拉伸过程可分为四个阶段。

（一）弹性阶段

在试件拉伸的初始阶段，σ 与 ε 的关系表现为直线 Oa，即 σ 与 ε 成正比，直线的斜率为

$$\tan\alpha=\frac{\sigma}{\varepsilon}=E$$

所以有

$$\sigma=E\varepsilon \tag{6-12}$$

式（6-12）为胡克定律，其中 E 为**弹性模量**，是材料的刚度性能指标。

直线 Oa 的最高点 a 所对应的应力，称为**比例极限**，用 σ_p 表示。胡克定律的适用范围是应力低于比例极限时。Q235 的比例极限 $\sigma_p\approx200\text{MPa}$。

超过比例极限 σ_p 后，从 a 点到 a'点，σ 与 ε 的关系不再为直线，稍有弯曲，说明它们的关系不符合胡克定律，但如果在 a'点卸载，试件的变形还将会完全消失，故 a'点以

下都属于弹性阶段，a'点所对应的应力称为**弹性极限**，用σ_e表示。由于a、a'两点非常接近，所以工程上对弹性极限和比例极限并不严格区分，因而也可以认为，应力低于弹性极限时，应力与应变成正比，材料服从弹性定律。

（二）屈服阶段

当应力超过弹性极限σ_e时，σ-ε曲线上将出现一个近似水平的锯齿形线段（图6-20中的bc段），这表明，应力在此阶段基本保持不变，而应变却明显增加，此阶段称为**屈服阶段**，若试件表面光滑，可看到其表面有与轴线大约呈45°的条纹，称为**滑移线**，如图6-21所示。通常，在屈服阶段中，对应于曲线最低点的应力值较稳定，故一般取其作为材料的**屈服点应力**，用σ_s表示。Q235的屈服点应力$\sigma_s \approx 240\text{MPa}$。

当材料屈服时，将产生显著的塑性变形，这在工程上是不允许的，所以σ_s是衡量材料强度的重要指标。

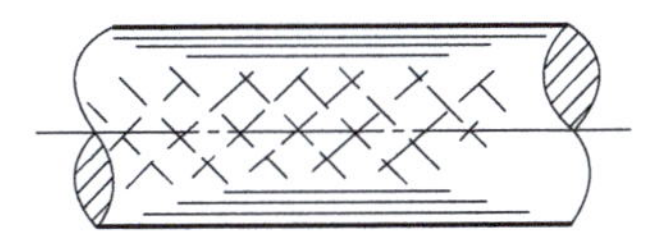
图6-21 滑移线

（三）强化阶段

经过屈服阶段后，图6-20中cd段曲线又逐渐上升，表示材料恢复了抵抗变形的能力，且变形迅速加大，这一阶段称为强化阶段。强化阶段中的最高点d所对应的应力是材料所能承受的最大应力，称为**强度极限**，用σ_b表示。Q235的强度极限$\sigma_b \approx 400\text{MPa}$。强度极限$\sigma_b$是衡量材料强度的又一重要指标。在强化阶段，试件的截面尺寸有明显缩小。

（四）局部颈缩阶段

过d点后，在试件某一局部范围内，横向尺寸急剧缩小，形成**颈缩现象**，如图6-22(a)所示。由于在缩颈部分横截面面积明显减少，使试件继续伸长所需要的拉力也相应减少，故在σ-ε曲线中，应力由最高点下降到e点，最后试件在缩颈段被拉断，这一阶段称为局部变形阶段，如图6-22(b)所示。

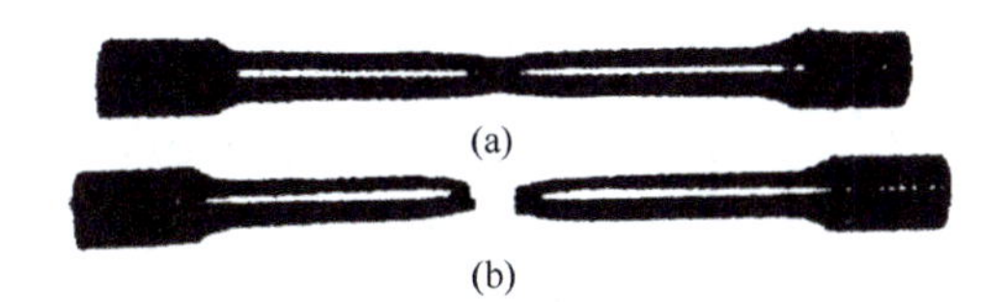

图6-22 低碳钢颈缩与断裂后的试件

想一想

(1) 低碳钢在拉伸实验中可分为几个阶段？各阶段表现出怎样的力学性能？

(2) 要判断低碳钢是否失效，主要看它的哪个强度？

三、材料的塑性指标

（一）断后伸长率

试件拉断后，材料的弹性变形消失，塑性变形则保留下来，试件长度由原长l变为l_1。试件拉断后的塑性变形量与原长之比以百分比表示，即

$$\delta=\frac{l_1-l}{l}\times 100\% \tag{6-13}$$

式中，δ 称为**断后伸长率**。

断后伸长率是衡量材料塑性变形程度的重要指标之一，低碳钢的断后伸长率 $\delta\approx 20\%\sim 30\%$。断后伸长率越大，材料的塑性性能越好，工程上将 $\delta\geqslant 5\%$ 的材料称为塑性材料，如低碳钢、铝合金、青铜等均为常见的塑性材料。$\delta<5\%$ 的材料称为脆性材料，如铸铁、高碳钢、混凝土等均为脆性材料。

工程上，如何区分塑性材料和脆性材料？

（二）断面收缩率

衡量材料塑性变形程度的另一个重要指标是**断面收缩率** ψ。设试件拉伸前的横截面积为 A，拉断后断口横截面面积为 A_1，以百分比表示比值，即

$$\psi=\frac{A-A_1}{A}\times 100\% \tag{6-14}$$

称为断面收缩率，断面收缩率越大，材料的塑性越好，低碳钢的断面收缩率约为50%～60%。

四、冷作硬化现象

如图 6-23 所示，当应力超过屈服应力 σ_s 后，在强化阶段某一点 m 处卸载直至载荷为零。试验结果表明，卸载时的 mn 曲线将沿着平行于 OA 直线回到零应力点 O，这种卸载时应力与应变所遵循的线性规律，称为卸载定律。可见，与 m 点对应的总应变应包括两部分，ε_p 和 ε_e，其中 ε_e 在卸载时完全消失，即为弹性变形，而 ε_p 则为卸载后遗留下的塑性变形。如果在卸载后重新加载，则应力-应变关系基本沿卸载时的直线 nm 上升回到卸载点 m 后才开始出现塑性变形，观察再加载的 σ-ε 曲线，发现材料的比例阶段由 OA 提高到 Om，而材料的塑性降低，这种现象称为**冷作硬化**。

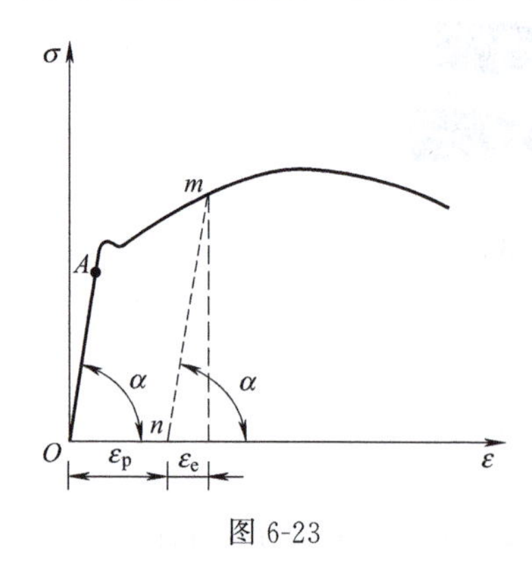

图 6-23

由于冷作硬化提高了材料的比例极限，从而提高了材料在弹性范围内的承载能力，故工程中常利用冷作硬化来提高杆件的承载能力，如起重机械中的钢索和建筑钢筋，常用冷拔工艺来提高强度。

什么是冷作硬化？这种方法在工程中有什么实际的意义？

五、其他塑性材料的拉伸试验

工程上常用的塑性材料，除了低碳钢外，还有中碳钢、高碳钢以及铝及铝合金、铜及铜合金等，如图 6-24 所示是几种常用塑性材料的 σ-ε 曲线。

这些材料的 σ-ε 曲线与低碳非合金钢 σ-ε 曲线大体相似。其中有些材料，如 Q345 与低碳钢相似，有明显的弹性阶段、屈服阶段、强化阶段和局部颈缩阶段，拉伸时有明显的塑性变形。然而，有的材料则没有明显的屈服阶段，但其他三个阶段却很明显，如青铜等；而有的材料则只有弹性阶段和强化阶段，如锰钢等。

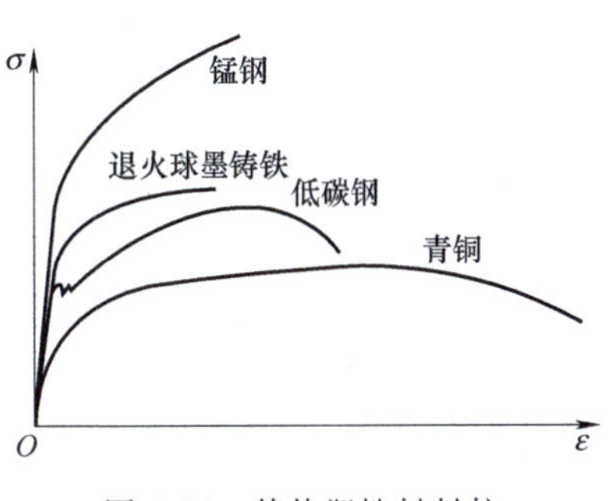

图 6-24 其他塑性材料拉伸时的 σ-ε 曲线

对于没有明显屈服阶段的塑性材料，通常以产生 0.2%的塑性应变时所对应的应力作为屈服极限来衡量材料的强度，称为**名义屈服极限**，并用 $\sigma_{0.2}$ 表示。

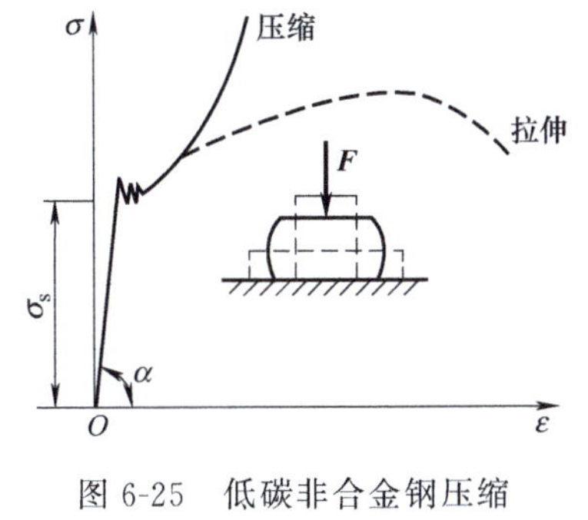

图 6-25 低碳非合金钢压缩时的 σ-ε 曲线

六、低碳钢在压缩时的力学性能

低碳钢压缩时的 σ-ε 曲线如图 6-25 所示，图中的虚线表示受拉伸时的 σ-ε 曲线。可以看出，在屈服极限以下，压缩时的曲线与拉伸时的曲线相同，二者重合。但是随着压力继续增大，材料屈服以后，试件越压越扁，可以产生很大的塑性变形而不破裂。因此，塑性材料压缩时无抗压强度极限。

七、灰铸铁的拉伸与压缩试验

典型的脆性材料灰铸铁的拉伸试验所得到的 σ-ε 曲线如图 6-26（a）所示，曲线上没有真正的直线部分，但在应力较小的范围内接近于直线，表明在应力不大时可以近似地认为符合胡克定律。从受拉伸到断裂，其变形始终很小，既无屈服阶段，也无颈缩现象，断裂时的应变只不过 0.4%～0.5%，断口垂直于试件的轴线，如图 6-27 所示。

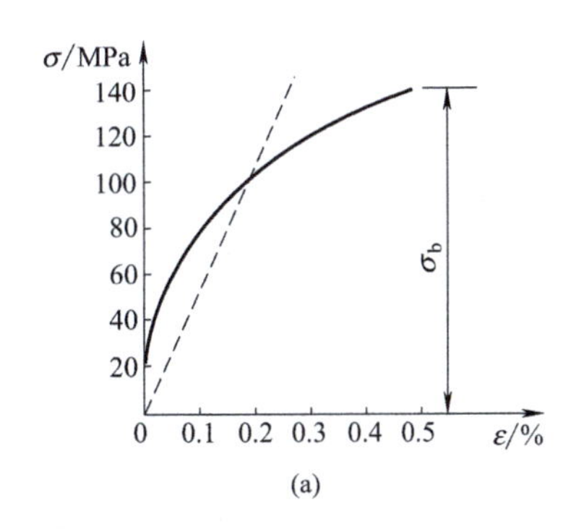

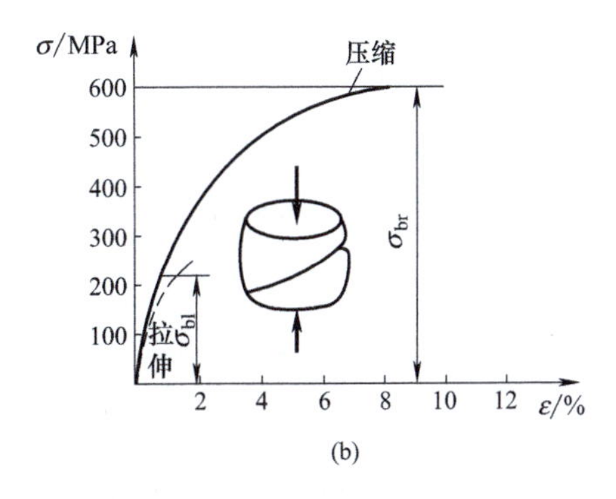

图 6-26 灰铸铁拉伸与压缩时的 σ-ε 曲线

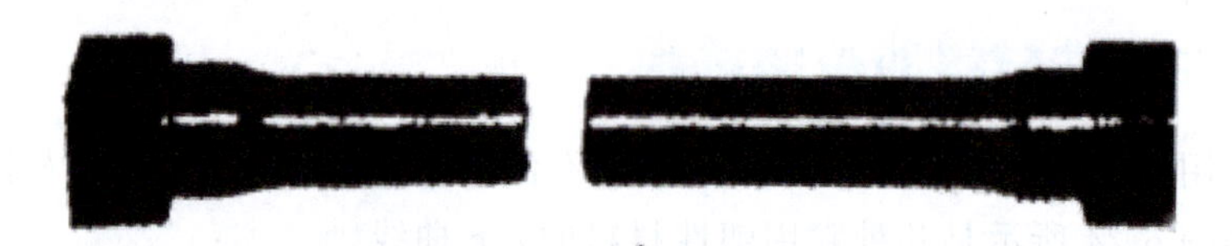

图 6-27 灰铸铁断裂时的图形

脆性材料拉断时的最大应力，即为其抗拉强度极限 σ_b，它是衡量脆性材料强度的唯一指标。灰铸铁的抗拉强度极限较低，通常为 $\sigma_b=100\sim200$MPa，所以不宜制造受拉构件。

灰铸铁压缩时的 σ-ε 曲线如图 6-26（b）所示，铸铁试件压缩时的破裂断口与轴线成 45°，与其拉伸时相似，整个曲线没有直线段，也无屈服极限，只有强度极限。不同的是灰铸铁的抗压强度极限远高于其抗拉强度极限（约 3～4 倍）。所以，脆性材料宜用于制造受压构件。

现将几种常用的金属材料在常温静载荷下的主要力学性能列于表 6-2。

表 6-2 几种常用的金属材料在常温静载荷下的力学性能

材料名称	牌号	σ_s/MPa	σ_b/MPa	δ_5/%
普通碳素钢	Q235	216～235	373～461	25～27
	Q255	255～275	490～608	19～21
优质碳素结构钢	40	333	569	19
	45	353	598	16
普通低合金结构钢	Q345	274～343	471～510	19～21
	Q390	333～412	490～549	17～19
合金钢	20Cr	540	835	10
	40Cr	785	980	9
碳素铸钢	ZG270-500	270	500	18
硬铝	—	330	470	17
球墨铸铁	QT450-10	—	450	10
灰铸铁	HT150	—	120～175	—

想一想

（1）脆性材料的强度指标是什么？

（2）是不是所有的脆性材料的伸长率都为 0？

本章知识要点

一、基本概念

（1）轴向拉伸（轴向压缩）：杆件沿轴向方向均匀伸长或缩短，其横截面变细或变粗，称为轴向拉伸（轴向压缩）。

(2) 轴力：轴向拉压杆沿着杆件轴线方向上的合力，称为轴力。

(3) 轴力图：横坐标是各个横截面在水平坐标轴的位置，纵坐标是相应横截面上的轴力，此图可以得到整个杆件的轴力分布。

(4) 许用应力：保持机械或结构物完整而不被破坏的最大容许应力。

(5) 材料的力学性能：是指材料在外力的作用下表现出来的强度和变形方面的性能。

(6) 伸长率：试件拉伸后的伸长量比上实验前试件的长度，即 $\delta=\frac{l_1-l}{l}\times100\%$。

(7) 截面收缩率：试件拉断后的最小横截面积与实验前的最小横截面积的比值，即 $\psi=\frac{A-A_1}{A}\times100\%$。

(8) 冷作硬化：试样加载到强化阶段后卸载，再次加载时，材料的比例极限提高，而塑性降低的现象被称作冷作硬化。

二、轴向拉压杆截面上的应力

横截面：正应力 $\sigma=\frac{F_N}{A}$，切应力 $\tau=0$，F_N是横截面上受到的轴力，A 是横截面面积。

斜截面：正应力 $\sigma_\alpha=\sigma\cos^2\alpha$，切应力 $\tau_\alpha=\frac{\sigma}{2}\sin2\alpha$，$\alpha$ 是斜截面方位角，σ 是横截面上的正应力。

三、常温、静载下材料的力学性能

① 材料的**强度指标**：比例极限 σ_p、屈服极限 σ_s ($\sigma_{0.2}$)、抗拉及抗压强度极限 σ_b；

② 材料的**刚度指标**：弹性模量 E；

③ 材料的**塑性指标**：断后伸长率 δ 或断面收缩率 ψ。

四、轴向拉伸（或压缩）的强度条件

$$\sigma_{max}=\frac{F_N}{A}\leqslant[\sigma]$$

应用强度条件可以解决强度校核、设计截面和确定许可载荷等三类工程计算问题。

五、胡克定律的两种表述形式

① $\sigma=E\varepsilon$；② $\Delta l=\frac{F_N l}{EA}$

六、材料的机械力学性能

1. 低碳钢拉伸过程中的四个阶段及特点

第一阶段为弹性阶段，本阶段的特点是卸载后变形完全恢复到初始状态，有比例关系的极限点 σ_p和弹性极限 σ_e。

第二阶段为屈服阶段，本阶段特征是应力在较小的范围内变化，而应变却显著增加，取屈服阶段最低应力作为特征点，称为屈服应力，用 σ_s表示。

第三阶段为强化阶段，本阶段特征为应力随着应变的增加而再次增加，但不再是线性关系，取本阶段最大应力值作为特征点，称为强度极限，用 σ_b表示。

第四阶段为颈缩断裂阶段，本阶段特征是指在局部范围内，横截面面积急剧变小，直至断裂。

2. 铸铁的拉伸试验

铸铁的拉伸试验应力应变曲线之间无明显的直线阶段，在应变很小时，就突然断裂。试验中只能测得强度极限 σ_b，没有屈服阶段和局部变形阶段。

3. 低碳钢的压缩试验

低碳钢压缩试验的应力应变曲线中，其弹性模量、比列极限和屈服极限与拉伸时基本相同，屈服阶段后，试样越压越扁，无局部变形现象，测不到强度极限。

4. 铸铁的压缩试验

应力与应变之间无明显的直线阶段和屈服阶段，但是有明显的塑性变形，断后约为螺旋 45°方向，抗压时的强度极限约为抗拉强度极限的 3～4 倍。

6-1 画出图 6-28 所示杆件的轴力图，其中 $F=20\text{kN}$。

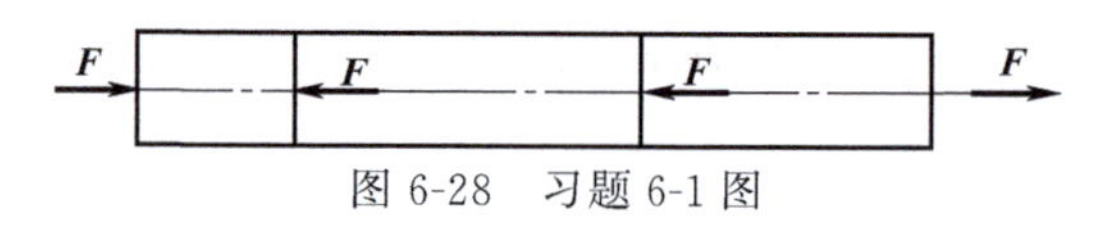

图 6-28 习题 6-1 图

6-2 一根中部对称开槽的直杆，如图 6-29 所示。试求横截面 1—1 和 2—2 上的正应力。

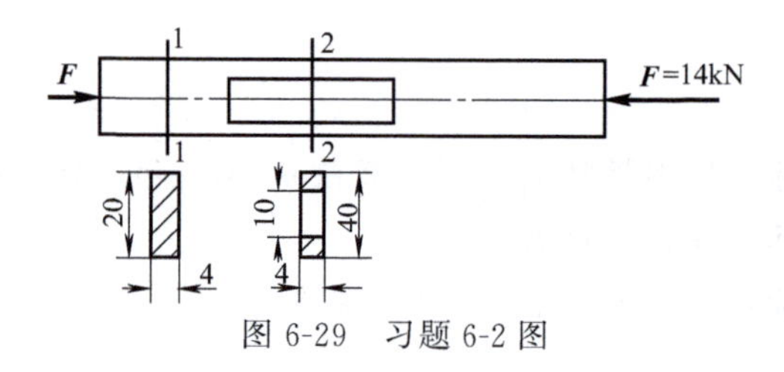

图 6-29 习题 6-2 图

6-3 一个圆截面杆，如图 6-30 所示，已知 $F=4\text{kN}$，$L_1=L_2=100\text{mm}$，弹性模量 $E=200\text{GPa}$。为了保证杆件正常工作，要求其总伸长不超过 0.10mm，即许用变形 $[\Delta l]=0.1\text{mm}$，试确定杆径 d。

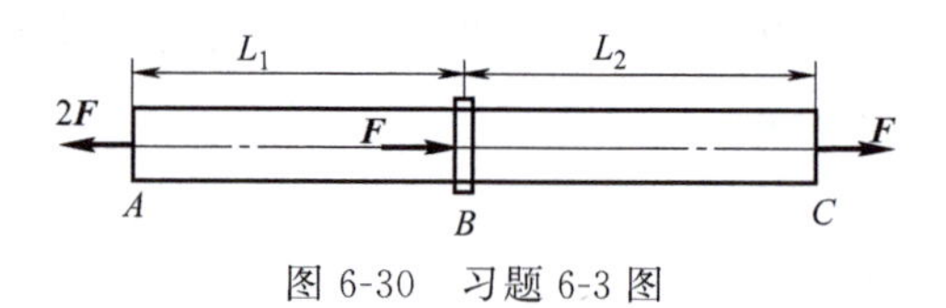

图 6-30 习题 6-3 图

6-4 如图 6-31 所示的阶梯轴，$L_1=120\text{mm}$，$L_2=L_3=100\text{mm}$，横截面面积 $A_1=A_2=500\text{mm}^2$，$A_3=250\text{mm}^2$，弹性模量 $E=200\text{GPa}$，试求杆的总伸长 ΔL_{AB}。

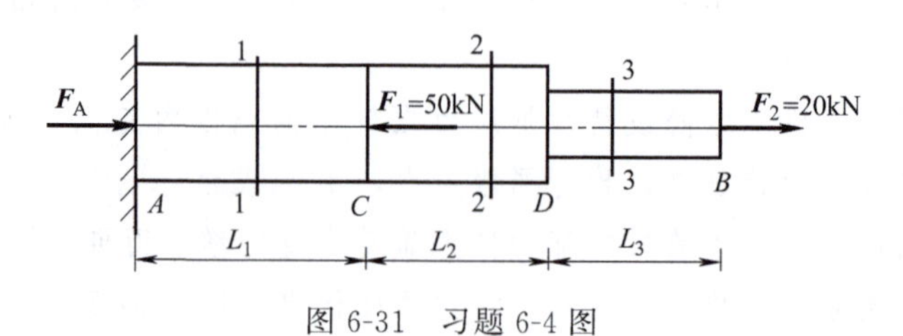

图 6-31 习题 6-4 图

6-5 如图 6-32 所示，空心圆截面杆的外径 $D=20\text{mm}$，内径 $d=15\text{mm}$，承受轴向载荷 $F=20\text{kN}$ 的

作用，材料的屈服应力 $\sigma_s=235\text{MPa}$，安全系数 $n_s=1.5$，试校核杆的强度。

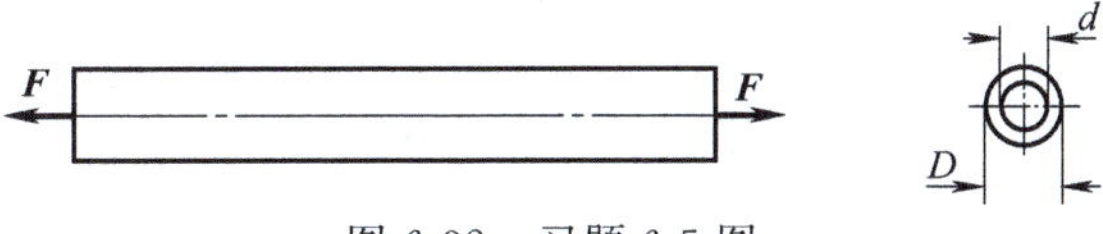

图 6-32　习题 6-5 图

6-6　简易起重设备如图 6-33 所示，杆 AC 由两根 80mm×80mm×7mm 等边角钢组成，杆 AB 由两根 10 工字钢组成。材料为 Q235，许用应力 $[\sigma]=170\text{MPa}$。试求许可载荷 $[F]$。

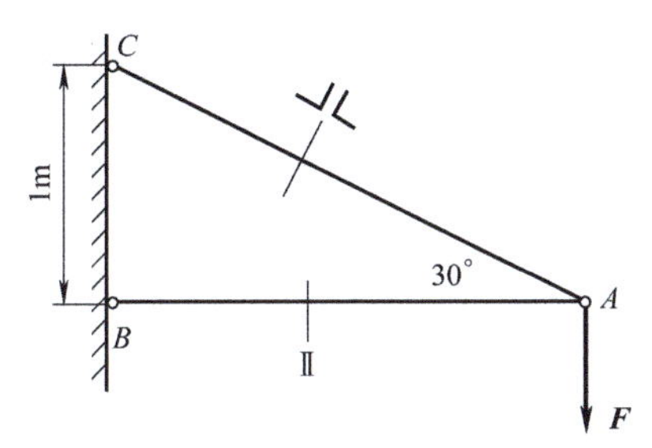

图 6-33　习题 6-6 图

6-7　如图 6-34 所示为油缸的示意图。缸盖与缸体用 6 个螺栓相连接。已知油缸内径 $D=350\text{mm}$，油压 $p=1\text{MPa}$，若螺栓材料的许用应力为 $[\sigma]=40\text{MPa}$，试求螺栓的小径。

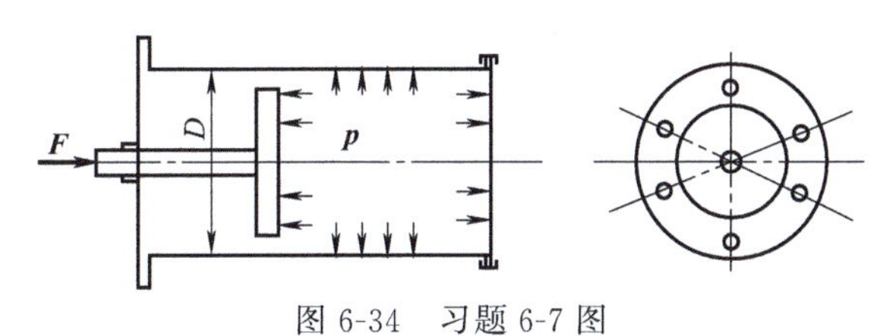

图 6-34　习题 6-7 图

6-8　如图 6-35 所示，桁架由杆 1 与杆 2 组成，在节点 B 承受载荷 $\boldsymbol{F}$ 作用，试计算载荷 $\boldsymbol{F}$ 的最大许用载荷 $[F]$。已知杆 1 与杆 2 的横截面面积均为 $A=100\text{mm}^2$，许用拉应力为 $[\sigma_t]=200\text{MPa}$，许用压应力 $[\sigma_c]=150\text{MPa}$。

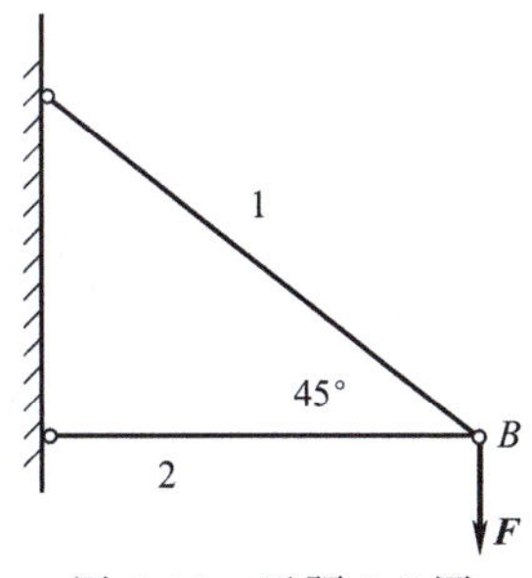

图 6-35　习题 6-8 图

第七章

剪切与挤压

学习目标

(1) 掌握杆件剪切变形特点。
(2) 掌握剪切变形的内力和应力分析方法并会计算。
(3) 掌握剪切胡克定律的内容及分析方法。
(4) 会对研究对象进行剪切和挤压实用计算。

第一节 剪切变形基础知识

在构件连接处起连接作用的部件，称为**连接件**，如螺栓、铆钉、键等。连接件虽小，却起着传递载荷的作用。许多连接件在受力后产生的主要变形为剪切。

一、剪切的概念

如图 7-1 所示，钢板被剪裁时，剪床的上下两个刀刃以大小相等、方向相反、作用线相距很近的两个力 $\boldsymbol{F}$ 作用于钢板上，迫使钢板在相距 δ 区域内发生变形。其**变形特点**是：构件在二力作用线之间的截面沿外力的方向发生相对错动，使两力作用线间的小矩形变成了歪斜的平行四边形。构件的这种变形形式称为**剪切变形**。由此可知，剪切的**受力特点**是：作用在构件两侧面上的外力大小相等、方向相反、作用线相距很近。产生相对错动的截面称为**剪切面**。

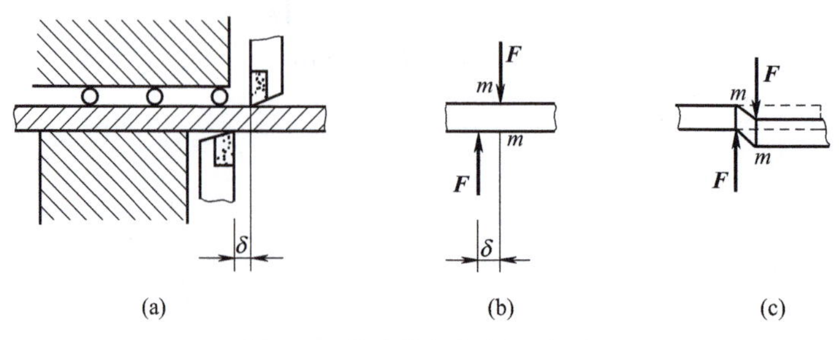

图 7-1 剪床剪切钢板示意图

剪切变形的外力特点如何？内力特点如何？变形特点如何？

二、剪切变形时的内力

如图 7-2（a）所示，分析剪切时的内力以铆钉连接为例。铆钉受力如图 7-2（b）所示，图中两个力 $\boldsymbol{F}$ 分别代表两个被连接件传递给铆钉的均布合力。将截面 $m-m$ 在剪切面上将铆钉截开，取上半段为研究对象，要使被取部分平衡，在 $m-m$ 面上必然作用一与 $\boldsymbol{F}$ 相反的力 $\boldsymbol{F}_Q$，如图 7-2（c）所示。根据静力平衡条件可知 $F_Q=F$，方向平行于截面。$\boldsymbol{F}_Q$就是剪切变形时的内力，称为**剪力**。易知，构件发生剪切变形时，在剪切面上会产生剪应力 $\boldsymbol{\tau}$。

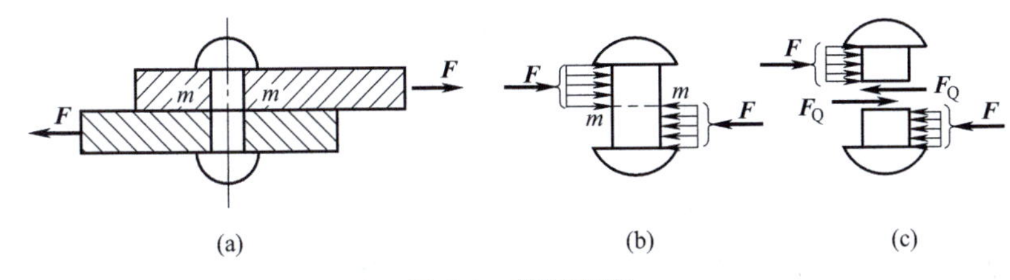

图 7-2 铆钉连接

三、剪切胡克定律

从受剪处的剪切面上取出一个微小的正七面体——**单元体**，如图 7-3 所示，显然在剪切面上只存在剪应力 $\boldsymbol{\tau}$。

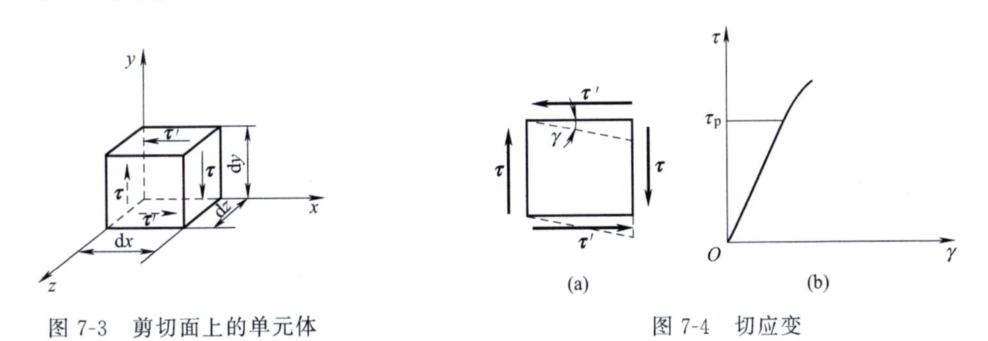

图 7-3 剪切面上的单元体

图 7-4 切应变

在剪应力的作用下，单元体的右面相对左面发生错动，使原来的直角改变了一个微量，如图 7-4 所示，直角的改变量 γ 称为切应变，以弧度计。实验指出：当剪应力 $\boldsymbol{\tau}$ 不超过材料的剪切比例极限 $\boldsymbol{\tau}_p$时，剪应力与切应变成正比，即

$$\tau=G\gamma \tag{7-1}$$

式（7-1）就是材料的**剪切胡克定律**。其中比例常数 $\boldsymbol{G}$ 为材料的**切变模量**，单位与弹性模量 E 相同，为 GPa，其数值由试验测定。钢材的 G 值约为 80GPa，铸铁约为 45GPa。

常见材料的切变模量 G 见表 6-1。

什么是切应变？剪切胡克定律的内容是什么？

第二节　剪切实用计算

实际受剪切变形的构件情况比较复杂，从理论分析或实验研究来确定剪力 $\boldsymbol{F}_Q$ 在横截面上的真实分布是很困难的。工程上常采用以实验和经验为基础的“实用计算法”。所谓**实用计算法**是假设剪切面上作用的剪应力 τ 均匀分布在剪切面上的，称**名义剪应力**。

$$\tau=\frac{F_Q}{A} \tag{7-2}$$

式（7-2）就是名义剪应力的计算方法。其中 A 为受剪面的面积，单位为 mm^2。

事实上，名义剪应力相当于剪切面上单位面积所受的剪力，也就是横截面上的平均剪应力，它与实际剪应力是有出入的。

为了保证构件安全可靠，应限制构件的工作剪应力 τ 不超过材料的许用剪应力 $[\tau]$。即剪切变形时的强度条件为

$$\tau=\frac{F_Q}{A}\leqslant[\tau] \tag{7-3}$$

材料的许用剪应力是将材料的极限切应力 τ_b（用试验方法得到）除以适当的安全因数得到的，即

$$[\tau]=\frac{\tau_b}{n} \tag{7-4}$$

一般情况下，金属材料的许用剪应力与许用拉应力间有一定经验关系：

对于塑性材料　$[\tau]=(0.7\sim0.8)[\sigma]$；

对于脆性材料　$[\tau]=(0.8\sim1.0)[\sigma]$。

式（7-3）可进行强度校核、设计截面、确定许可载荷三方面的计算。

需要指出的是在进行剪切强度计算时，常遇到要求工件承受的剪应力 τ 达到材料的极限剪切应力 τ_b 的情况。如在某些机器和仪器中，设置安全销、保险块等零件，使它们在机器和仪器受到过大的载荷时先破坏，以对整个机器和仪器起安全保护作用。还有的如对钢板的冲孔、落料、冲裁等加工，也要求工件承受的剪应力 τ 达到材料的极限剪切应力 τ_b。即

$$\tau=\frac{F_Q}{A}=\tau_b \tag{7-5}$$

大量实践结果表明，剪切实用计算方法能满足工程实际的要求。

剪切实用计算中的剪应力 τ 与上一章拉伸与压缩变形的正应力 σ 有何不同？

习题解析

［例 7-1］ 在如图 7-5 所示的铆钉连接中，结构承受的横向载荷为 $F=4500\text{N}$，已知铆钉材料的许用剪切应力 $[\tau]=60\text{MPa}$。试按剪切强度选择铆钉直径 d。

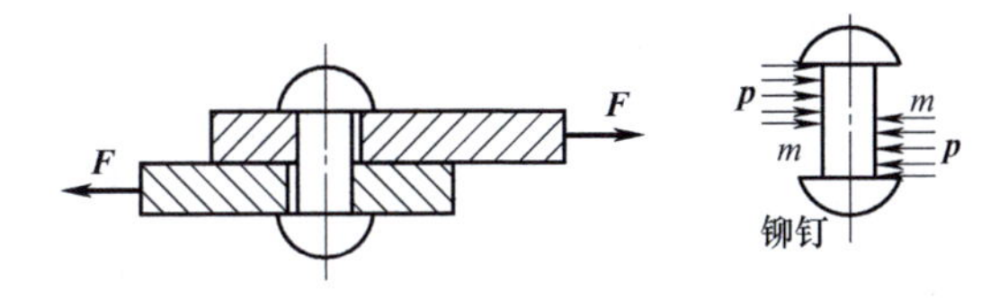

图 7-5 受横向载荷的铆钉

解：由截面法可得剪切面上的剪力 $F_Q=F$，根据剪切强度条件，有

$$\tau=\frac{F_Q}{A}=\frac{F}{\frac{\pi d^2}{4}}\leqslant[\tau]$$

故直径 d 为

$$d\geqslant\sqrt{\frac{4F}{\pi[\tau]}}=\sqrt{\frac{4\times4500}{\pi\times60}}=9.772\ (\text{mm})$$

设计时，可根据 $d\geqslant9.772$ mm 在国家标准 GB/T 27—2013 中选取 M10 的铆钉。

［例 7-2］ 如图 7-6 所示为两块钢板用两条边焊缝搭接而连接在一起，钢板的厚度 $\delta=10\text{mm}$，载荷 $F=150\text{kN}$，焊缝许用剪切应力 $[\tau]=100\text{MPa}$。试计算焊缝的长度 l。

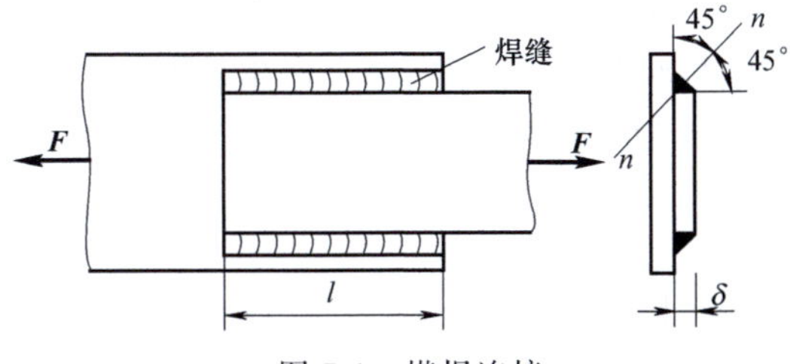

图 7-6 搭焊连接

解：由实践经验证明，边焊缝是沿着横截面最小的截面，即沿 45°的斜面剪切破坏的，如图 7-6 所示的 $n-n$ 截面。由于焊缝的横截面可以认为是等腰直角三角形，故所需焊缝总长度为 L，则沿 45°斜面（即剪切面）的面积为

$$A=hL=L\delta\sin45^\circ$$

则由式（7-3）可得边焊缝的强度条件为

$$\tau=\frac{F_Q}{A}=\frac{F}{\delta L\sin45^\circ}\leqslant[\tau]$$

解得所需焊缝总长度 L 为

$$L\geqslant\frac{F}{\delta[\tau]\sin45^\circ}=\frac{150\times1000}{10\times100\sin45^\circ}=212\ (\text{mm})$$

所以，每条边焊缝的长度应为

$$l=\frac{L}{2}=\frac{212}{2}=106\ (\text{mm})$$

在焊接实践中，因每条焊缝在其两端的强度较差，通常须加长 10mm，所以每条边焊缝的实际长度应为 $l=116\text{mm}$。

[例 7-3] 已知钢板厚度 $\delta=10\text{mm}$，如图 7-7（a）所示，其剪切强度极限为 $\tau_b=300\ \text{MPa}$。若用冲床将钢板冲出直径 $d=25\text{mm}$ 的孔，问需要多大的冲剪力 F？

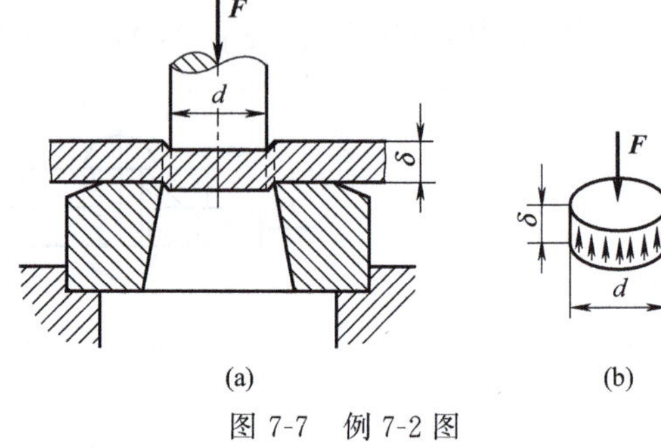

图 7-7 例 7-2 图

解：由题意知，剪切面是圆柱形侧面，如图 7-7（b）所示。其面积为

$$A_s=\pi d\delta=\pi\times25\text{mm}\times10\text{mm}=785\ (\text{mm}^2)$$

冲孔所需要的冲剪力就是钢板破坏时剪切面上的剪力，由式（7-3）可得

$$F_b\geqslant\tau_b A_s=300\text{MPa}\times785\text{mm}^2=235.5\times10^3\text{N}=235.5(\text{kN})$$

故冲孔所需要的最小冲剪力为 235.5kN。

第三节 挤压实用计算

一、挤压的概念

工程实际中，构件在外力的作用下发生剪切变形的同时，还会伴有挤压变形。如图 7-8 所示，连接件和被连接件接触面上互相压紧，产生局部压陷变形，这种塑性变形称为**挤压**。接触面间所承受的压力称为**挤压力**，用 $\boldsymbol{F}_j$ 表示。由挤压力引起的接触面上的表面压强，习惯上称为**挤压应力**，用 $\boldsymbol{\sigma}_j$ 表示。

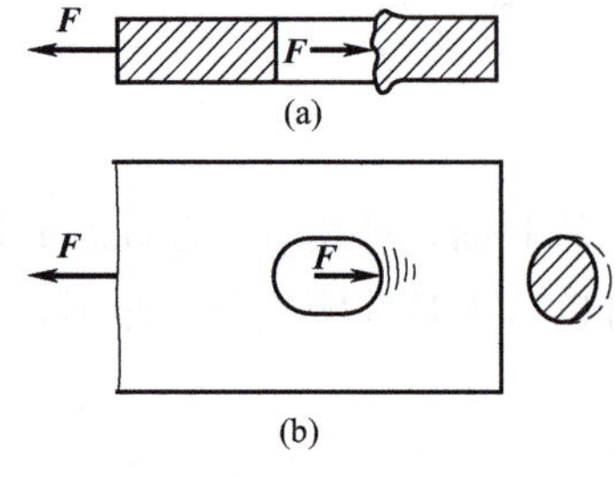

图 7-8 挤压变形

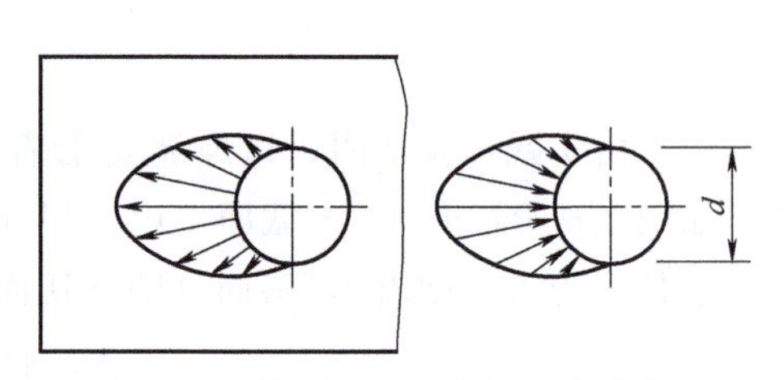

图 7-9 挤压面上的实际应力分布

想一想

(1) 剪切面和挤压面相同吗？如何判断？

(2) 挤压力与外力相同吗？挤压力与剪力相同吗？

二、挤压的实用强度计算

（一）挤压应力计算

在工程中，假定挤压力 $\boldsymbol{F}_j$ 均匀分布在**计算挤压面**上，则定义挤压应力 σ_j 为

$$\sigma_j = \frac{F_j}{A_j} \tag{7-6}$$

式中，A_j 为挤压面的计算挤压面积。

图 7-9 是挤压面上的实际应力分布情况，按照式（7-6）计算的挤压应力称为**名义挤压应力 $\boldsymbol{\sigma}_j$**。由实用计算得到的名义挤压应力 σ_j 与最大实际挤压应力 σ_{max} 是十分接近的。

（二）计算挤压面积 A_j 计算

挤压力作用的接触面称为**挤压面**，挤压面可以是平面（如图 7-10 中键的挤压面），也可以不是平面（如图中 7-11 所示铆钉的挤压面）。

1. 挤压面为平面

则计算挤压面积 $\boldsymbol{A}_j$ 即为实际挤压面面积，如图 7-10 中键的挤压面。

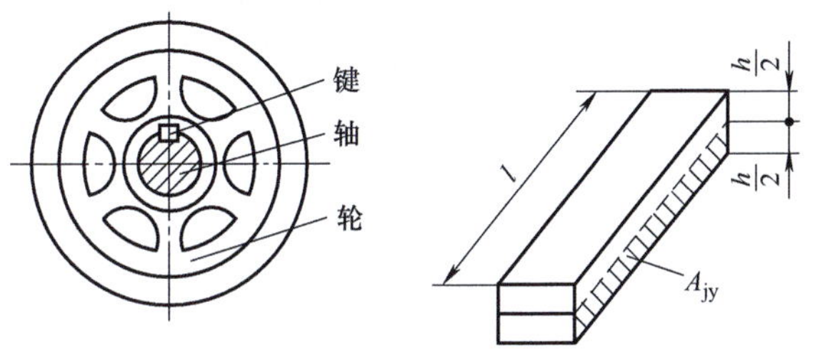

图 7-10　键连接

2. 挤压面为曲面

则以挤压面在垂直于挤压力之平面上的投影面积作为计算挤压面积。

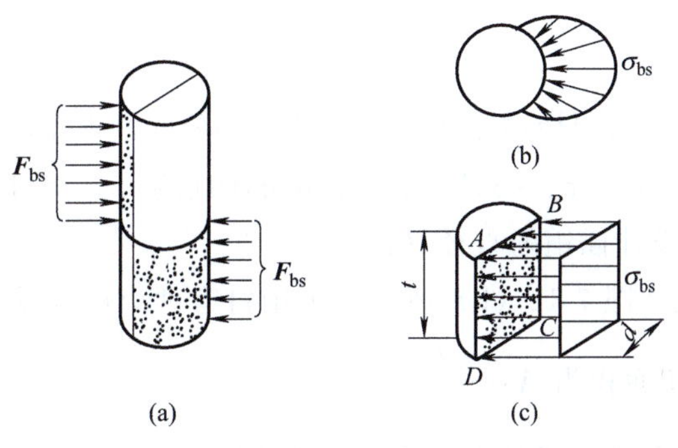

图 7-11　铆钉的挤压面积计算

如图 7-11 中所示铆钉的挤压面为半圆柱面，半圆柱挤压面的计算挤压面积 A_j 等于其在垂直于挤压力 F_j 之平面上的投影面积，即 A_j 等于铆钉直径 d 与板厚 t 之积，如图 7-11（c）所示。因为挤压面是构件（如板和钉）间的相互接触面，故与铆钉连接的板上的孔边挤压面也为圆柱面，其计算挤压面积同样等于 td。

"无论挤压面是平面还是曲面，挤压面面积的计算方法都一样!"这句话对吗?

（三）挤压强度条件

构件在挤压面上所受的计算挤压应力应小于材料的许用挤压应力 $[\sigma]_j$，即得挤压的强度条件为

$$\sigma_j=\frac{F_j}{A_j}\leqslant[\sigma]_j \tag{7-7}$$

材料许用挤压应力 $[\sigma]_j$ 是由实验确定出材料的极限挤压应力 σ_{jb} 后，除以安全系数得出的。一般情况下，许用挤压应力 $[\sigma]_j$ 与许用拉应力 $[\sigma]$ 有一定的近似关系：

对于塑性材料　$[\sigma]_j=(1.5\sim2.5)[\sigma]$；

对于脆性材料　$[\sigma]_j=(0.9\sim1.5)[\sigma]$。

应当注意，挤压与压缩的概念是不同的。压缩变形是指杆件的整体变形，其任意横截面上的应力是均匀分布的；挤压时，挤压应力只发生在构件接触的表面，一般不是均匀分布。当连接件和被连接件材料不同时，应对其中许用挤压应力较低的材料进行挤压强度校核。

挤压与压缩一样吗？挤压应力与上一章压缩时的压应力一样吗？区别在哪里？

［例 7-4］　电瓶车挂钩用插销连接，已知挂钩部分的钢板厚度 $\delta=8\text{mm}$。销钉的材料为 20 钢，其许用剪切应力 $[\tau]=30\text{MPa}$，许用挤压应力 $[\sigma]_j=100\text{MPa}$，又知电瓶车的牵引力 $F=15\ \text{kN}$，试设计插销的直径 d。

解： 插销受力情况如图 7-12（b）所示，因销钉有两个面承受剪切，故每个剪切面上的剪力 $F_Q=F/2$，剪切面积为 $A=\frac{\pi d^2}{4}$。

（1）根据剪力强度条件，设计插销直径，由式（7-3）有

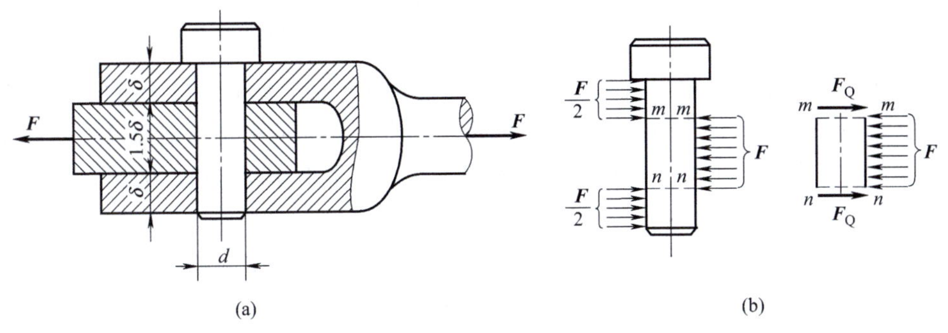

图 7-12 例 7-4 图

$$\tau=\frac{F_Q}{A}=\frac{F_Q}{\frac{\pi d^2}{4}}\leqslant[\tau]\ \text{MPa}$$

所以

$$d\geqslant\sqrt{\frac{4F_Q}{\pi[\tau]}}=\sqrt{\frac{4\times7500}{\pi\times30}}=17.84\ (\text{mm})$$

(2) 根据插销的挤压强度条件计算

$$\sigma_j=\frac{F_j}{A}=\frac{F_j}{2\delta d}\leqslant[\sigma]_j\ \text{MPa}$$

所以，根据挤压时的强度条件设计的插销直径 d 为

$$d\geqslant\frac{F_j}{2t[\sigma]_j}=\frac{15000}{2\times8\times100}=9.375\ (\text{mm})$$

综合 (1)、(2)，该电瓶车插销的直接应选不小于 18mm。

[例 7-5] 一铸铁制的皮带轮，通过普通平键与轴连接（如图 7-13 所示）。已知皮带轮传递的力偶矩 $m=350\text{N}\cdot\text{m}$，轴的直径为$d=40\text{mm}$。根据国家标准选择键的尺寸为 $b=12\text{mm}$，$h=8\text{mm}$，B 型，初步确定键长 $l=63$ mm。若键的材料为 45 钢，许用剪应力为 $[\tau]=100\text{MPa}$，铸铁的许用挤压应力 $[\sigma]_j=75\text{MPa}$。试校核该键连接的强度。

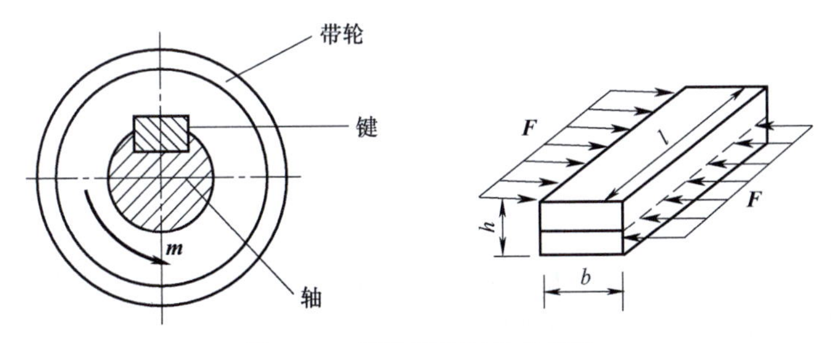

图 7-13 普通平键与轴的连接

解：(1) 校核键连接的剪切强度。

键所受剪力为 $F_Q=F=\dfrac{m}{d/2}$

键的剪切面面积（B 型键）为 $A=bl$

将剪力 F_Q及剪切面面积 A 代入式 (7-3)，则

$$\tau=\frac{F_Q}{A}=\frac{2m}{dbL}=\frac{2\times350\times1000}{40\times12\times63}=23\ (\text{MPa})$$

由此可见，$\tau \ll [\tau]$，说明普通平键连接的剪切强度完全足够。由于键的材料都是采用抗拉强度 $\sigma_b>600\text{MPa}$ 的钢制造；设计时按轴的直径从标准中选取剖面尺寸 b 和 h。所以键连接一般都不会发生剪切破坏，而失效的主要形式是工作面的挤压破坏。

（2）校核键连接的挤压强度。

挤压作用发生在键与轴及皮带轮轮毂键槽的工作面之间。由于键和轴的强度明显高于铸铁，因此应校核皮带轮的挤压强度。

键连接的挤压力 $F_j=F=\dfrac{m}{d/2}$

因挤压面积为平面，故为实际挤压面面积 $A_j=\dfrac{hL}{2}$

将剪力 F_j 及挤压面面积 A_j 代入式（7-3），则

$$\sigma_j=\frac{F_j}{A}=\frac{4m}{dhL}=\frac{4\times350\times1000}{40\times8\times63}=69\text{MPa}<[\sigma]_j$$

因此，皮带轮轮毂的挤压强度是足够的。

本章知识要点

（1）构件在相距很近的二力作用下，沿**剪切面**发生相对错动的变形形式称为**剪切变形**。在剪切变形的同时，连接件和被连接件接触面上互相压紧，产生的塑性变形称为**挤压变形**。

（2）构件发生剪切变形时，在剪切面产生的内力称为**剪力**，记作 $\boldsymbol{F}_Q$。

（3）材料的**剪切胡克定律**为 $\tau=G\gamma$。其中比例常数 G 为材料的**切变模量**，单位为GPa。

（4）剪切的实用计算强度条件为

$$\tau=\frac{F_Q}{A}\leqslant[\tau]$$

（5）挤压的实用计算强度条件为

$$\sigma_j=\frac{F_j}{A_j}\leqslant[\sigma]_j$$

同步训练

7-1　试求图 7-14 所示连接螺栓所需的直径。已知 $F=200\text{kN}$，$t=20\text{mm}$。螺栓材料的 $[\tau]=80\text{MPa}$，$[\sigma]_j=200\text{MPa}$（不考虑连接板的强度）。

7-2　如图 7-15 所示，在槽钢的一端冲制 $d=14\text{mm}$ 的孔，设冲孔部分钢板厚 $\delta=7.5\text{mm}$，槽钢材料的剪切强度极限 $\tau_b=300\text{MPa}$。试求冲力的大小。

7-3　已知图 7-16 所示键的长度为 35 mm，$[\tau]=100\text{MPa}$，$[\sigma]_j=220\text{MPa}$。试求手柄上端 F 力的最大值。

7-4　如图 7-17 所示，套筒联轴器内孔直径 $D=30\text{mm}$，安全销平均直径 $d=6\text{mm}$，抗剪强度 $\tau=360\text{MPa}$，当超载时，安全销即将被剪断，以保护其他构件的安全，试求安全销所能传递的最大外力偶矩。

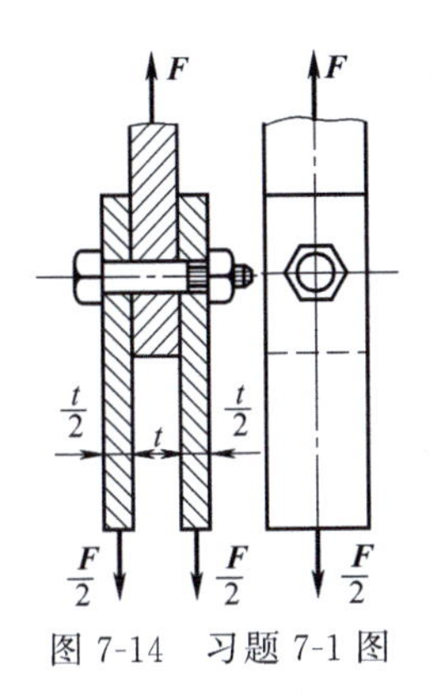

图 7-14　习题 7-1 图

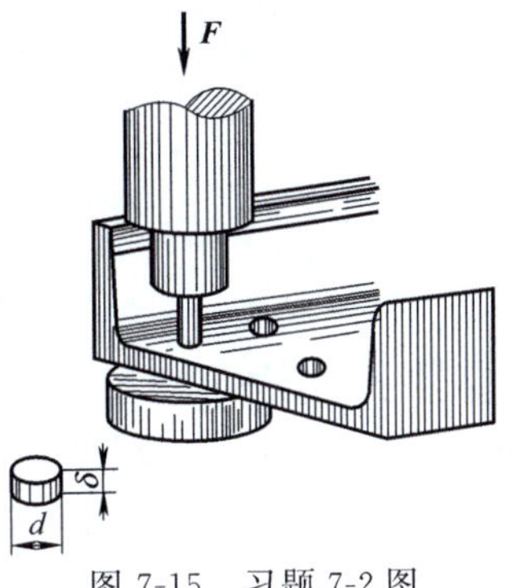

图 7-15　习题 7-2 图

7-5　两块钢板厚均为 6mm，用 3 个铆钉连接，如图 7-18 所示。已知 $F=50\text{kN}$，铆钉的许用剪切应力 $[\tau]=100\text{MPa}$，钢板的许用挤压应力 $[\sigma]_j=200\text{MPa}$。试求铆钉的直径 d。若现用直径 $d=12\text{mm}$ 的铆钉，则其数目 n 应该是多少个？

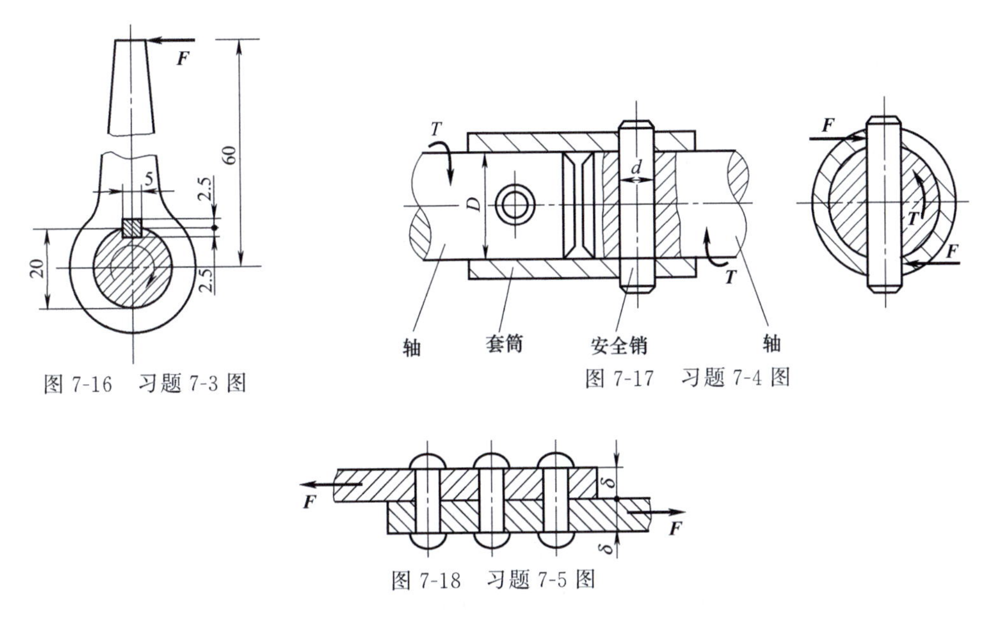

图 7-16　习题 7-3 图

图 7-17　习题 7-4 图

图 7-18　习题 7-5 图

7-6　如图 7-19 所示，若螺栓在拉力 $\boldsymbol{F}$ 作用下其材料的许用剪应力与许用拉应力之间的关系约为 2.4，试计算螺栓直径 d 与其头部高度的合理比值。

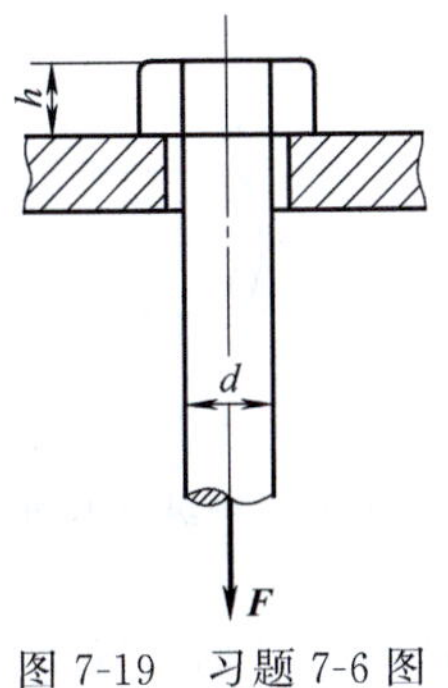

图 7-19　习题 7-6 图

第八章 圆轴的扭转

学习目标

(1) 掌握圆轴的外力偶矩计算方法。
(2) 掌握圆轴扭转变形的内力和应力分析方法。
(3) 会绘制圆轴扭转的内力图——扭矩图。
(4) 掌握圆轴扭转的强度条件及工程应用。
(5) 掌握圆轴扭转的刚度条件及工程应用。

第一节 圆轴的外力偶矩计算

一、圆轴扭转的概念

驾驶汽车时，驾驶员操纵方向盘将力偶作用于转向轴 AB 的上端，如图 8-1 (a) 所示。转向轴的下端 B 则受到来自转向器的阻抗力偶 $\boldsymbol{M}_{\text{O}}$ 的作用，在这两个力偶作用下，操纵杆各横截面将绕其轴线发生相对转动，这就是**扭转变形**。

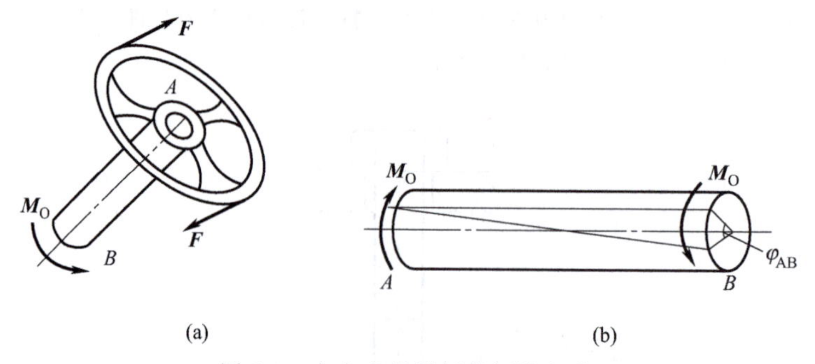

图 8-1 方向盘操纵杆的扭转变形

扭转变形的特点是：构件各横截面绕其轴线发生相对转动，任意两横截面之间产生相对的角位移 φ，称 φ 为**扭转角**。如图 8-1 (b) 所示，构件的纵向线发生微小倾斜，变成斜线，φ_{AB} 就是截面 B 相对于截面 A 的扭转角。

由于工程中承受扭转的构件大多为圆截面直杆，如汽车转向轴、油田钻井的钻杆等，故称之为轴。本章仅限于讨论直圆轴的扭转问题。

二、外力偶矩的计算

在图 8-1 中，驾驶员操纵方向盘的力偶对于操纵杆而言是外力，其力矩称为外力偶矩。在工程实际中，外力偶矩的大小并不是直接给出的，而是从已知轴的转速和所传递的功率来求得。外力偶矩 M 与功率、转速 n 的关系为

$$M=9.55\times10^{6}\frac{P}{n}(\text{N}\cdot\text{mm}) \quad 或 \quad M=9550\frac{P}{n}(\text{N}\cdot\text{m}) \tag{8-1}$$

式中 P——轴所传递的功率，kW；

n——轴的转速，r/min。

由式（8-1）可以看出，外力偶矩与轴所传递的功率成正比，与轴的转速成反比。

想一想

（1）扭转变形的特点是什么？扭转变形时的外力特点如何？

（2）轴的外力偶矩与轴上功率和转速的关系如何？

第二节 扭矩与扭矩图

一、圆轴扭转时横截面上的内力——扭矩

当作用在轴上的外力偶矩求出后，就可以用截面法研究横截面上的内力。如图 8-2（a）所示，轴在外力偶矩 $M_A=1592\text{N}\cdot\text{m}$、$M_B=955\text{N}\cdot\text{m}$ 和 $M_C=637\text{N}\cdot\text{m}$（方向如图 8-2 所示）的作用下，产生扭转变形，并处于平衡状态，现用截面法研究 AB 段和 AC 段的内力，用截面 1—1 将 AB 段截开，取左部分为研究对象［如图 8-2（b）所示］，由力偶系的平衡条件可知，为了与外力偶平衡，在截面 1—1 上内力合成的结果应是一个与 $\boldsymbol{M}_B$ 大小相等、转向相反的力偶，这种内力偶的力偶矩称为扭矩，常用符号 $\boldsymbol{T}$ 表示，单位为 N·mm 或 N·m。同理，用截面 2—2 将 AC 段截开，取右部分为研究对象［如图 8-2（c）所示］，则在截面 2—2 上内力合成的结果为与 $\boldsymbol{M}_C$ 大小相等、转向相反的内力偶。

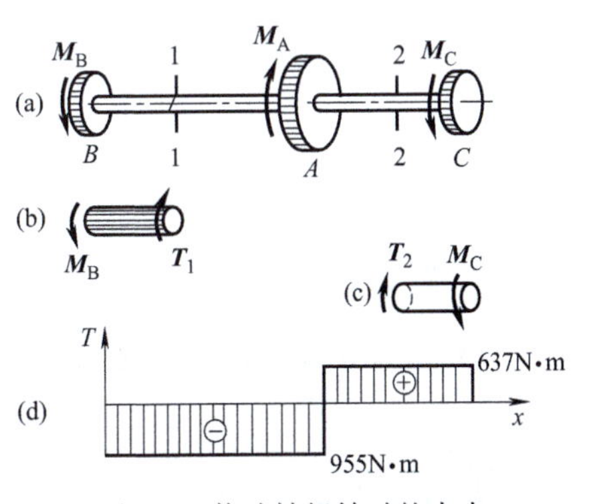

图 8-2 传动轴扭转时的内力

为了使截面两侧求出的扭矩具有相同的正负号，采用右手螺旋定则对扭矩的正负进行规定：四指转向与扭矩相同，右手拇指背离该截面为正，指向该截面时为负。

扭转变形的内力称为什么？单位如何？其正负如何规定？

在图 8-2 中，若将 A、B 两轮位置互换一下，轴上各横截面的内力扭矩将如何变化，会有何不同的结果？

二、扭矩图

为了清楚地表示各横截面上扭矩的变化情况，以便确定危险截面，通常把扭矩随截面位置的变化情况绘成线图，称为扭矩图。扭矩图的绘制是以横坐标 x 表示圆轴上的截面位置，以纵坐标 T 表示相应截面上的扭矩，正负扭矩分别按适当的比例画在横坐标 x 的上下两侧，如图 8-2（d）所示。

这里给出扭矩图的一种简捷画法：从横坐标左端开始，图 8-2（a）中 M_B向下，则扭矩图也向下画至与 M_B大小相等的值，即“$-955\mathrm{N\cdot m}$”；BA 段无外力偶矩作用，画水平线；A 处 $M_A=1592\mathrm{N\cdot m}$ 向上，扭矩图也向上“$1592\mathrm{N\cdot m}$”，即从“$-955\mathrm{N\cdot m}$”至“$637\mathrm{N\cdot m}$”；CA 段无外力偶矩作用，画水平线；C 处 $M_C=637\mathrm{N\cdot m}$ 向下，扭矩图向下行“$637\mathrm{N\cdot m}$”；回至零，图形封闭，满足平衡条件 $M_x=0$。

小贴士

扭转变形的内力图——扭矩图的简易画法：

它上你上，它下你下。

“它”指的是外力偶矩，“你”指的是扭矩。这种方法简单方便，不需要使用截面法和判断扭矩正负就可以直接得到扭矩图。

扭矩图为什么可以用“它上你上，它下你下”的简易画法来完成。

在图 8-2 中，若将 A、B 两轮位置互换一下，试画出 A、B 两轮互换后的扭矩图。

习题解析

［例 8-1］ 图 8-3 所示为一传动轴，主动轮 B 输入功率 $P_B=60\text{kW}$，从动轮 A、C、D 输出功率分别为 $P_A=28\text{kW}$，$P_C=20\text{kW}$，$P_D=12\text{kW}$。轴的转速 $n=500\text{r/min}$，试绘制轴的扭矩图。

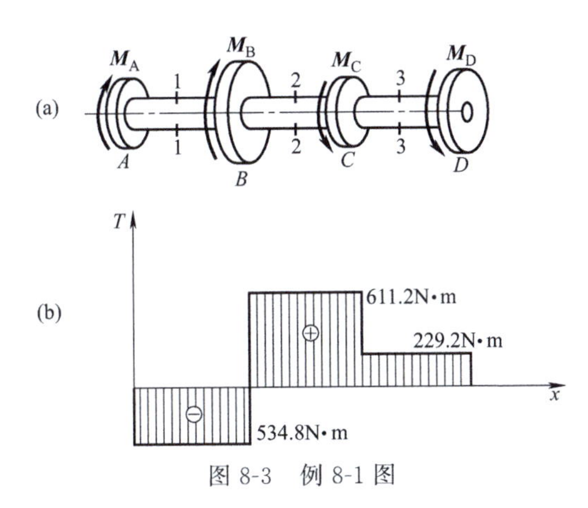

图 8-3 例 8-1 图

解：（1）计算外力偶矩。

$$M_B=9550\frac{P_B}{n}=9550\times\frac{60}{500}\text{N}\cdot\text{m}=1146\ (\text{N}\cdot\text{m})$$

$$M_A=9550\frac{P_A}{n}=9550\times\frac{28}{500}\text{N}\cdot\text{m}=534.8\ (\text{N}\cdot\text{m})$$

$$M_C=9550\frac{P_C}{n}=9550\times\frac{20}{500}\text{N}\cdot\text{m}=382\ (\text{N}\cdot\text{m})$$

$$M_D=9550\frac{P_D}{n}=9550\times\frac{12}{500}\text{N}\cdot\text{m}=229.2\ (\text{N}\cdot\text{m})$$

（2）画扭矩图。

根据以上计算结果，按比例用扭矩图的简捷画法画转矩图，如图 8-3（b）所示。由图可知，最大转矩 T_{max} 在 BC 段内的横截面上，其值为 611.2N·m 。

第三节 圆轴扭转时的应力和强度

一、圆轴扭转时的应力分布规律

由扭矩图可以直观地看到轴的内力分布情况，找到最大扭矩 T_{max}，但还应进一步研究横截面上的应力分布规律，以便求出最大应力。

（一）扭转实验及平面假设

为研究圆轴扭转时横截面上的应力分布，实验前，先在圆轴表面作圆周线与轴向线，如图 8-4 所示。在轴端施加扭矩后，圆轴发生扭转，并可以观察到：①各圆周线相对旋转了一个角度，但圆周线的尺寸、形状和相邻两圆周线之间的距离不变；②各纵向线在小变形情况下，仍近似地是一条直线，只是倾斜了一个微小的角度。变形后圆轴表面的方格变成菱形。根据所观察到的圆轴表面变形现象，可以设想圆轴由一系列刚性横截面组成，在扭转过程中，相邻两刚性横截面仍保持为平面，其形状和大小不变，且相邻两横截面间的距离不变，只是发生相对转动。

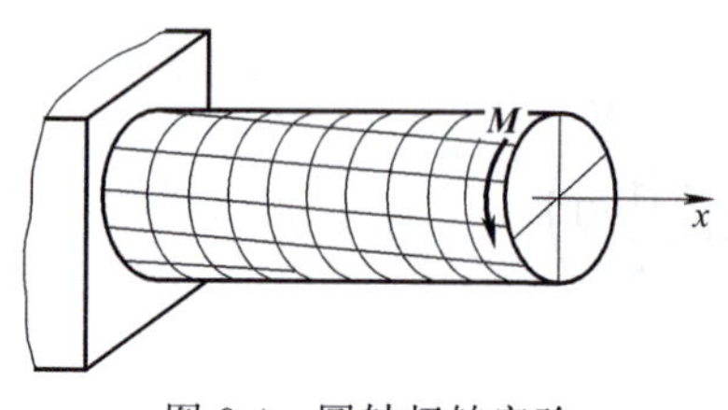

图 8-4　圆轴扭转实验

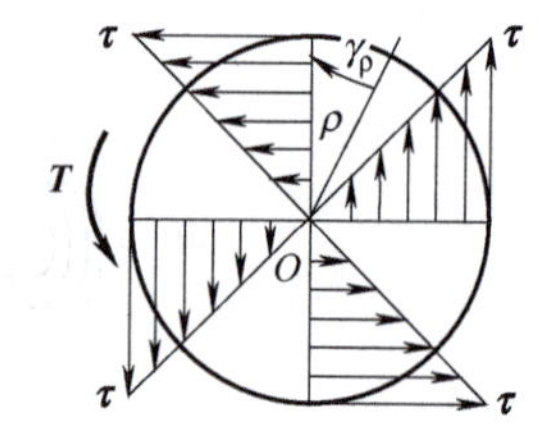

图 8-5　横截面上剪应力的分布规律

知识拓展

扭转变形刚性平面假设：

根据圆轴扭转的实验观测，对轴内变形作如下假设。扭转变形后横截面仍然保持平面，其横截面形状、大小与横截面之间的距离均不改变，而且半径仍为直线。概言之，圆轴扭转时各横截面如同刚性圆片，绕轴线作相对旋转，此假设称为圆轴扭转平面假设。

根据平面假设，可得出以下结论。

（1）由于相邻截面相对地转过了一个角度，出现了剪切变形，故截面上有剪应力存在。又由于相邻截面间距不变，所以横截面没有正应力。

（2）横截面上各点的剪应变 γ_ρ 与该点到截面中心的距离 ρ 成正比，又由剪切胡克定律［式（7-1）］剪应力 τ 与剪应变 γ 成正比，则剪应力 τ 在横截面上是线性分布的，与到截面中心的距离 ρ 成正比，如图 8-5 所示，当 $\rho=R$ 的外圆周上剪应力 τ 最大；$\rho=0$ 的圆心处，剪应力 $\tau=0$。即

$$\frac{\tau_{\max}}{\tau_\rho}=\frac{R}{\rho} \tag{8-2}$$

（二）横截面上任意点处剪应力的计算公式

由上述实验的结论，再根据静力平衡条件：截面所有微面积上的微内力对轴中心 O 处的力矩总和，应等于作用在该截面上的扭矩 T，即 $T=\int_A \rho\tau_\rho \mathrm{d}A$。令 $I_\rho=\int_A \rho^2\,\mathrm{d}A$，则可以推导出的横截面上任意点处的剪应力计算公式为

$$\tau_\rho=\frac{T}{I_\rho}\rho \tag{8-3}$$

式中　ρ——横截面上任一点与圆心的距离，mm；

I_ρ——横截面对形心的**极惯性矩**，mm^4。

工程构件典型截面的极惯性矩计算详见本章后的知识拓展。这里只重点介绍截面为实心圆和空心圆的极惯性矩。

（三）横截面上最大剪应力的计算公式

将式（8-3）代入式（8-2）可得

$$\tau_{\max}=\frac{TR}{I_{\rho}} \tag{8-4}$$

令

$$W_{n}=\frac{I_{\rho}}{R} \tag{8-5}$$

则有

$$\tau_{\max}=\frac{T}{W_{n}} \tag{8-6}$$

式中，W_n称为**抗扭截面模量**，cm^3或 mm^3。

二、极惯性矩 I_ρ 和扭截面模量 W_n

（一）极惯性矩 I_ρ

横截面对形心的**极惯性矩** $I_{\rho}=\int_{A}\rho^{2}dA$ 是一个只与截面的形状和尺寸有关的**几何量**，单位为 mm^4或 cm^4。

实心圆截面的极惯性矩 $I_{\rho}=\frac{\pi D^{4}}{32}$

空心圆截面的极惯性矩 $I_{\rho}=\frac{\pi(D^{4}-d^{4})}{32}=\frac{\pi D^{4}}{32}(1-\alpha^{4})$

式中，$\alpha=d/D$ 即横截面内外径之比。

（二）抗扭截面模量 W_n

实心圆截面的抗扭截面模量 $W_{n}=\frac{\pi D^{3}}{16}$

空心圆截面的抗扭截面模量 $W_{n}=\frac{I_{\rho}}{R}=\frac{2I_{\rho}}{D}=\frac{\pi D^{3}}{16}(1-\alpha^{4})$

三、圆轴扭转的强度条件

圆轴扭转时横截面上所受的最大剪应力应小于材料的许用剪应力，即强度条件为

$$\tau_{\max}=\frac{T}{W_{n}}\leqslant[\tau] \tag{8-7}$$

与前相似，式（8-7）可以用于强度校核、设计截面尺寸和确定许可载荷三类强度计算设计问题。

想一想

为什么说相同材料的空心轴比实心轴具有较大的抗扭能力？工程上是不是应用空心轴一定比实心轴节约成本呢？

习题解析

［例 8-2］ 汽车主传动轴 AB（图 8-1）由 45 钢制成，外径 $d=90$mm，内径 $d_0=$

85mm，许用应力 [τ] =60MPa，传递的最大力偶矩 $M=1500\text{N}\cdot\text{m}$，试校核其强度。

解：显然传动轴 AB 各截面的扭矩均为 $T=M=1500\text{N}\cdot\text{m}$，抗扭截面模量为

$$W_n=\frac{\pi d^3}{16}(1-\alpha^4)=\frac{\pi\times 90^3}{16}\left[1-\left(\frac{85}{90}\right)^4\right]=29255\ (\text{mm}^3)$$

将以上数据代入公式（8-7），有

$$\tau_{max}=\frac{T}{W_n}=\frac{1500000}{29255}=51.3\text{MPa}<[\tau]=60\text{MPa}$$

所以，传动轴强度足够。

[例 8-3] 传动轴如图 8-2（a）所示，主动轮 A 输入功率 $P_A=50\text{kW}$，从动轮 B、C 输出功率 $P_B=30\text{kW}$，$P_C=20\text{kW}$，轴的转速为 $n=300\text{r/min}$，若已知实心轴材料的许用剪应力 [τ] =40MPa，试设计该轴的直径。

解：（1）计算作用于各轮上的外力偶矩。

$$M_A=9550\frac{P_A}{n}=9550\times\frac{50}{300}=1592\ (\text{N}\cdot\text{m})$$

$$M_B=9550\frac{P_B}{n}=9550\times\frac{30}{300}=955\ (\text{N}\cdot\text{m})$$

$$M_C=9550\frac{P_C}{n}=9550\times\frac{20}{300}=637\ (\text{N}\cdot\text{m})$$

（2）绘轴的扭矩图。

根据计算结果，绘制扭矩图如图 8-2（d）所示。由轴的扭矩图可知，危险截面在轴的 AB 段，最大扭矩为 $|T_{max}|=|T_1|=955\text{N}\cdot\text{m}$。

（3）根据强度条件设计轴径。

$$\tau_{max}=\frac{T}{W_n}=\frac{T_1}{\pi d^3/16}\leqslant[\tau]$$

得轴直径

$$d\geqslant\sqrt[3]{\frac{16T_1}{[\tau]\pi}}=\sqrt[3]{\frac{16\times 955000}{40\pi}}=49.54\ (\text{mm})$$

圆整后取轴径为 50mm。

第四节 圆轴扭转时的变形和刚度条件

为了保证机器正常工作，对轴类零件不仅需要满足强度条件，而且还要满足其扭转变形量不大于许用变形量的要求，即刚度条件。

一、相对扭转角 φ

前已述及圆轴扭转时的变形，用轴上两截面间的相对转角 φ（即扭转角）来描述。如图 8-6 所示，对于同一材料等截面圆轴，在相距 l 的两截面间，因切应变 γ 很微小，近似地有 $\tan\gamma\approx\gamma$，由几何关系可知 $\gamma l=R\varphi$；将此几何关系和在外圆周上剪应力公式 $\tau=TR/I_\rho$ 代入

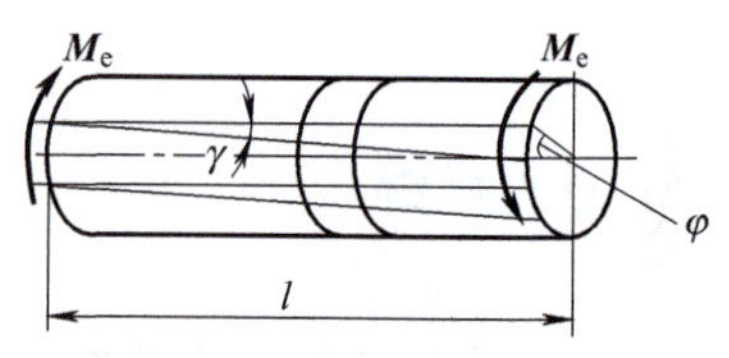

图 8-6 圆轴扭转角的计算

剪切胡克定律 $\gamma=\tau/G$；得到相对扭转角 φ 的计算公式为

$$\varphi=\frac{Tl}{GI_\rho}\ \text{(rad)} \tag{8-8}$$

由式（8-8）可以看出，在扭矩一定的情况下，GI_ρ反映了圆轴抵抗变形的能力，称为轴的抗扭刚度。

横截面上的相对转角 φ 与轴上横线变形前后的夹角 γ 有什么关系？

习题解析

［例 8-4］ 空心圆轴如图 8-7（a）所示，在 A、B、C 三处受外力偶作用。已知 $AB=BC=1000\text{mm}$，AB 段外径为 24mm，BC 段外径为 22mm，AC 段的内径为 18mm，$M_A=150\text{N}\cdot\text{m}$，$M_B=50\text{N}\cdot\text{m}$，$M_C=100\text{N}\cdot\text{m}$，材料的切变模量 $G=80\text{GPa}$，试求：轴内的最大剪应力 τ_{max}；C 截面相对 A 截面的扭转角 φ_{AC}。

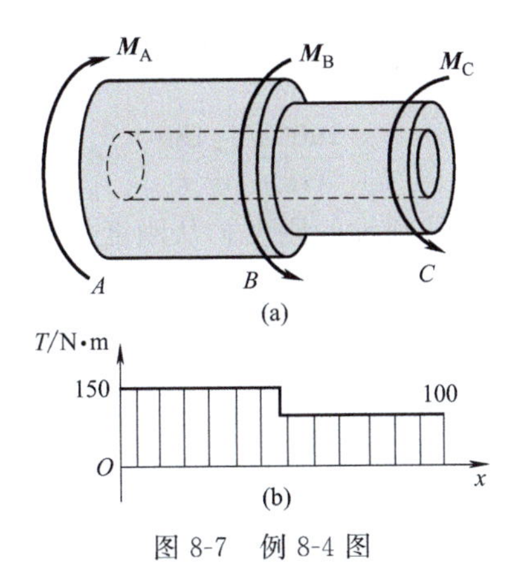

图 8-7 例 8-4 图

解：（1）作扭矩图，如图 8-7（b）所示。

（2）计算各段剪应力，由式（8-7）得

$$AB\text{ 段}\quad \tau_{max1}=\frac{M_{T1}}{W_{T1}}=\frac{M_{T1}}{\dfrac{\pi D_1^3}{16}\left[1-\left(\dfrac{d_1}{D_1}\right)^4\right]}=\frac{150\times10^3}{\dfrac{\pi\times24^3}{16}\left[1-\left(\dfrac{18}{24}\right)^4\right]}\text{MPa}=80.8\ \text{(MPa)}$$

$$BC\text{ 段}\quad \tau_{max2}=\frac{M_{T2}}{W_{T2}}=\frac{M_{T2}}{\dfrac{\pi D_2^3}{16}\left[1-\left(\dfrac{d_2}{D_2}\right)^4\right]}=\frac{100\times10^3}{\dfrac{\pi\times22^3}{16}\left[1-\left(\dfrac{18}{22}\right)^4\right]}\text{MPa}=86.7\ \text{(MPa)}$$

可见，此轴最大剪应力出现在 BC 段。注意，这里用的是 N-mm-MPa 单位系。

(3) 计算变形。

当扭矩、材料、截面几何改变时应分段计算各段的变形。这里，分别考虑 AB、BC 段的扭转变形。扭转角的转向是由各段扭矩的转向决定的，所以扭转角的正负由扭矩的正负确定。

$$AB\text{ 段}\quad \varphi_{AB}=\frac{M_{T1}l_1}{GI_{\rho 1}}=\frac{M_{T1}l_1}{G\frac{\pi D_1^4}{32}\left[1-\left(\frac{d_1}{D_1}\right)^4\right]}=\frac{150\times 10^3}{80\times 10^3\frac{\pi\times 24^4}{32}\left[1-\left(\frac{18}{24}\right)^4\right]}=0.0842\ (\text{rad})$$

$$BC\text{ 段}\quad \varphi_{BC}=\frac{M_{T2}l_2}{GI_{\rho 2}}=\frac{M_{T2}l_2}{G\frac{\pi D_2^4}{32}\left[1-\left(\frac{d_2}{D_2}\right)^4\right]}=\frac{100\times 10^3}{80\times 10^3\frac{\pi\times 22^4}{32}\left[1-\left(\frac{18}{22}\right)^4\right]}=0.0985\ (\text{rad})$$

故 C 截面相对 A 截面的扭转角 φ_{AC} 为 $\varphi_{AC}=\varphi_{AB}+\varphi_{BC}=0.183\ (\text{rad})$

二、单位长度扭转角θ

相对长度扭转角与轴的长度有关，为消除长度的影响，工程上，圆轴扭转时的变形常用圆轴单位长度扭转角 θ 来度量，并以 (°)/m 为单位，故

$$\theta=\frac{1000T}{GI_\rho}\times\frac{180}{\pi}[(°)/\text{m}] \tag{8-9}$$

三、圆轴扭转时的刚度条件

为保证机械和仪器工作的精度，圆轴扭转时，不仅要满足强度条件，而且还要满足刚度条件。圆轴扭转时的刚度条件为：圆轴的最大单位长度扭转角 θ_{max} 不超过许用单位长度扭转角 $[\theta]$，即

$$\theta_{max}=\frac{1000T}{GI_\rho}\times\frac{180}{\pi}\leqslant[\theta] \tag{8-10}$$

式 (8-10) 有三种用途：校核圆轴的刚度，从刚度的角度确定圆轴危险截面的尺寸，计算圆轴的最大载荷。

想一想

横截面上的相对扭转角 φ、单位长度扭转角 θ、轴上横线变形前后的夹角 γ 三者有什么关系？

习题解析

[例 8-5] 在例 8-2 中，若已知汽车主传动轴 AB 的许用单位长度扭转角 $[\theta]=1$ (°)/m，剪切弹性模量 $G=8\times 10^4$ MPa，试校核汽车主传动轴 AB 的刚度。

解：按式 (8-10) 对轴 AB 进行刚度校核。

$$\theta_{max}=\frac{1000T}{GI_\rho}\times\frac{180}{\pi}=\frac{1000\times 1.5\times 10^6}{8\times 10^4\times\frac{\pi}{32}90^4\left[1-\left(\frac{85}{90}\right)^4\right]}\times\frac{180}{\pi}=0.82(°)/\text{m}<[\theta]=1\ (°)/\text{m}$$

所以，该轴刚度足够。

[例 8-6] 空心传动轴的外径 $d=90\text{mm}$，壁厚 $\delta=5\text{mm}$，轴的材料为 45 钢，许用剪应力 $[\tau]=60\text{MPa}$，许用单位扭转角 $[\theta]=1(°)/\text{m}$，传递的最大力偶矩 $m=1700\text{N}\cdot\text{m}$，材料的剪切弹性模量 $G=8\times10^4\text{MPa}$，试校核该轴的强度及刚度。若将空心轴变成实心轴，试按强度设计轴的直径并比较材料的消耗。

解：

(1) 校核该空心轴的强度。

因该轴所受的外力偶矩 $m=1700\text{N}\cdot\text{m}=1.7\times10^6\text{N}\cdot\text{mm}$，所以各截面上的扭矩为 $T=1.7\times10^6\text{N}\cdot\text{mm}$，最大的剪应力为

$$\tau_{\max}=\frac{T}{W_n}=\frac{T}{\frac{\pi d^3}{16}(1-\alpha^4)}=\frac{1.7\times10^6}{\frac{\pi\times90^3}{16}\left[1-\left(\frac{90-2\times5}{90}\right)^4\right]}=31.6\text{MPa}<[\tau]=60\text{MPa}$$

所以轴满足强度要求。

(2) 校核该空心轴的刚度。

$$\theta_{\max}=\frac{1000T}{GI_\rho}\times\frac{180}{\pi}=\frac{1000T}{G\times\frac{\pi d^4}{32}(1-\alpha^4)}\times\frac{180}{\pi}=\frac{1000\times1.7\times10^6}{8\times10^4\times\frac{\pi 90^4}{32}\left[1-\left(\frac{90-2\times5}{90}\right)^4\right]}\times\frac{180}{\pi}$$

$$=0.51(°)/\text{m}<[\theta]=1\ (°)/\text{m}$$

所以，该空心轴满足刚度条件。

(3) 若将该轴改为实心轴，按强度条件设计轴的直径 d。

① 若轴为实心轴，按强度条件 $\tau_{\max}=\frac{T}{W_n}=\frac{T}{\pi d'^3/16}\leqslant[\tau]$，得

$$d'\geqslant\sqrt[3]{\frac{16T}{\pi[\tau]}}=\sqrt[3]{\frac{16\times1.7\times10^6}{\pi\times60}}=52.5(\text{mm})$$

② 若轴为空心轴，由强度条件 $\tau_{\max}=\frac{T}{W_n}=\frac{T}{\frac{\pi d^3}{16}(1-\alpha^4)}\leqslant[\tau]$，按 $\alpha=8/9$ 设计轴的直径，得 $d\geqslant\sqrt[3]{\frac{16T}{\pi[\tau]}}=\sqrt[3]{\frac{16\times1.7\times10^6}{\pi\times60\times[1-(8/9)^4]}}=72.7\ (\text{mm})$

$$d_0=d\times8/9=64.6\ (\text{mm})$$

(4) 空心轴与实心轴比较耗材。

空心轴与实心轴材料消耗之比等于它们的横截面面积之比，即

$$\frac{A_{空}}{A_{实}}=\frac{\pi(d^2-d_0^2)/4}{\pi d'^2/4}=\frac{d^2-d_0^2}{d'^2}=\frac{72.7^2-64.6^2}{52.5^2}=0.41$$

可见，在相同材料（抗扭能力相同）的情况下，设计成空心圆轴，可减轻重量、节约材料，或者说，相同材料的空心轴具有较大的抗扭能力。但是也应注意，孔的加工，尤其是长轴中孔的加工，将增加制造成本。

本章知识要点

(1) 构件在受到垂直于轴线的两个力偶作用时，各横截面绕其轴线发生相对转动的变

形称为**扭转变形**，工程中承受扭转的构件大多为圆截面直杆，称之为**轴**。

(2) 外力偶矩 M 与功率、转速 n 的关系为 $M=9550P/n$ (N·m)。

(3) 圆轴扭转时横截面上的内力称为**扭矩**。为了清楚地表示各横截面上扭矩的变化情况，常绘制**扭矩图**。**扭矩图**的简捷画法是：**"它上你上，它下你下"**。

(4) 圆轴扭转时的强度条件为 $\tau_{\max}=\dfrac{T}{W_n}\leqslant[\tau]$。

(5) 圆轴扭转时的刚度条件为 $\theta_{\max}=\dfrac{1000T}{GI_\rho}\times\dfrac{180}{\pi}\leqslant[\theta]$。

(6) 极惯性矩 I_ρ 和扭转截面系数 W_n

项目	空心轴	实心轴
极惯性矩 I_ρ	$I_\rho=\dfrac{\pi(D^4-d^4)}{32}=\dfrac{\pi D^4}{32}(1-\alpha^4)$	$I_\rho=\dfrac{\pi D^4}{32}$
扭转截面系数 W_n	$W_n=\dfrac{I_\rho}{R}=\dfrac{2I_\rho}{D}=\dfrac{\pi D^3}{16}(1-\alpha^4)$	$W_n=\dfrac{\pi D^3}{16}$

注：其中横截面内外径之比 $\alpha=d/D$。

同步训练

8-1 试求图 8-8 所示各轴的扭矩图。

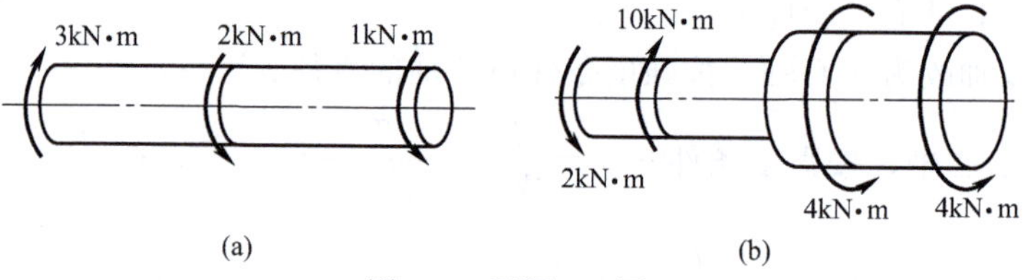

图 8-8 习题 8-1 图

8-2 试绘出图 8-9 所示各轴在指定横截面 1—1、2—2 和 3—3 上转矩，并绘出图示各轴的扭矩图。

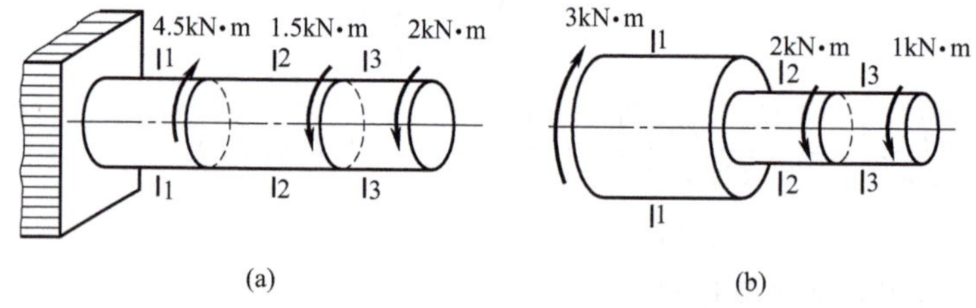

图 8-9 习题 8-2 图

8-3 如图 8-10 所示，已知传动轴输入功率 $P_A=400\text{kW}$，输出功率 $P_B=P_C=120\text{kW}$，$P_D=160\text{kW}$，转速 $n=300\text{r/min}$，$G=80\text{GPa}$，$[\tau]=30\text{MPa}$，$[\theta]=0.3$ (°)/m。试设计该传动轴的直径。

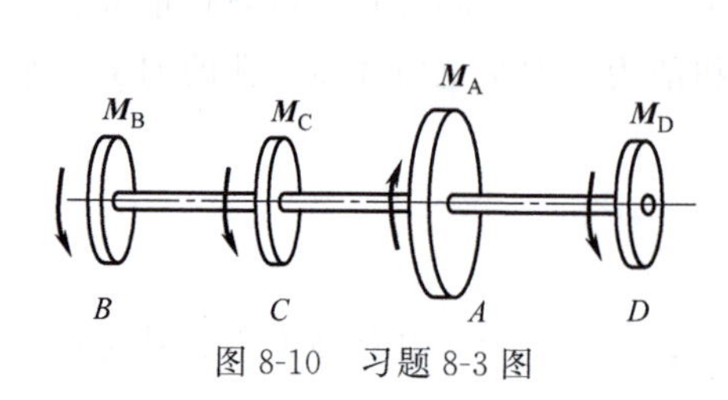

图 8-10 习题 8-3 图

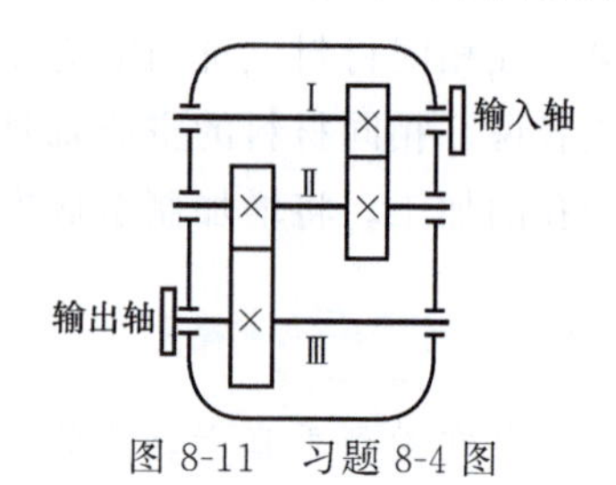

图 8-11 习题 8-4 图

8-4 某减速器如图 8-11 所示。已知电动机的转速 $n=960\text{r/min}$，功率 $P=5\text{kW}$；轴的材料的许用应力 $[\tau]=40\text{MPa}$，试按扭转强度条件设计减速器第Ⅰ轴的直径。

8-5 由无缝钢管制成的汽车传动轴，外径 $D=90\text{mm}$，壁厚 $t=2.5\text{mm}$，材料的许用切应力 $[\tau]=60\text{MPa}$，工作时的最大转矩为 $T=1.5\text{N}\cdot\text{m}$。(1) 试校核该轴的强度；(2) 若改用相同材料的实心轴，并要求它和原来的传动轴的强度相同，试计算其直径 D_1；(3) 比较上述空心轴和实心轴的重量。

第九章

直梁的弯曲

学习目标

(1) 了解梁的分类。
(2) 会分析梁弯曲时的内力。
(3) 会用外力、剪力、弯矩的微分关系画出剪力图和弯矩图。
(4) 会从剪力图和弯矩图中确定弯曲变形中的危险点和危险截面。
(5) 掌握直梁弯曲时的应力及强度条件，会进行相关的工程计算。
(6) 掌握梁的变形和刚度条件。
(7) 了解提高梁强度的主要措施。

第一节　概述

一、平面弯曲的概念

在工程实际和日常生活中，常常会遇到许多发生弯曲变形的杆件。例如，桥式起重机的大梁、火车轮轴以及车床上的割刀等，如图 9-1（a）～（c）所示，均为典型的弯曲杆件。这类杆件的受力特点是：在轴线平面内受到外力偶或垂直于轴线方向的力。变形特点是：杆的轴线弯曲成曲线。这种形式的变形称为弯曲变形。以弯曲变形为主的杆件通常称为**梁**。

在工程中，常见梁的横截面一般至少有一个对称轴，因而由各横截面的对称轴组成了梁的一个**纵向对称面**，如图 9-2 所示。当作用在梁上的所有外力都在纵向对称平面内时，梁的轴线变形后也将是位于这个对称平面内的曲线，这种弯曲称为**平面弯曲**。平面弯曲是弯曲问题中最基本、最常见的情况，本章及下章主要讨论这种弯曲。

在工程中，梁的支承条件和作用在梁上的载荷情况，一般都比较复杂，为了便于分析、计算，同时又要保证计算结果足够精确，不论梁的截面形状如何，通常用梁的轴线来代替实际的梁。

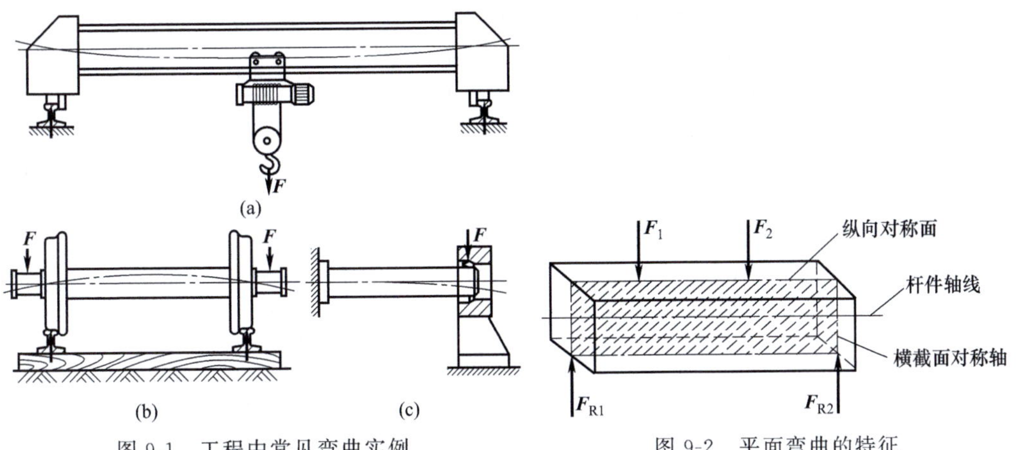

图 9-1 工程中常见弯曲实例　　　图 9-2 平面弯曲的特征

想一想

(1) 什么是梁的平面弯曲？

(2) 什么是纵向对称截面？它是由哪两个对称轴形成的？

二、梁的几种形式

工程中，梁按其支座情况分为下列三种形式。

(1) **悬臂梁**：梁的一端为固定端，另一端为自由端，如图 9-3 (a) 所示。

(2) **简支梁**：梁的一端为固定铰支座，另一端为可动铰支座，如图 9-3 (b) 所示。

(3) **外伸梁**：梁的一端或两端伸出支座的简支梁，如图 9-3 (c) 所示。

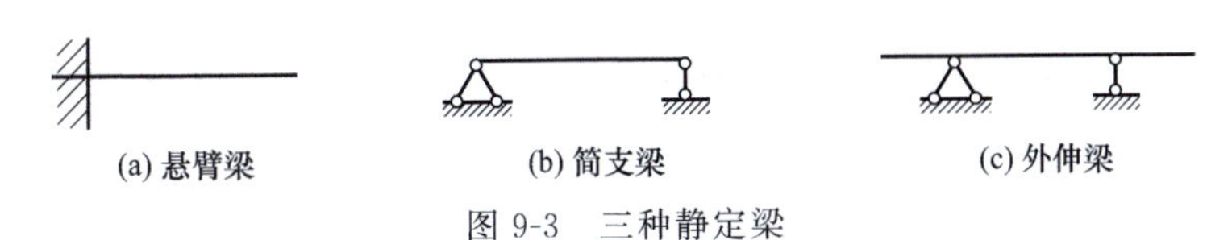

图 9-3 三种静定梁

第二节 梁弯曲时的内力 剪力图和弯矩图

为了计算梁的强度和刚度问题，在求得梁的支座反力后，就必须计算梁的内力。下面将着重讨论梁内力的计算方法。

一、弯曲时内力——剪力和弯矩

图 9-4 (a) 所示为一简支梁，载荷 $\boldsymbol{F}$ 作用在梁上 C 点，由静力学知识易求得支座反力 $\boldsymbol{F}_A$、$\boldsymbol{F}_B$的值为

$$F_A=\frac{l-l_1}{l}F;F_B=\frac{l_1}{l}F$$

载荷 $\boldsymbol{F}$ 和支座反力 $\boldsymbol{F}_{\mathrm{A}}$、$\boldsymbol{F}_{\mathrm{B}}$是作用在梁的纵向对称平面内的平衡力系。现用截面法分析任一截面 $m—m$ 上的内力。假想将梁沿 $m—m$ 截面分为两段，现取左段为研究对象，因有支座反力 $\boldsymbol{F}_{\mathrm{A}}$的作用，为使左段满足$\sum F_y=0$，则截面 $m—m$ 上必然有与$\boldsymbol{F}_{\mathrm{A}}$等值、平行且反向的内力 $\boldsymbol{Q}$ 存在，这个内力 $\boldsymbol{Q}$ 称为**剪力**；同时，因 $\boldsymbol{F}_{\mathrm{A}}$对截面 $m—m$ 的形心 O 点有一个力矩 $\boldsymbol{F}_{\mathrm{A}}a$ 的作用，为满足$\sum M_{\mathrm{O}}=0$，截面 $m—m$ 上也必然有一个与力矩 $\boldsymbol{F}_{\mathrm{A}}a$ 大小相等且转向相反的内力偶矩 $\boldsymbol{M}$ 存在，这个内力偶矩 $\boldsymbol{M}$ 称为**弯矩**，如图 9-4（b）所示。如果取右段梁为研究对象，同样可求得截面 $m—m$ 上的 $\boldsymbol{Q}$ 和 $\boldsymbol{M}$，根据作用与反作用力的关系，它们与从左段梁求出 $m—m$ 截面上的$\boldsymbol{Q}$ 和 $\boldsymbol{M}$ 大小相等、方向相反，如图 9-4（c）所示。由此可见，梁发生弯曲时，横截面上同时存在着两个内力，即剪力和弯矩。

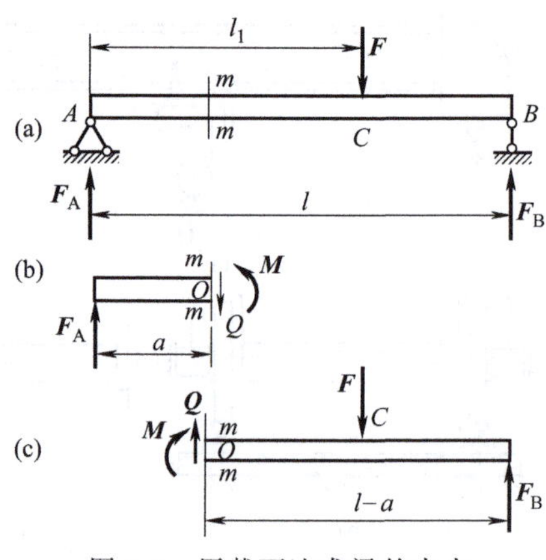

图 9-4 用截面法求梁的内力

剪力的常用单位为 N 或 kN，弯矩的常用单位为 N·m 或 kN·m。

梁在发生弯曲变形时，一般会产生几个内力？

二、剪力和弯矩的正、负号规定

为了使从左、右两段梁求得同一截面上的剪力 $\boldsymbol{Q}$ 和弯矩 $\boldsymbol{M}$ 具有相同的正负号，并考虑到工程上的习惯要求，对剪力和弯矩的正负号特作如下规定。

（1）剪力的正负号规定　如图 9-5 所示，沿截面左侧向上、右侧向下的外力产生的剪力为正；而沿截面左侧向下、右侧向上的外力产生的剪力为负。简言之，在求剪力时，外力正负规定为“**左上右下为正；左下右上为负**”。相应地，由外力计算剪力时，外力代数和为正时，剪力为正，反之为负。

小贴士

剪力的正负号规定：“**左上右下为正；左下右上为负**”。

（2）弯矩的正负号规定　如图 9-6 所示，若某截面附近梁弯曲呈上凹下凸的状态时，该截面上的弯矩为正，反之为负。因此，截面左侧外力（包括力偶）对截面形心之矩为顺时针转向时产生正弯矩，逆时针转向时产生负弯矩；截面右侧情况与此相反。

特别注意：在求弯矩时，外力偶矩的正负规定为“**左顺右逆为正；左逆右顺为负**”。相应地，由外力偶矩计算弯矩时，外力偶矩代数和为正时，弯矩为正，反之为负。

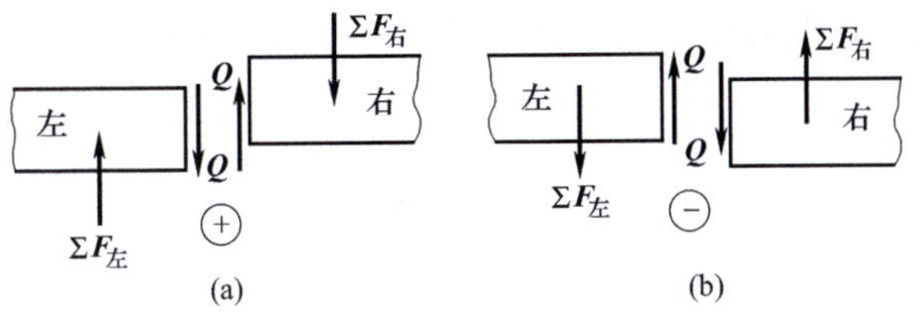

图 9-5　剪力的正负号规定

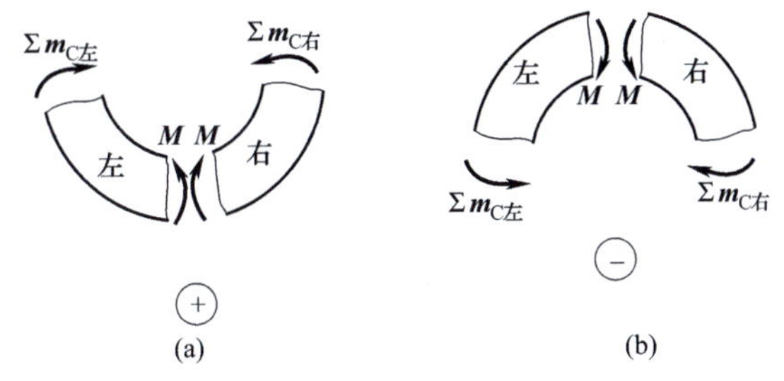

图 9-6　弯矩的正负号规定

小贴士

(1) 弯矩的正负规定：“上凹下凸**为正**；上凸下凹**为负**”。

(2) 外力偶矩的正负规定：**“左顺右逆为正；左逆右顺为负”**。

三、剪力方程和弯矩方程

如图 9-4（b）所示，剪力和弯矩的大小可由左段梁的静力平衡方程求得，即

$$\sum F_y=0, F_A-Q=0, \text{得 } Q=F_A=\frac{l-l_1}{l}F$$

$$\sum M_O=0, F_A a-M=0, \text{得 } M=F_A a=\frac{l-l_1}{l}Fa$$

若图 9-4（a）中，$m—m$ 截面到 A 点的距离发生变化，则其上的剪力和弯矩也会随之变化。若横截面的位置用沿梁轴线的坐标 x 来表示，则各横截面上的剪力和弯矩都可以表示为坐标 x 的函数，即

$$Q=Q(x),\quad M=M(x) \tag{9-1}$$

这两个函数式表示梁的内力沿梁轴线的变化规律，分别称为**剪力方程**和**弯矩方程**。

若图 9-4 中，$m—m$ 截面到 A 点的距离为 x，AC 段的距离为 l_1，则 AC 段的剪力方程和弯矩方程为

$$Q=F_A=\frac{l-l_1}{l}F;\quad M=F_A x=\frac{l-l_1}{l}Fx \tag{9-2}$$

CB 段的剪力方程和弯矩方程为

$$Q=F_A-F=-\frac{l_1}{l}F; M=F_A x-F(x-l_1)=Fl_1-\frac{l_1}{l}Fx \tag{9-3}$$

四、剪力图和弯矩图

（一）由剪力方程和弯矩方程画出剪力图和弯矩图

把剪力和弯矩方程用其函数图线表示出来，称为剪力图和弯矩图。将式（9-2）和式

(9-3) 表示为函数图线，即为梁 AB 的剪力图和弯矩图，如图 9-7 (b)、(c) 所示。

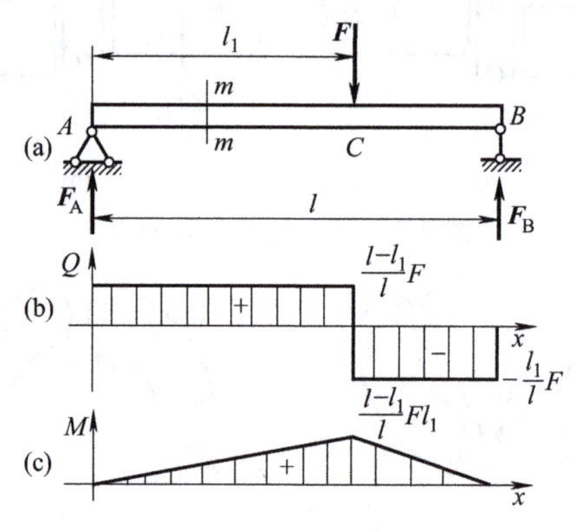

图 9-7 简支梁的剪力图和弯矩图

由剪力图和弯矩图可以很轻松地找到梁上危险截面的位置，故在弯曲变形中，画剪力图和弯矩图非常重要。

(二) 由外力、剪力和弯矩的微分关系画出剪力图和弯矩图

外力、剪力和弯矩存在如下微分关系。

$$Q(x)=\frac{\mathrm{d}M(x)}{\mathrm{d}x};q(x)=\frac{\mathrm{d}Q(x)}{\mathrm{d}x}=\frac{\mathrm{d}^2M(x)}{\mathrm{d}x^2} \tag{9-4}$$

式中，$q(x)$ 为梁上所受的分布载荷。

小贴士

根据微分关系式和数学知识，剪力图和弯矩图的形状可以由外力直接判断出，现将其归纳如表 9-1。

表 9-1 根据外力判断 Q、M 图的形状

外力		Q 图	M 图
均布载荷	向上↑	斜向上转折↗	开口向上的抛物线⌣
	向下↓	斜向下转折↘	开口向下的抛物线⌢
集中载荷	向上↑	向上突变↑	斜向上转折↗
	向下↓	向下突变↓	斜向下转折↘
集中力偶	顺时针	不变	向上突变↑
	逆时针		向下突变↓

(三) 画剪力图和弯矩图一般步骤

(1) 利用平衡方程求出梁上的全部约束反力；

(2) 判断梁上各段 Q、M 图的形状；

(3) 确定关键点的剪力和弯矩值，并作图；

(4) 在图中找到最大剪力和最大弯矩的值，从而确定危险截面。

在梁的强度计算和刚度计算中，一般弯矩起主要的作用，因此我们主要研究弯矩图的绘制。下面通过例题来说明。

(1) 根据微分关系式，画剪力图和弯矩图的一般步骤是什么？

(2) 在剪力图和弯矩图上，最大剪力和最大弯矩的地方是梁的什么位置？

习题解析

[例 9-1] 图 9-8（a）所示的悬臂梁，在自由端受集中力作用，试作弯矩图。

解：(1) 列弯矩方程。

选取截面 A 的形心为坐标原点，坐标轴如图所示。在截面 x 处切取左段为研究对象，则有 $M(x)=-Fl(0\leqslant x\leqslant l)$。

(2) 弯矩 M 为 x 的一次函数，所以弯矩图为一条斜直线。

(3) 求关键点的弯矩值并作图。

易知：$x=0$，$M=0$；$x=l$，$M=-Fl$。过原点（0，0）与点（l，$-Fl$）连直线即得弯矩图，如图 9-8（b）所示。

(4) 由图 9-8（b）可知，弯矩的最大值在固定端的左侧截面上，$|M|_{\max}=Fl$，故固定端截面为危险截面。

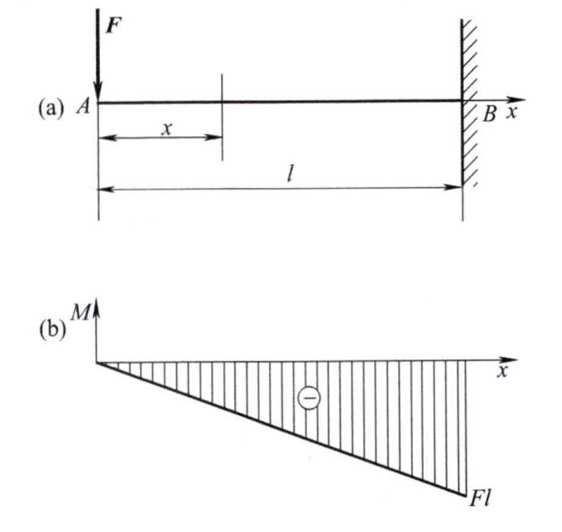

图 9-8 受集中载荷作用的悬臂梁

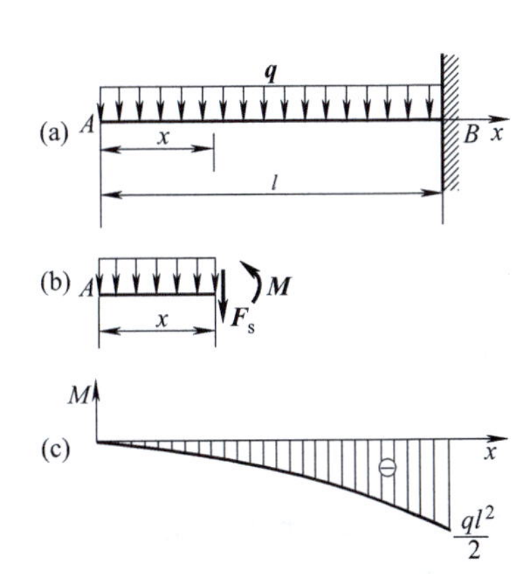

图 9-9 受均布载荷作用的悬臂梁

[例 9-2] 图 9-9（a）所示的悬臂梁，在全梁上受集度为 q 的均布载荷作用。试作该梁的弯矩图。

解：(1) 列弯矩方程。

选取截面 A 的形心为坐标原点，并在截面处切取左段为研究对象，如图 9-9（b）所示，则

$$M(x)=-\frac{qx^2}{2}\quad(0\leqslant x\leqslant l)$$

(2) 由上式可知，弯矩 M 是 x 的二次函数，弯矩图是一抛物线。

（3）求关键点的弯矩值并作图。

由二次曲线性质知，此曲线顶点为（0，0），开口向下，可确定以下关键点，画出该曲线，如图 9-9（c）所示。

$$x=0, M=0; x=\frac{l}{2}, M=-\frac{ql^2}{8}; x=l, M=-\frac{ql^2}{2}$$

（4）由图 9-9（c）可知，在固定端左侧上的弯矩最大为 $|M|_{\max}=\frac{ql^2}{2}$，故固定端截面为危险截面。

［例 9-3］ 图 9-10（a）所示简支梁，在全梁上受集度的均布载荷，试作此梁的弯矩图。

解：（1）求支座反力。

由 $\sum M_A=0$ 及 $\sum M_B=0$ 得

$$F_{Ay}=F_{By}=\frac{ql}{2}$$

（2）由表 9-1 可知，弯矩图是一条抛物线。

（3）求关键点的弯矩值并作图。

由均布载荷在梁上的对称分布特点可知，抛物线的最大值应在梁的中点处。由三组特殊点，可大致确定这条曲线的形状，如图 9-10（b）所示。

$$x=0, M=0; x=\frac{l}{2}, M=\frac{ql^2}{8}; x=l, M=0$$

（4）由图 9-10（b）可知，梁的中点处的弯矩最大为 $M=\frac{ql^2}{8}$，故梁的中点处截面为危险截面。

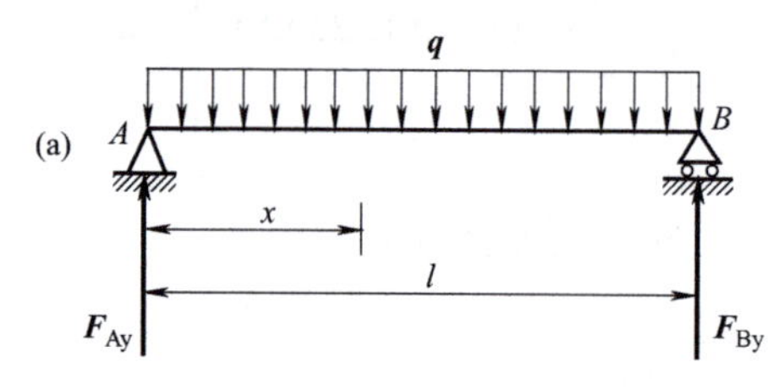

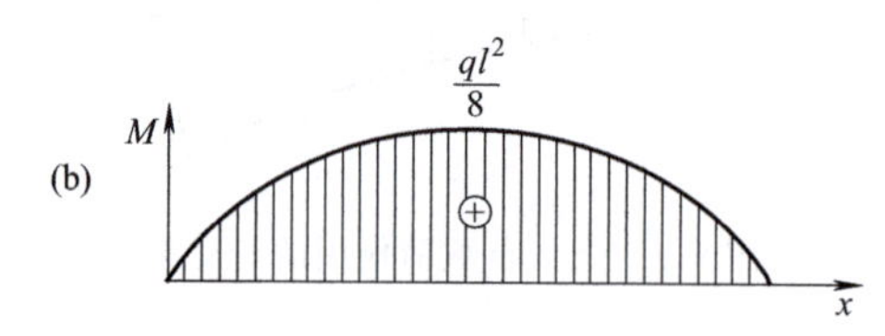

图 9-10 受均布载荷作用的简支梁

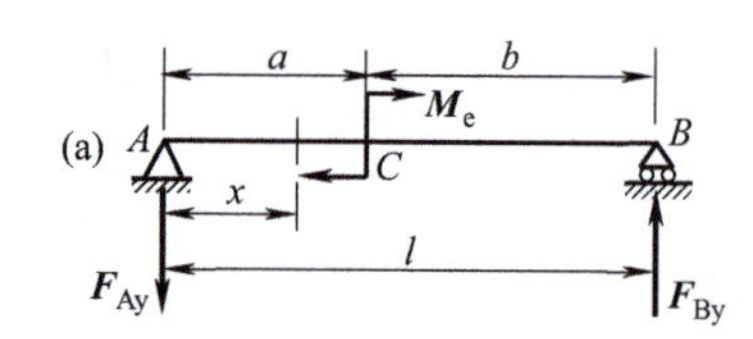

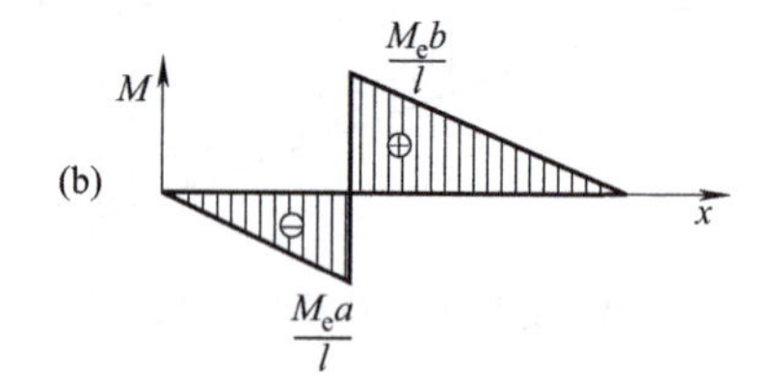

图 9-11 受集中力偶作用的简支梁

［例 9-4］ 图 9-11（a）所示为简支梁，在 C 点处作用有一集中力偶 $\boldsymbol{M}_e$。试作其弯矩图。

解：（1）求支座反力。

由于梁上仅有一外力偶作用，所以支座两端反力必构成一力偶与之平衡，故有

$$F_{Ay}=F_{By}=\frac{M_e}{l}$$

(2) 由表 9-1 可知，AC 段和 CB 段弯矩图是一条斜向下的线，且在 C 点集中力偶作用处，弯矩图发生突变。

(3) 画弯矩图。

AC 段　　　　　$x=0$，$M=0$；$x=a$，$M=-\dfrac{M_e a}{l}$

BC 段　　　　　$x=a$，$M=\dfrac{M_e b}{l}$；$x=l$，$M=0$

弯矩图如图 9-11（b）所示。

(4) 如 $b>a$，则最大弯矩发生在集中力偶作用处右侧横截面上，$M_{max}=\dfrac{M_e b}{l}$。

［例 9-5］ 已知轴 AC 上齿轮 C 受到的径向力 $F_{r1}=200N$，齿轮 D 受到的径向力 $F_{r2}=500N$，轴向力 $F_{a2}=400N$。齿轮 D 的分度圆半径 $r=50mm$，尺寸 $a=200mm$。试绘制轴 AC 在图 9-12 所示平面内的弯矩图。

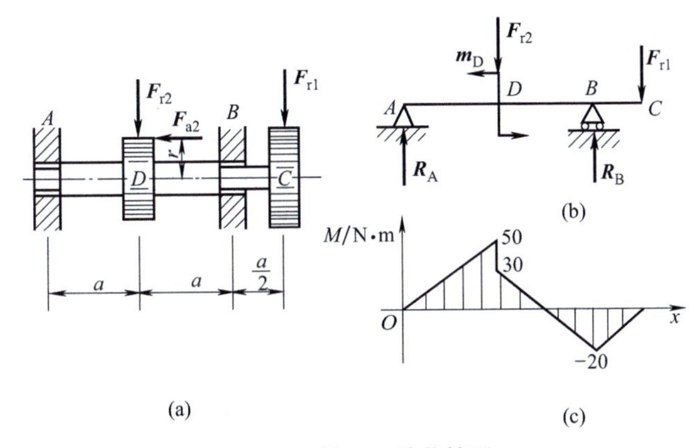

图 9-12　轴 AC 受载情况

解：(1) 对 AC 轴进行受力分析，并作受力简图如图 9-12（b）所示。

(2) 计算轴的支座 A、B 处的约束反力。

由　　　$\sum M_B=0$　　$R_A\times 2a-F_{r2}a+F_{r1}\times\dfrac{a}{2}-F_{a2}r=0$

代入数据

$$R_A\times 2\times 200-500\times 200+200\times\frac{200}{2}-400\times 50=0$$

解得　　　　$R_A=250$（N）

由　　$\sum M_A=0$　　$F_{r1}\times 2.5a+F_{r2}a-F_{a2}r-R_B\times 2a=0$

代入数据

$$200\times 2.5\times 200+500\times 200-400\times 50-R_B\times 2\times 200=0$$

解得　　　　$R_B=450$（N）

校核　　　$R_A+R_B=250+450=700=F_{r2}+F_{r1}$，无误。

(3) 绘制 AC 轴的弯矩图。

轴分为三段：AD、DB 和 BC。因 $q=0$，故各段弯矩图均为直线。计算各段起始点和终点的 M 值列入表 9-2 中。

表 9-2 例 9-5 中各段起始点和终点的 M 值

段名	AD 段		DB 段		BC 段	
截面	A_+	D_-	D_+	B_-	B_+	C_-
$M/(\mathrm{N\cdot mm})$	0	$R_A \times a = 50000$	$R_A a - F_{a2} r = 30000$	$F_{r1} \times \frac{a}{2} = -20000$	$F_{r1} \times \frac{a}{2} = -20000$	0

绘制轴 AC 的弯矩图如图 9-12（c）所示。

第三节 直梁弯曲时的应力及强度条件

由前面的分析可知，正应力 $\boldsymbol{\sigma}$ 与切向作用于横截面内的剪力 $\boldsymbol{\tau}$ 垂直，因此 $\boldsymbol{\sigma}$ 与 $\boldsymbol{\tau}$ 无关。梁在弯曲变形下，横截面上一般都有弯矩和剪力两种内力，弯矩是垂直于横截面的分布内力的合力偶矩；而剪力是切于横截面的分布内力的合力。因此，剪力对应的应力为切应力 $\boldsymbol{\tau}$，弯矩对应的应力为正应力 $\boldsymbol{\sigma}$。且切应力 $\boldsymbol{\tau}$ 所作用的平面与弯矩 $\boldsymbol{M}$ 作用的梁的纵向对称面相垂直，与 $\boldsymbol{M}$ 无关。

当梁的横截面上仅有弯矩而无剪力，即仅有正应力而无切应力的情况，如图 9-13 中 CD 段，称为**纯弯曲**。横截面上同时存在弯矩和剪力，即既有正应力又有切应力的情况，如图 9-13 中 AC 段和 DB 段，称为**横力弯曲**或剪切弯曲。本节重点讨论纯弯曲时梁横截面上的正应力。关于剪应力 $\boldsymbol{\tau}$ 的分布规律及计算不作讨论。

一、纯弯曲时的变形

为研究梁弯曲时的变形规律，可通过试验，观察弯曲变形的现象。取一具有对称截面的矩形截面梁，在其中段的侧面上，画两条垂直于梁轴线的横线 $m—m$ 和 $n—n$，再在两横线间靠近上、下边缘处画两条纵线 ab 和 cd，如图 9-14（a）所示。然后按图 9-13（a）所示施加载荷，使梁的中段处于纯弯曲状态。从试验中可以观察到如图 9-14（b）所示的试验现象。

（1）梁表面的横线仍为直线，且仍与纵线正交，只是横线间作相对转动。

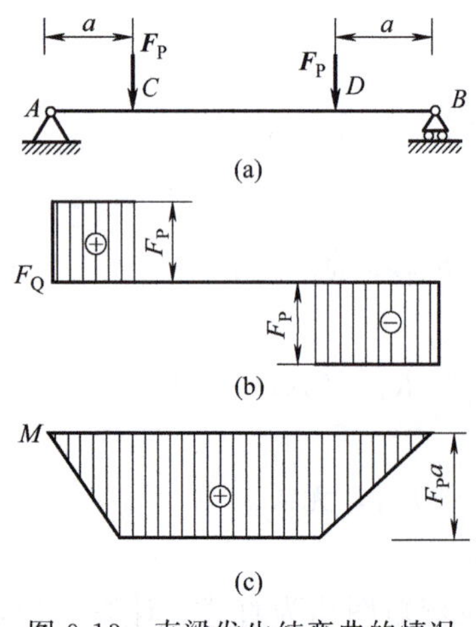

图 9-13 直梁发生纯弯曲的情况

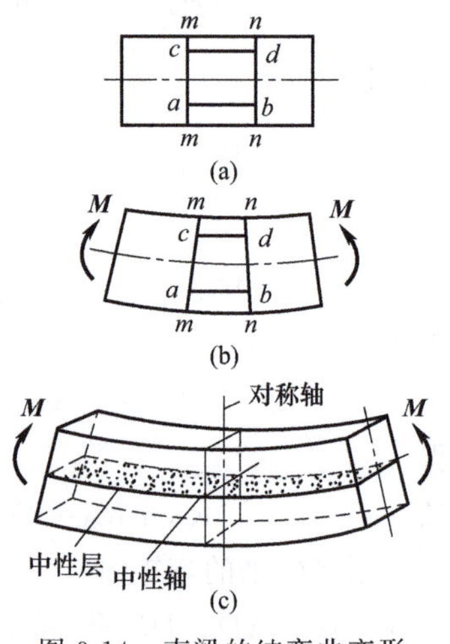

图 9-14 直梁的纯弯曲变形

（2）纵线变为曲线，而且靠近梁顶面的纵线缩短，靠近梁底面的纵线伸长。

（3）在纵线伸长区，梁的宽度减小，而在纵线缩短区，梁的宽度则增加，情况与轴向拉、压时的变形相似。

根据上述现象，对梁内变形与受力作如下假设：变形后，横截面仍保持平面，且仍与纵线正交；同时，梁内各纵向纤维仅承受轴向拉应力或压应力。前者称为**弯曲平面假设**；后者称为**单向受力假设**。

根据平面假设，横截面上各点处均无剪切变形，故纯弯时梁的横截面上不存在剪应力。

根据平面假设，梁弯曲时部分纤维伸长，部分纤维缩短，由伸长区到缩短区，其间必存在一长度不变的过渡层，称为**中性层**，如图 9-14（c）所示。中性层与横截面的交线称为**中性轴**。对于具有对称截面的梁，在平面弯曲的情况下，由于载荷及梁的变形都对称于纵向对称面，因而中性轴必与截面的对称轴垂直。

综上所述，纯弯曲时梁的所有横截面保持平面，仍与变弯后的梁轴正交，并绕中性轴作相对转动，而所有纵向纤维则均处于单向受力状态，纵向纤维的伸长或缩短与它到中性层的距离成正比，其应变也与此距离成正比。

想一想

（1）什么是梁的平面弯曲？什么是梁的纯弯曲？什么是梁的横力弯曲？

（2）什么是中性层和中性轴？中性轴的位置如何确定？中性层具有什么特点？

二、纯弯曲时梁横截面上的正应力

根据变形现象及平面假设，从变形的几何条件、物理关系和静力平衡条件可以推导出纯弯曲时横截面上任意一点的正应力计算公式（推导略）为

$$\sigma=\frac{M}{I_z}y \tag{9-5}$$

式中，σ 为横截面上距中性轴为 y 的各点的正应力；M 为横截面上的弯矩；y 为所求应力点至中性轴的距离；$I_z=\int_A y^2\mathrm{d}A$ 为截面对中性轴 z 的惯性矩，是一个只与截面的形状和尺寸有关的几何量，常用单位有 m^4、cm^4、mm^4。

应该指出，公式（9-5）虽然是纯弯曲的情况下，以矩形梁为例建立的，但对于具有纵向对称面的其他截面形式的梁，如工字形、T 字形和圆形截面梁等仍然可以使用。同时，在实际工程中大多数受横向力作用的梁，横截面上都存在剪力和弯矩，但对一般细长梁来说，剪力的存在对正应力分布规律的影响很小。因此式（9-5）也适用于非纯弯曲情况。

由上式可知，梁弯曲时，横截面上任一点处的正应力与该截面上的弯矩成正比，与惯性矩成反比，与该点到中心轴的距离 y 成正比。y 值相同的点，正应力相等；中性轴上各

点的正应力为零。在中性轴的上、下两侧，一侧受拉，一侧受压。距中性轴越远，正应力越大，如图 9-15 所示。

当 $y=y_{\max}$时，弯曲正应力最大，其值为

$$\sigma_{\max}=\frac{My_{\max}}{I_z}=\frac{M}{W_z} \tag{9-6}$$

式中，$W_z=I_z/y_{\max}$称为截面对于中性轴的弯曲截面系数，是一个与截面形状和尺寸有关的几何量，单位为 m^3或 mm^3。

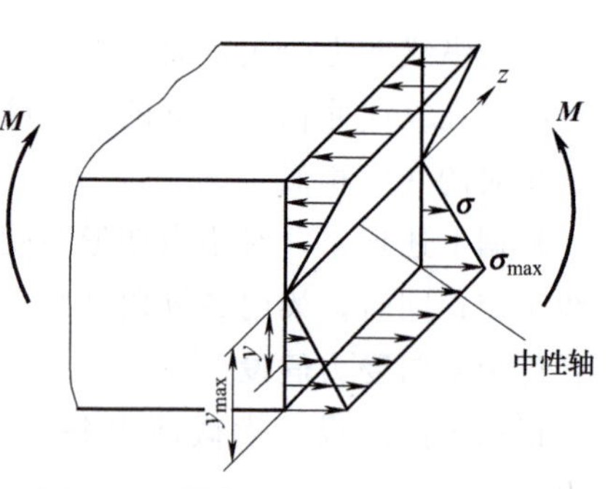

图 9-15 横截面上正应力分布规律

小贴士

常见截面的轴惯性矩 I_z和抗弯截面模量 W_z见表 9-3。至于其他型钢截面的抗弯截面模量，可从型钢规格表中查得。

表 9-3 常见截面的轴惯性矩 I_z和抗弯截面模量 W_z

截面	矩形截面	圆形截面	圆环形截面
图形	(矩形，h、b，轴 y、z，O)	(圆形，d，轴 y、z，O)	(圆环，d、D，轴 y、z，O)
惯性矩	$I_z=\frac{bh^3}{12}$ $I_y=\frac{hb^3}{12}$	$I_z=I_y=\frac{\pi d^4}{64}$	$I_z=I_y=\frac{\pi}{64}(D^4-d^4)$
弯曲截面系数	$W_z=\frac{bh^2}{6}$ $W_y=\frac{hb^2}{6}$	$W_z=W_y=\frac{\pi d^3}{32}$	$W_z=W_y=\frac{\pi}{32D}(D^4-d^4)$

三、梁的弯曲强度计算

对于等截面梁，此时的最大正应力应发生在最大弯矩所在的截面（危险截面）上，故有

$$\sigma_{\max}=\frac{M_{\max}y_{\max}}{I_z}\text{或}\ \sigma_{\max}=\frac{M_{\max}}{W_z} \tag{9-7}$$

其强度条件是：梁的最大弯曲工作正应力不超过材料的许用弯曲正应力，即

$$\sigma_{\max}=\frac{M_{\max}}{W_z}\leqslant[\sigma] \tag{9-8}$$

对塑性材料，由于其抗拉和抗压许用能力相同，为了使截面上的最大拉应力和最大压应力同时达到其许用应力，通常将梁的横截面做成与中性轴对称的形状，例如工字形、圆形、矩形等；而对脆性材料，因其抗拉能力远小于其抗压能力，为使截面上的压应力大于拉应力，常将梁的横截面做成与中性轴不对称的形状，如 T 形截面。对于脆性材料，在进行强度计算时，应分别计算横截面的最大拉应力 $\sigma_{l,\max}$和最大压应力 $\sigma_{y,\max}$，并有

$$\sigma_{l,\max} \leqslant [\sigma_l] \tag{9-9}$$

$$\sigma_{y,\max} \leqslant [\sigma_y] \tag{9-10}$$

利用上述强度条件，可以对梁进行正应力强度校核、截面选择和确定容许载荷。

想一想

弯曲变形时，梁的正应力在横截面上如何分布？如何确定梁横截面的危险点？

习题解析

［例 9-6］ 如图 9-16 所示悬臂梁，自由端承受集中载荷 **F** 作用，已知：$h=18\text{cm}$，$b=12\text{cm}$，$y=6\text{cm}$，$a=2\text{m}$，$F=1.5\text{kN}$。计算 A 截面上 K 点的弯曲正应力。

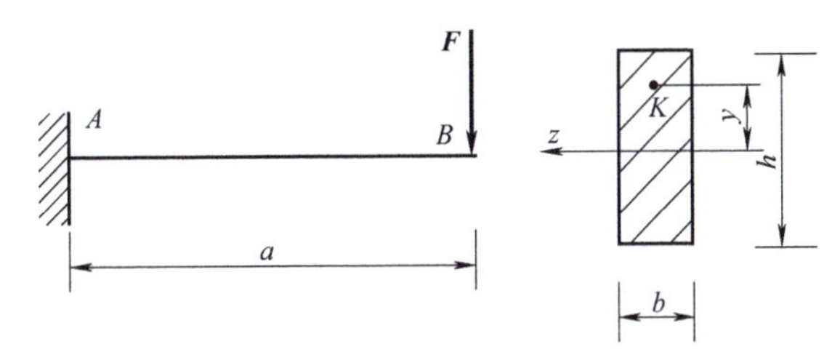

图 9-16 例 9-6 图

解：先计算截面上的弯矩

$$M_A = -Fa = -1.5\times 2 = -3 \ (\text{kN}\cdot\text{m})$$

截面对中性轴的惯性矩

$$I_z = \frac{bh^3}{12} = \frac{120\times 180^3}{12} = 5.832\times 10^7 \ (\text{mm}^4)$$

则
$$\sigma_k = \frac{M_A}{I_z}y = \frac{3\times 10^6}{5.832\times 10^7}\times 60 = 3.09 \ (\text{MPa})$$

因为 K 点在中性轴的上边，故为拉应力。

［例 9-7］ 图 9-17 所示为 T 型铸铁梁。已知：$F_1=10\text{kN}$，$F_2=4\text{kN}$，铸铁的许用拉应力 $[\sigma_l]=36\text{MPa}$，许用压应力 $[\sigma_y]=60\text{MPa}$，截面对形心轴 z 的惯性矩 $I_z=763\text{cm}^4$，$y_1=52\text{mm}$。试校核梁的强度。

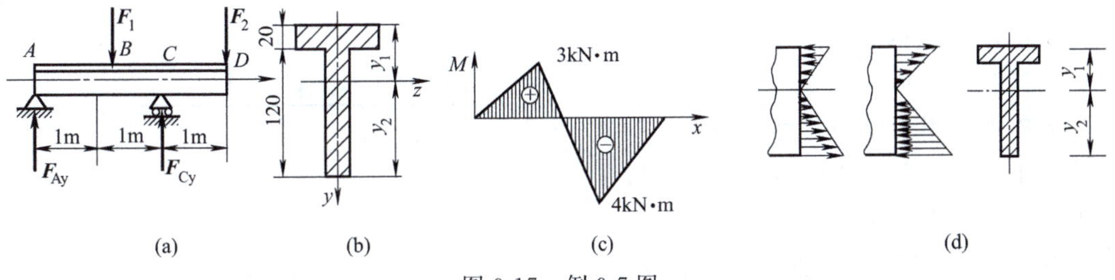

图 9-17 例 9-7 图

解：(1) 求支反力。

$$\sum M_C=0,\quad F_{Ay}=3\ (\text{kN})$$
$$\sum M_A=0,\quad F_{Cy}=11\ (\text{kN})$$

(2) 画弯矩图。

$$M_A=M_C=0$$
$$M_B=F_{Ay}\times 1\text{m}=3\ (\text{kN}\cdot\text{m})$$
$$M_C=F_2\times 1\text{m}=-4\ (\text{kN}\cdot\text{m})$$

(3) 强度校核。

$$M_{max}=M_C=-4\ (\text{kN}\cdot\text{m})$$

C 截面

$$\sigma_{l,max}=\frac{M_C y_2}{I_z}=\frac{4\times10^6\text{N}\cdot\text{mm}\times(120+20-52)\text{mm}}{763\times10^4\text{mm}^4}=46.2\text{MPa}\leqslant[\sigma_l]$$

由于 M_B 为正弯矩，其值虽然小于 M_C 的绝对值，但应注意到在截面 B 处最大拉应力发生在距离中性轴较远的截面下边缘各点，有可能发生比截面 C 还要大的拉应力，故还应对这些点进行强度校核。

B 截面

$$\sigma_{y,max}=\frac{M_B y_2}{I_z}=\frac{3\times10^6\text{N}\cdot\text{mm}\times(120+20-52)\text{mm}}{763\times10^4\text{mm}^4}=34.6\text{MPa}\leqslant[\sigma_y]$$

梁满足强度条件。

第四节 梁的变形和刚度条件

一、梁的挠度和转角

工程实际中，对某些受弯杆件，除了强度要求外，往往还有刚度要求，即要求它的变形不能过大。例如，桥式吊车梁，若起吊重物时弯曲变形过大，将使梁上小车行走困难，出现爬坡现象，而且还会引起梁的严重振动。有些情况下，还利用构件的弯曲变形来达到工程中的某些目的。例如，车辆上用的叠板弹簧，正是利用其变形较大的特点，以减小车身的颠簸，达到减振目的。

(一) 挠曲线

直梁发生弯曲变形时，除个别受约束处以外，梁内各点都要移动，即都有线位移。由于各个横截面形心的线位移不同，以致原为直线的形心轴变为平滑曲线，这个曲线称为**挠曲线**。一般的梁是在弹性变形之下工作的，因此，挠曲线也称为弹性曲线。显然挠曲线是梁截面位置 x 的函数。

(二) 挠度 y

若外力作用于纵向对称平面内，则直梁将发生平面弯曲，即挠曲线成为一段平面曲线而位于纵向对称平面内。

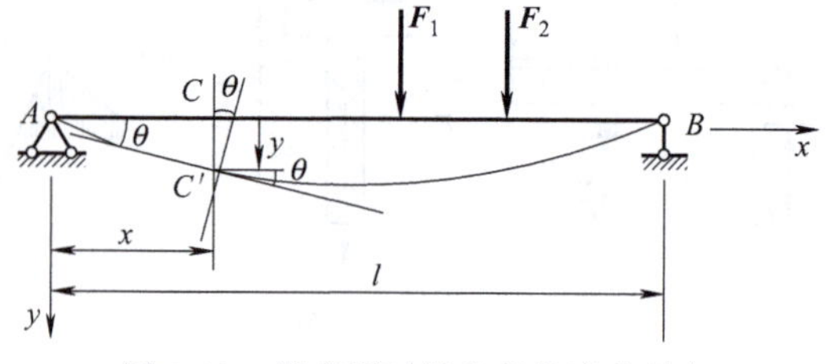

图 9-18　梁变形时发生的挠度和转角

如图 9-18 所示受弯曲变形的简支梁，

在 C 截面，梁横截面的形心变形后移到 C' 截面，则梁横截面的形心沿 y 轴方向的线位移称为该截面的**挠度**，常以“y”来表示，其正负号与坐标的正负号相同。

（三）转角 θ

梁的横截面对其原有位置的角位移，称为该截面的**转角**，常以“θ”来表示，并规定在图示坐标系中顺时针方向转动的为正，逆时针方向转动的为负。

挠度 y 和转角 θ 是度量梁变形的两个基本量。梁的轴线变形后变成了一条连续光滑的平面曲线，这个平面挠曲线可用方程 $y=f(x)$ 表示，即挠度 y 是 x 的函数。同时，由于实际杆件的弯曲变形很小，转角 θ 的值也很小，可以认为

$$\theta \approx \tan\theta = \frac{dy}{dx} = f'(x) \tag{9-11}$$

式（9-11）表示直梁弯曲时挠度 y 与横截面转角 θ 之间的一个重要关系。

什么是挠曲线？什么挠度？什么是转角？它们之间有何关系？

二、用叠加法求梁的弯曲变形

计算梁变形的方法有积分法和叠加法，积分法是求梁变形的基本方法。但当梁上同时作用有若干个载荷，而且只需求出某几个特定截面的转角和挠度时，积分法就显得偏于烦琐。在此情况下，用叠加原理求变形要方便得多。本节主要介绍叠加法求梁的弯曲变形。

利用叠加法求梁的弯曲变形的步骤是：先分别计算出每个载荷单独作用时梁的转角和挠度，再求出它们的代数和，即为梁在所有载荷共同作用下的转角和挠度。

为什么可以根据叠加原理求梁的变形？

表 9-4 给出了几种常用梁在几种简单载荷作用下的挠度和转角。

表 9-4 几种常用梁在简单载荷作用下的变形

序号	支承和载荷作用情况	梁端转角	挠曲轴线方程	最大挠度
1	P, A, B, x, θ_B, f_B, l, y	$\theta_B=\frac{Pl^2}{2EI}$	$y=\frac{Px^2}{6EI}(3l-x)$	$f_B=\frac{Pl^2}{3EI}$

续表

序号	支承和载荷作用情况	梁端转角	挠曲轴线方程	最大挠度
2	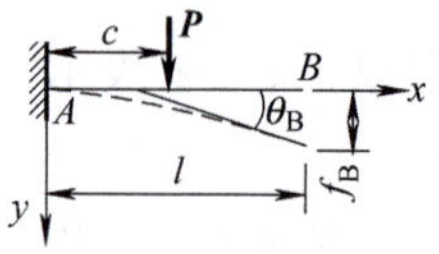	$\theta_B=\frac{Pc^2}{2EI}$	当 $0\leqslant x\leqslant c$ $y=\frac{Px^2}{6EI}(3c-x)$ 当 $c\leqslant x\leqslant l$ $y=\frac{Pc^2}{6EI}(3x-c)$	$f_B=\frac{Pc^2}{6EI}(3l-c)$
3	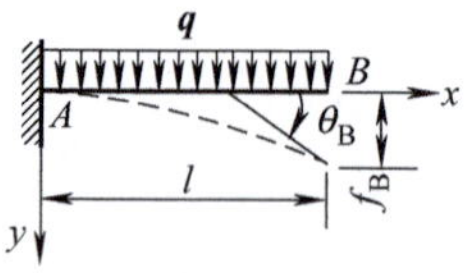	$\theta_B=\frac{ql^2}{6EI}$	$y=\frac{qx^2}{24EI}(x^2+6l^2-4lx)$	$f_B=\frac{ql^4}{8EI}$
4	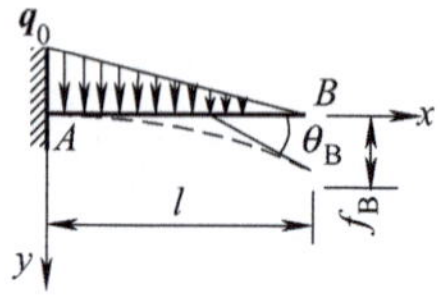	$\theta_B=\frac{q_0l^3}{24EI}$	$y=\frac{q_0x^2}{120EIl}$ $(10l^3-10l^2x+5lx^2-x^3)$	$f_B=\frac{q_0l^4}{30EI}$
5	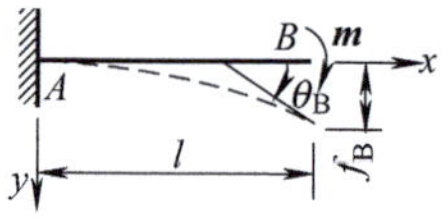	$\theta_B=\frac{ml}{EI}$	$y=\frac{mx^2}{2EI}$	$f_B=\frac{ml^2}{2EI}$
6	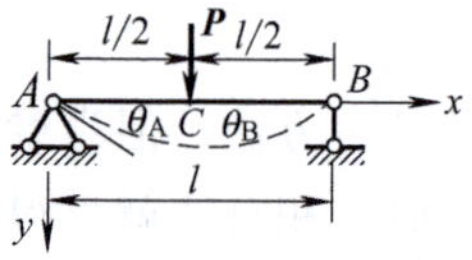	$\theta_A=-\theta_B$ $=\frac{Pl^2}{16EI}$	当 $0\leqslant x\leqslant l/2$ $y=\frac{Px}{12EI}\left(\frac{3l^2}{4}-x^2\right)$	$f_C=\frac{Pl^3}{48EI}$
7	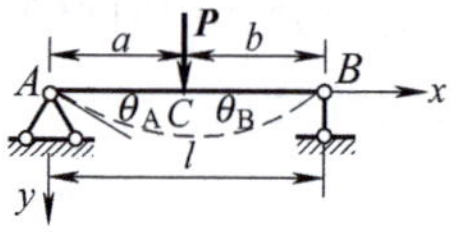	$\theta_A=\frac{Pab(l+b)}{6lEI}$ $\theta_B=-\frac{Pab(l+a)}{6lEI}$	当 $0\leqslant x\leqslant a$ $y=\frac{Pbx}{6lEI}(l^2-x^2-b^2)$ 当 $a\leqslant x\leqslant l$ $y=\frac{Pa(l-x)}{6lEI}(2lx-x^2-a^2)$	在 $x=\sqrt{(l^2-b^2)/3}$ 处最大 $y_{max}=\frac{\sqrt{3}Pb}{27lEI}(l^2-b^2)^{3/2}$ $y_{x=l/2}=\frac{Pb}{48EI}(3l^2-4b^2)$ 设$(a>b)$
8	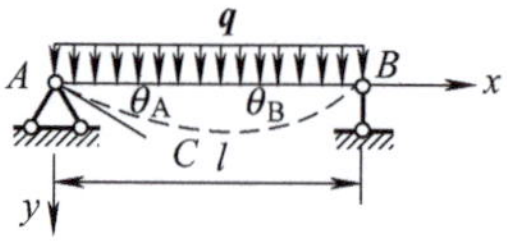	$\theta_A=-\theta_B$ $=\frac{ql^2}{24EI}$	$y=\frac{qx}{24EI}(l^3-2lx^2+x^3)$	$f_C=\frac{5ql^4}{384EI}$
9	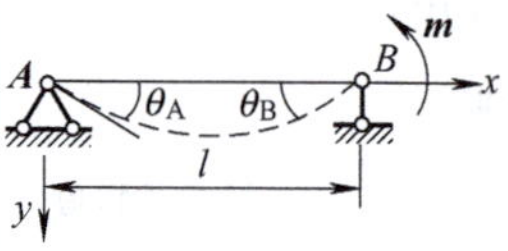	$\theta_A=\frac{ml}{6EI}$ $\theta_B=-\frac{ml}{3EI}$	$y=\frac{mx}{6lEI}(l^2-x^2)$	在 $x=l/\sqrt{3}$ 处最大 $y_{max}=\frac{ml^2}{9\sqrt{3}EI}$ $y_{x=l/2}=\frac{ml^2}{16EI}$
10	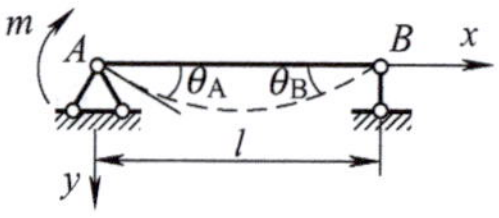	$\theta_A=\frac{ml}{3EI}$ $\theta_B=-\frac{ml}{6EI}$	$y=\frac{mx}{6lEI}(l-x)(2l-x)$	在 $x=(1-1/\sqrt{3})l$ 处最大 $y_{max}=\frac{ml^2}{9\sqrt{3}EI}$ $y_{x=l/2}=\frac{ml^2}{16EI}$

习题解析

［例 9-8］ 试按叠加法求出图 9-19（a）所示梁中点 C 的挠度和支座 A、B 处截面的转角。

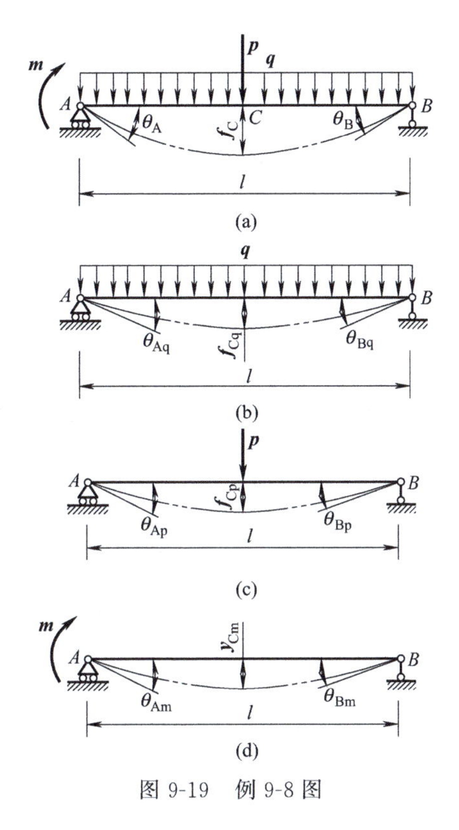

图 9-19 例 9-8 图

解：可将作用在此梁上的载荷分为三种简单的载荷，如图 9-19（b）～（d）所示，然后从表 9-4 中查出有关的计算式，并按叠加原理求出其代数和，即可得到所要求的变形。

$$f_C=f_{Cq}+f_{Cp}+y_{Cm}=\frac{5ql^4}{384EI}+\frac{Pl^3}{48EI}+\frac{ml^2}{16EI}$$

$$\theta_A=\theta_{Aq}+\theta_{Ap}+\theta_{Am}=\frac{ql^3}{24EI}+\frac{Pl^2}{16EI}+\frac{ml}{3EI}$$

$$\theta_B=\theta_{Bq}+\theta_{Bp}+\theta_{Bm}=-\left(\frac{ql^3}{24EI}+\frac{Pl^2}{16EI}+\frac{ml}{3EI}\right)$$

三、梁的刚度条件

计算梁的变形，目的在于对梁进行刚度计算，以保证梁在外力的作用下，因弯曲变形产生的挠度和转角必须在工程允许的范围之内，即满足刚度条件

$$y_{max}\leqslant[y] \tag{9-12}$$

$$\theta_{max}\leqslant[\theta] \tag{9-13}$$

式中，$[y]$、$[\theta]$ 分别为构件的许用挠度和许用转角。对于各类受弯构件的 $[y]$、$[\theta]$ 可从工程手册中查到。

第五节 提高梁强度的措施

在横力弯曲中，控制梁强度的主要因素是梁的最大正应力，式（9-8）给出了梁的正应力强度条件，它是设计梁的主要依据。由这个条件可看出，对于一定长度的梁，在承受一定载荷的情况下，应设法适当地安排梁所受的力，使梁最大的弯矩绝对值降低，同时选用合理的截面形状和尺寸，使抗弯截面模量 W_z 值增大，以达到设计出的梁满足节约材料和安全适用的要求。关于提高梁的抗弯强度问题，分别作以下几方面讨论。

一、合理安排梁的受力情况

在工程实际容许的情况下，提高梁强度的一重要措施是合理安排梁的支座和加荷方式。例如，图 9-20（a）所示简支梁，承受均布载荷 $\boldsymbol{q}$ 作用，如果将梁两端的铰支座各向内移动少许，例如移动 $0.2l$，如图 9-20（b）所示，则后者的最大弯矩仅为前者的 1/5。

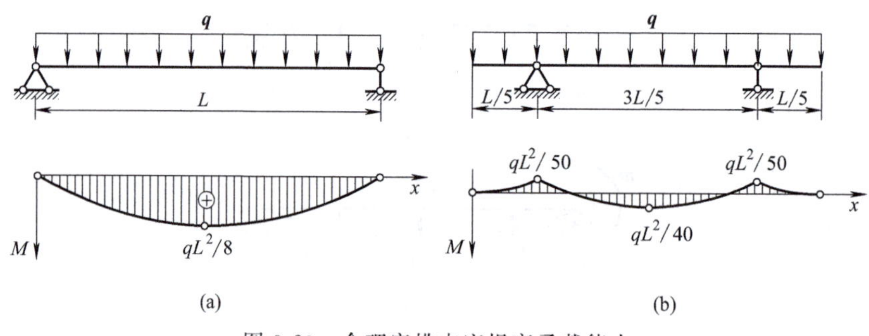

图 9-20 合理安排支座提高承载能力

又如，图 9-21（a）所示简支梁 AB，在跨度中点承受集中载荷 $\boldsymbol{F}_P$ 作用，如果在梁的中部设置一长为 1/2 的辅助梁 CD 如图 9-21（b）所示，这时，梁 AB 内的最大弯矩将减小一半。

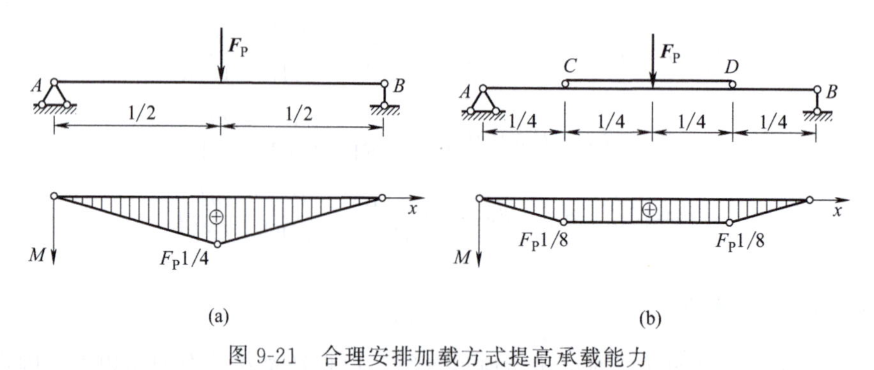

图 9-21 合理安排加载方式提高承载能力

二、选用合理的截面形状

从弯曲强度考虑，比较合理的截面形状是使用较小的截面面积，却能获得较大抗弯截面模量的截面。截面形状和放置位置不同，$\frac{W_z}{A}$比值不同，因此，可用比值$\frac{W_z}{A}$来衡量截面的合理性和经济性，比值愈大，所采用的截面就愈经济合理。

现将跨中受集中力作用的简支梁为例，其截面形状分别为圆形、矩形和工字形三种情况作一粗略比较。设三种梁的面积 A、跨度和材料都相同，容许正应力为 170MPa。其抗弯截面系数 W_z和最大承载力比较见表 9-5。

表 9-5 几种常见截面形状的 W_z和最大承载力比较

截面形状	尺寸	W_z/mm³	最大承载力/kN
圆形	$d=87.4$mm $A=60$cm²	$\frac{\pi d^3}{32}=65.5\times10^3$	44.5
矩形	$b=60$mm $H=100$mm $A=60$cm²	$\frac{bh^2}{6}=100\times10^3$	68.0
工字钢 28b	$A=61.05$cm²	534×10^3	383

从表中可以看出，矩形截面比圆形截面好，工字形截面比矩形截面好得多。

从正应力分布规律分析，正应力沿截面高度线性分布，当离中性轴最远各点处的正应力达到许用应力值时，中性轴附近各点处的正应力仍很小。因此，在离中性轴较远的位置，配置较多的材料，将提高材料的应用率。

根据上述原则，对于抗拉与抗压强度相同的塑性材料梁，宜采用对中性轴对称的截面，如工字形截面等。而对于抗拉强度低于抗压强度的脆性材料梁，则最好采用中性轴偏于受拉一侧的截面，如 T 字形和槽形截面等。

三、采用变截面梁

一般情况下，梁内不同横截面的弯矩不同。因此，在按最大弯矩所设计的等截面梁中，除最大弯矩所在截面外，其余截面的材料强度均未得到充分利用。因此，在工程实际中，常根据弯矩沿梁轴线的变化情况，将梁也相应设计成变截面的。横截面沿梁轴线变化的梁，称为变截面梁。如图 9-22（a）、（b）所示上下加焊盖板的板梁和悬挑梁，就是根据各截面上弯矩的不同而采用的变截面梁。如果将变截面梁设计为使每个横截面上最大正

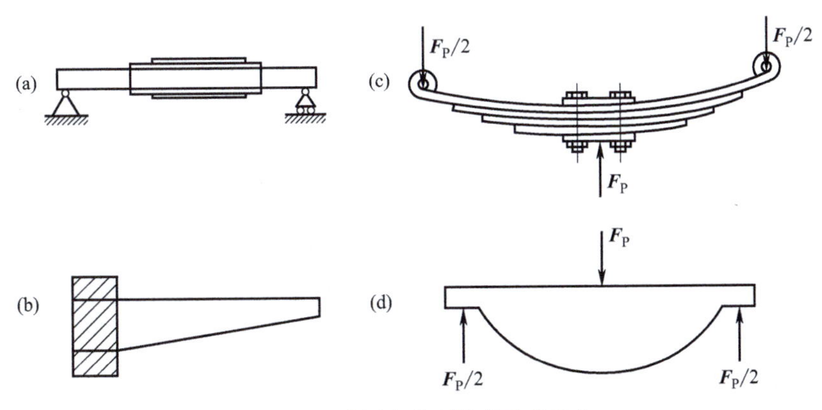

图 9-22 采用变截面提高承载能力

应力都等于材料的许用应力值，这种梁称为等强度梁。显然，这种梁的材料消耗最少、重量最轻，是最合理的。但实际上，由于自加工制造等因素，一般只能近似地做到等强度的要求。图 9-22（c）、（d）所示的车辆上常用的叠板弹簧、鱼腹梁就是很接近等强度要求的形式。

想一想

（1）提高梁强度的措施有哪些？

（2）安徽古建筑中常见“冬瓜梁，丝瓜柱”，你知道这是为什么吗？

本章知识要点

（1）以弯曲变形为主的杆件通常称为梁。梁一般分为悬臂梁、简支梁、外伸梁三种形式。

（2）弯曲变形时，横截面上的内力有剪力和弯矩两种。画剪力图和弯矩图的一般步骤为：

① 利用平衡方程求出梁上的全部约束反力；

② 判断梁上各段 Q、M 图的形状；

③ 确定关键点的剪力和弯矩值，并作图；

④ 在图中找到最大剪力和最大弯矩的值，从而确定危险截面。

（3）纯弯曲时横截面上任意一点的正应力为

$$\sigma=\frac{M}{I_z}y$$

（4）弯曲正应力强度条件为

$$\sigma_{max}=\frac{M_{max}}{W_z}\leqslant[\sigma]$$

（5）度量弯曲变形的量为挠度 y 和转角 θ，刚度条件为

$$y_{max}\leqslant[y];\theta_{max}\leqslant[\theta]$$

（6）提高梁强度的措施有：

①合理梁的支座和加载方式；②选用合理的截面形状；③采用变截面梁提高承载能力。

同步训练

9-1　试画出图 9-23 中梁的剪力图和弯矩图。

9-2　试画出图 9-24 中梁的剪力图和弯矩图。

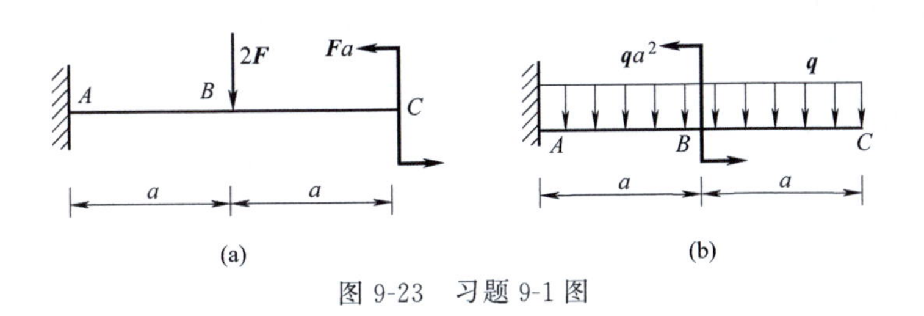

图 9-23 习题 9-1 图

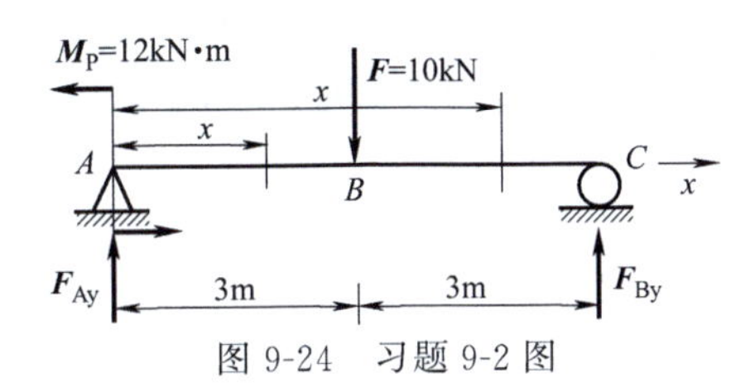

图 9-24 习题 9-2 图

9-3 如图 9-25 所示，已知 q、a，且 $m=qa^2$，试

（1）作该梁的剪力图和弯矩图；

（2）求该梁的最大剪力值和最大弯矩值。

9-4 已知梁 AB 受载如图 9-26 所示，$F=100\text{N}$，$W_z=1500\text{mm}^2$，材料许用应力 $[\sigma]=200\text{MPa}$。

求：（1）画出梁 AB 的剪力图与弯矩图；

（2）校核梁 AB 的强度。

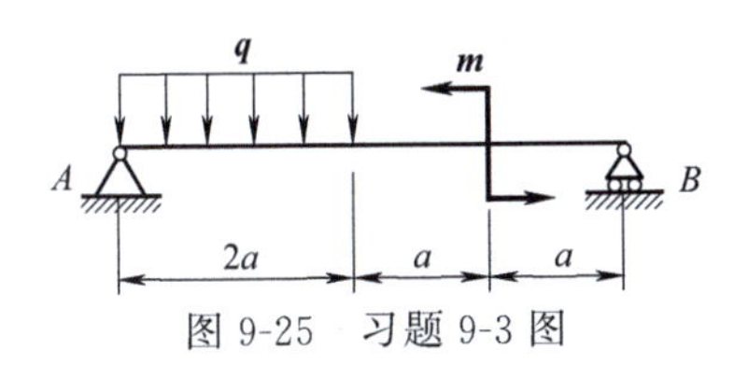

图 9-25 习题 9-3 图

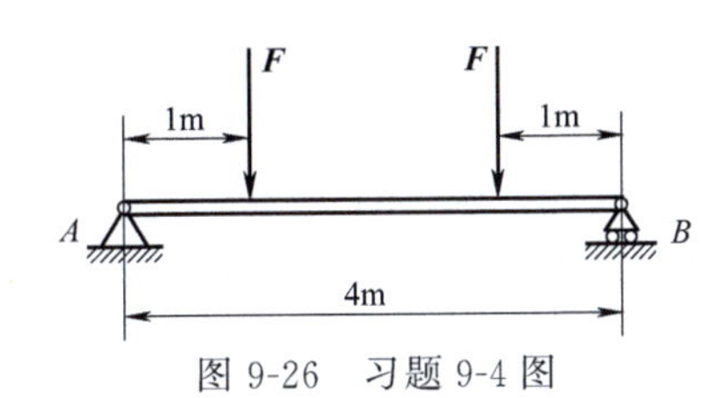

图 9-26 习题 9-4 图

9-5 正方形截面简支梁，受有均布载荷作用如图 9-27 所示，若$[\sigma]=6[\tau]$，证明当梁内最大正应力和最大剪应力同时达到许用应力时，$l/a=6$。

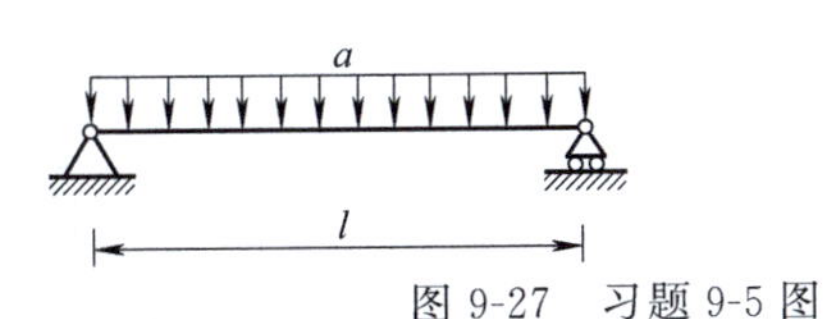

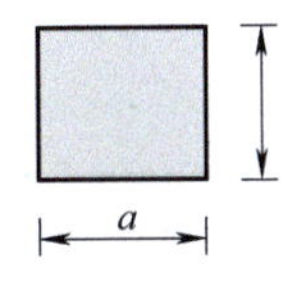

图 9-27 习题 9-5 图

9-6 简支梁如图 9-28 所示，试求：（1）作该梁的弯矩图；（2）求该梁的最大正应力。

9-7 用叠加法求题图 9-29 中梁截面 B 的挠度和截面 B 的转角。设 EI＝常量。

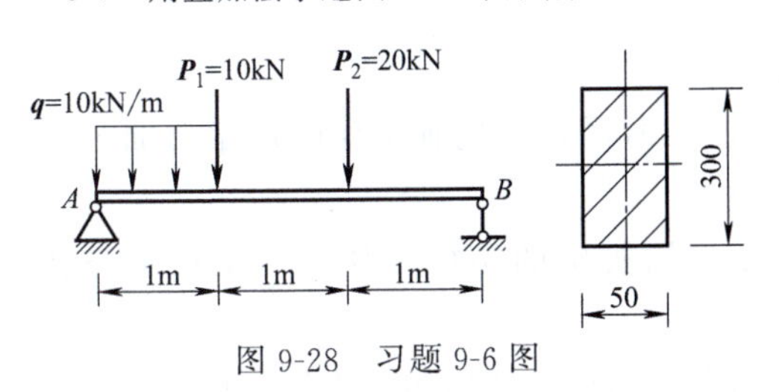

图 9-28 习题 9-6 图

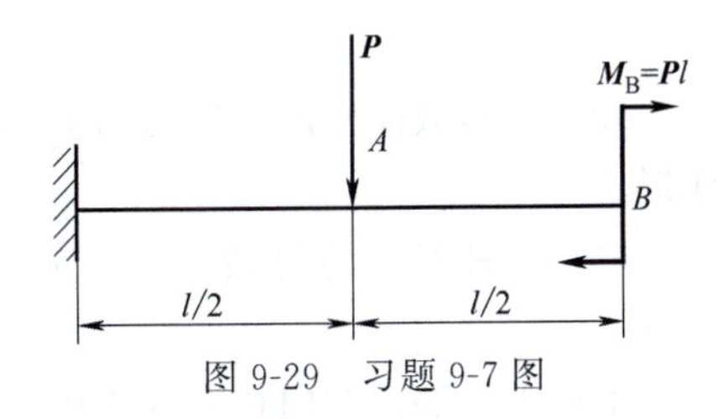

图 9-29 习题 9-7 图

组合变形

学习目标

（1）了解强度理论的基本内容。

（2）能通过受力分析判断常见的组合变形的形式。

（3）会确定组合变形中的危险点和危险截面。

（4）会用叠加法求解组合变形的应力。

前面我们分别讨论了杆件受拉伸（或压缩）、剪切、扭转和弯曲（主要是平面弯曲）四种基本变形形式，但在工程实际中，杆件所受到的变形往往是由两种或两种以上基本变形叠加而成的，这样的变形形式称为**组合变形**。常见的组合变形有以下几种情况。

（1）斜弯曲：如图 10-1 所示，当外力 $\boldsymbol{F}$ 作用在横截面平面 B 上，但不是作用在梁的纵向对称平面，此时外力 $\boldsymbol{F}$ 可分解为 $\boldsymbol{F}_x$ 和 $\boldsymbol{F}_y$，$\boldsymbol{F}_x$ 使梁产生向后的平面弯曲，$\boldsymbol{F}_y$ 使梁产生向下的平面弯曲，形成两相互垂直平面内弯曲的组合，称为梁的斜弯曲。

（2）轴向拉（压）与弯曲组合、偏心拉压。如图 10-2 所示，车刀工作时产生弯曲与压缩组合变形。

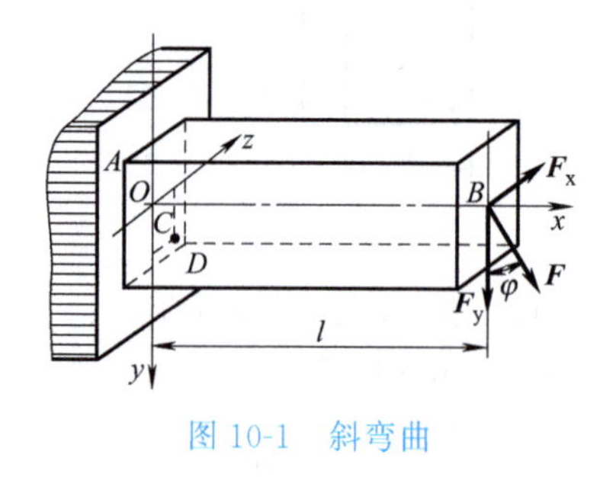

图 10-1　斜弯曲

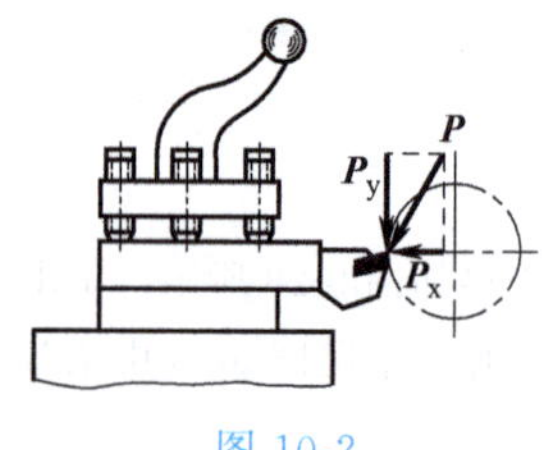

图 10-2

（3）圆形截面杆的扭转与弯曲组合。如图 10-3 所示，齿轮轴工作时产生弯曲与扭转变形。

（4）多种变形的复杂组合。如图 10-4 所示，钻机中的钻杆工作时产生压缩与扭转变形。

本章主要讲授轴向拉伸（或压缩）与弯曲组合和弯曲与扭转组合作用下构件的强度计算方法。组合变形时强度计算的理论基础是叠加原理。

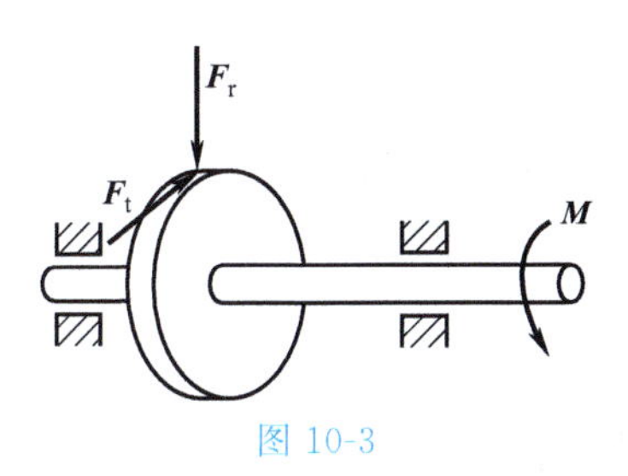

图 10-3

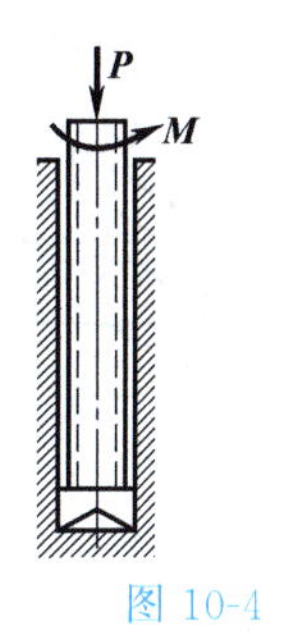

图 10-4

练一练

如图 10-5 所示，杆 AB、BC、CD 各产生哪些基本变形？

想一想

一工字钢悬臂梁，在自由端面内受到集中力 $\boldsymbol{P}$ 的作用，力的作用线和横截面的相互位置如图 10-6 所示，此时该梁的变形形式是什么？

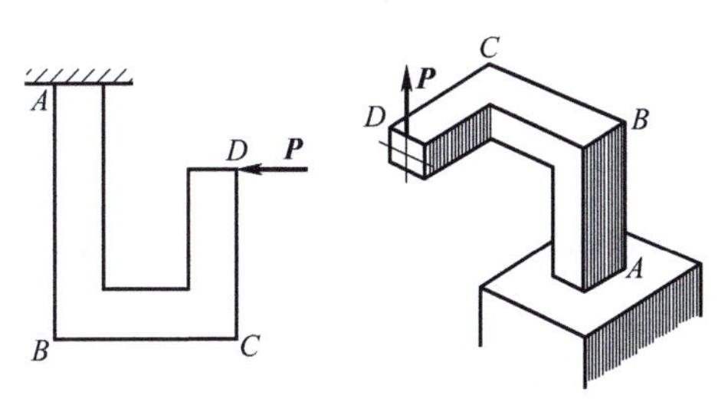

图 10-5

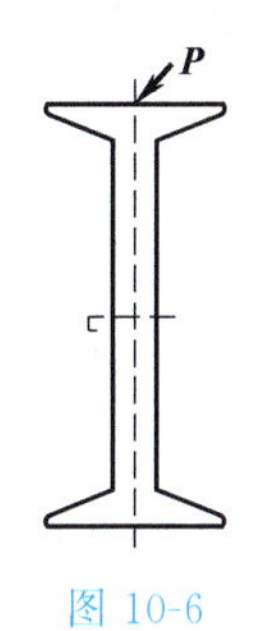

图 10-6

第一节　轴向拉伸（或压缩）与弯曲的组合变形

如图 10-7（a）所示为矩形截面悬臂梁，在自由端 A 作用一力 $\boldsymbol{F}$。$\boldsymbol{F}$ 位于梁的纵向对称面内，其作用线通过截面形心并与 x 轴线成 φ 角。

想一想

图 10-1 和图 10-7 都是矩形截面悬臂梁，都在自由端作用一外力 $\boldsymbol{F}$。想一想，当外力 $\boldsymbol{F}$ 作用的平面不同，矩形截面悬臂梁的变形有何不同？

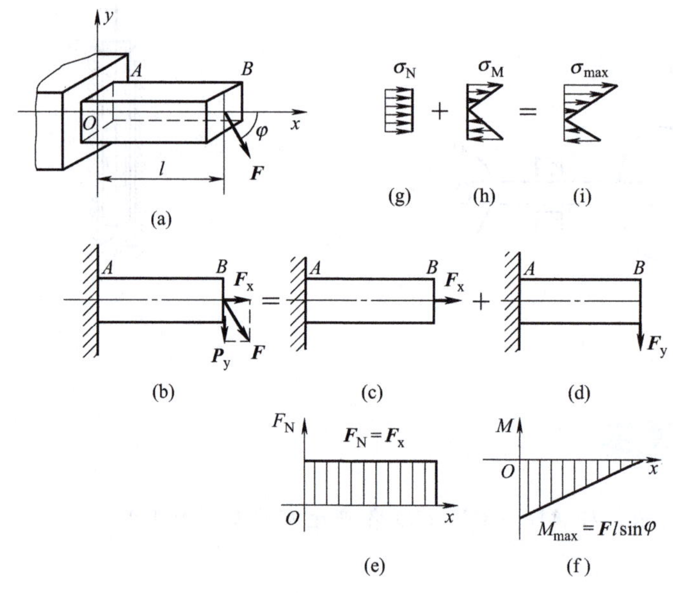

图 10-7 拉伸-弯曲组合变形

一、外力分析

将力 $\boldsymbol{F}$ 沿梁轴线和横截面的纵对称轴方向作等效分解，如图 10-7（b）所示，有

$$F_x=F\cos\varphi,\ F_y=F\sin\varphi$$

F_x 引起梁的轴向拉伸变形；F_y 使梁发生平面弯曲变形，因此梁受拉伸与弯曲的组合变形。

二、内力分析

（1）F_x 使梁产生轴向拉伸变形，各横截面上产生的轴力为 $F_N=F_x$，作轴力图如图 10-7（e）所示；

（2）F_y 使梁发生平面弯曲变形，弯矩图如图 10-7（f）所示。由图可知，最大弯矩产生在固定端 A 处，且有 $M_{max}=Fl\sin\varphi$。

由内力图易知，固定端截面是**危险截面**。

组合变形中，危险截面如何确定？

三、应力分析

在危险截面上与轴力对应的正应力分布见图 10-7（g）所示，其值为

$$\sigma_N=\frac{F_N}{A}=\frac{F\cos\varphi}{A}$$

与弯矩对应的弯曲正应力见图 10-7（h），其最大值在离中性轴最远的上下边缘处，为

$$\sigma_M=\frac{M_{max}}{W_z}=\frac{Fl\sin\varphi}{W_z}$$

由叠加原理可得该截面上各点的应力分布见图 10-7（i），可见**危险点**在固定端截面的上侧，其应力值为

$$\sigma_{max}=\sigma_N+\sigma_M=\frac{F_N}{A}+\frac{M_{max}}{W_z}=\frac{F\cos\varphi}{A}+\frac{Fl\sin\varphi}{W_z}$$

在组合变形中，危险点如何确定？

四、强度计算

危险点上的应力为构件的最大应力，故其强度条件为

$$\sigma_{max}=\sigma_N+\sigma_M=\frac{F_N}{A}+\frac{M_{max}}{W_z}\leqslant[\sigma] \tag{10-1}$$

对于抗拉、抗压性能不同的材料，要分别考虑其抗拉强度和抗压强度。

习题解析

［例 10-1］ 如图 10-8 所示悬臂梁吊车的横梁用 25a 工字钢制成，已知：$l=4$m，$\alpha=30°$，$[\sigma]=100$MPa，电葫芦重 $Q_1=4$kN，起重量 $Q_2=20$kN。试校核横梁的强度（由型钢表查得 25a 工字钢的截面面积和抗弯截面模量分别为 $A=48.5\text{cm}^2$，$W_z=402\text{cm}^3$）。

解：（1）如图 10-8（b）所示，当载荷 $P=Q_1+Q_2=24$kN 移动至梁的中点时，可近似地认为梁处于危险状态，此时梁 AB 发生弯曲与压缩组合变形。

由　$\sum m_A=0$，$Y_Bl-Pl/2=0$

解得　$Y_B=P/2=12$（kN）

而　$X_B=Y_B\cot30°=20.8$（kN）

由　$\sum Y=0$，$Y_A-P+Y_B=0$

解得　$Y_A=12$（kN）

由　$\sum X=0$，$X_A-X_B=0$

解得　$X_A=20.8$（kN）

（2）内力和应力计算。

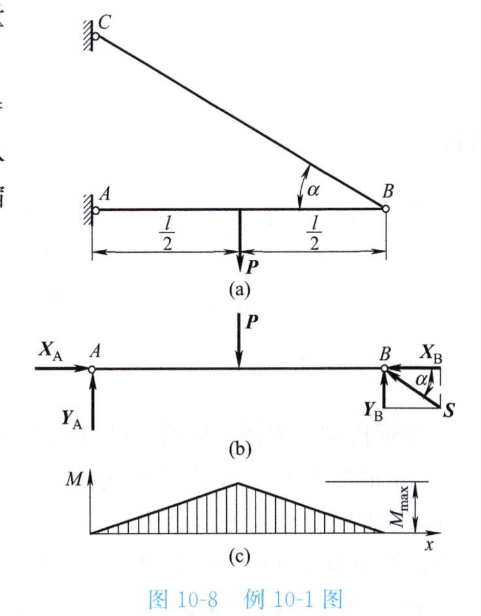

图 10-8　例 10-1 图

梁的弯矩图如图 10-8（c）所示。梁中点截面上的弯矩最大，其值为

$$M_{max}=Pl/4=24\ (kN \cdot m)$$

最大弯曲应力为

$$\sigma_{max}=\frac{M_{max}}{W_z}=\frac{24\times10^3}{402\times10^{-6}}\approx59.7\times10^6 Pa=59.7\ (MPa)$$

梁 AB 所受的轴向压力为

$$N=-X_B=-20.8\ (kN)$$

其轴向压应力为

$$\sigma_c=-\frac{N}{A}=-4.29\ (MPa)$$

梁中点横截面上、下边缘处的总正应力分别为

$$\sigma_{cmax}=-\frac{N}{A}-\frac{M_{max}}{W_z}=-64\ (MPa)$$

$$\sigma_{tmax}=-\frac{N}{A}+\frac{M_{max}}{W_z}=55.4\ (MPa)$$

（3）强度校核。

因为工字钢的抗拉、抗压能力相同，则 $|\sigma_{cmax}|=64MPa<100MPa=[\sigma]$，故此悬臂吊车的横梁安全。

小贴士

组合变形时强度计算步骤：

① 将外力简化（分解）成符合各基本变形的等效外力系；

② 由各基本变形的内力图及应力变化规律确定构件危险点的位置和应力状态；

③ 计算各基本变形下危险点的应力，并将同类应力进行叠加；

④ 由危险点的应力状态，建立强度条件，并进行计算。

第二节　弯曲与扭转的组合变形

在工程中的许多受扭杆件，在发生扭转变形的同时，还常会发生弯曲变形，当这种弯曲变形不能忽略时，则应按弯曲与扭转的组合变形问题来处理。本节将以圆截面杆为研究对象，介绍杆件在扭转与弯曲组合变形情况下的强度计算问题。

一、外力分析

以带传动轴为例，如图 10-9（a）所示，已知带轮紧边拉力为 $\boldsymbol{F}_1$，松边拉力为 $\boldsymbol{F}_2$（$F_1>F_2$），轴的跨距为 l，轴的直径为 d，带轮的直径为 D。按力系简化原则，先将带的拉力 $\boldsymbol{F}_1$ 和 $\boldsymbol{F}_2$ 分别平移至 C 点并合成，得一个水平力 $F_C=(F_1+F_2)$ 和附加力偶 $M_C=(F_1-F_2)D/2$，如图 10-9（b）所示。根据力的叠加原理，轴的受力可视作只受集中力 F_C 作用的图（c）和只受转矩 $\boldsymbol{M}_A$、$\boldsymbol{M}_C$（平衡时有 $M_A=M_C$）作用的图（e）两种受力情况的叠加。

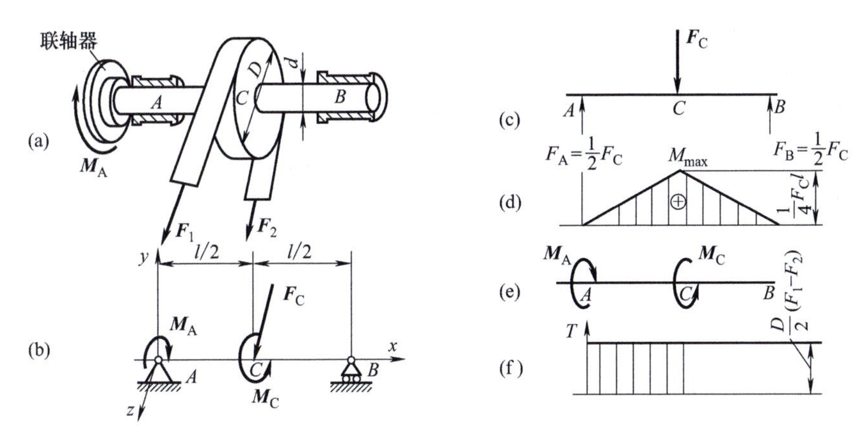

图 10-9 弯曲与扭转的组合变形

二、内力分析

作出弯矩图和转矩图分别如图 10-9（d）和（f）所示。由弯矩图和转矩图可知，跨度中点 C 处为危险截面。

三、应力分析

在水平力 $\boldsymbol{F}_C$ 作用下，轴在水平面内弯曲，其最大弯曲正应力 σ 发生在轴中间截面直径的两端（如图 10-10 所示的 C_1、C_2 处）；在 $\boldsymbol{M}_A$、$\boldsymbol{M}_C$ 作用下，AC 段各截面圆周边的切应力均达最大值且相同。由此可见，C_1、C_2 处作用有最大弯曲正应力 σ 和最大扭转切应力 τ，故为危险点。σ、τ 由下式确定：

$$\sigma=\frac{M}{W_z},\quad \tau=\frac{T}{W_n}$$

式中 M——危险截面弯矩，N·mm；

W_z——危险截面的弯曲截面系数，mm^3；

T——危险截面扭矩，N·mm；

W_n——危险截面扭转截面系数，mm^3。

四、强度条件

如图 10-10 所示，C_1、C_2 处同时处于既有正应力又有切应力的复杂应力状态，关于四大强度理论的内容请参考“知识拓展”。

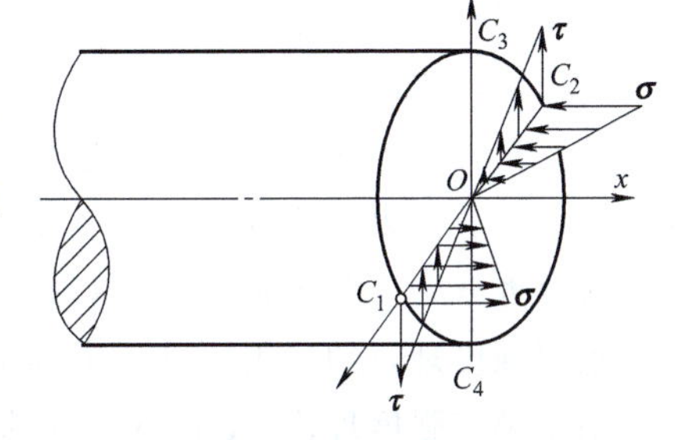

图 10-10 弯扭组合变形的应力分析

知识拓展

强度理论内容（M10-1）

1. 第一强度理论

又称最大拉应力理论，这一理论认为引起材料脆性断裂破坏的因素是最大拉应力，无论什么应力状态，只要构件内一点处的最大拉应力 σ_1 达到单向应力状态下的极限应力 σ_b，材料就要发生脆性断裂。于是危险点处于复杂应力状态的构件发生脆性断裂破坏的条件是：$\sigma_1=\sigma_b$。$\sigma_b/n=[\sigma]$，所以按第一强度理论建立的强度条件为$\sigma_1\leqslant[\sigma]$。

2. 第二强度理论

又称最大伸长线应变理论，这一理论认为最大伸长线应变是引起断裂的主要因素，无论什么应力状态，只要最大伸长线应变ε_1达到单向应力状态下的极限值ε_u，材料就要发生脆性断裂破坏。在单向拉伸时有$\varepsilon_1=\sigma_b/E$，其中，E为材料的弹性模量（见材料的力学性能）；又由广义胡克定律得：$\varepsilon_1=[\sigma_1-u(\sigma_2+\sigma_3)]/E$，所以$\sigma_b=\sigma_1-u(\sigma_2+\sigma_3)$。按第二强度理论建立的强度条件为：$\sigma_1-u(\sigma_2+\sigma_3)\leqslant[\sigma]$。

3. 第三强度理论

又称最大切应力理论，这一理论认为最大切应力是引起屈服的主要因素，无论什么应力状态，只要最大切应力τ_{max}达到单向应力状态下的极限切应力τ_y，材料就要发生屈服破坏，即$\tau_{max}=\tau_y$。由轴向拉伸斜截面上的应力公式可知$\tau_y=\sigma_s/2$（σ_s——横截面上的正应力），由公式得：$\tau_{max}=\tau_y=(\sigma_1-\sigma_3)/2$。所以破坏条件改写为$\sigma_1-\sigma_3=\sigma_s$。故，按第三强度理论的强度条件为$\sigma_1-\sigma_3\leqslant[\sigma]$。

4. 第四强度理论

又称形状改变比能理论，这一理论认为形状改变比能是引起材料屈服破坏的主要因素，无论什么应力状态，只要构件内一点处的形状改变比能达到单向应力状态下的极限值，材料就要发生屈服破坏。发生塑性破坏的条件按第四强度理论的强度条件为$\sqrt{\frac{1}{2}[(\sigma_1-\sigma_2)^2+(\sigma_2-\sigma_3)^2+(\sigma_3-\sigma_1)^2]}\leqslant[\sigma]$。

5. 莫尔强度理论

以实验资料为基础，考虑了材料拉、压强度不等的情况，承认最大切应力是引起屈服和剪断的主要原因，并考虑了剪切面上正应力的影响。

强度条件为$\sigma_1-\frac{[\sigma_t]}{[\sigma_c]}\sigma_3\leqslant[\sigma]$。

莫尔强度理论虽然符合脆性材料的破坏特点，但是没有考虑σ_2的影响是其不足之处。

小贴士

强度理论的选用原则：一般情况下，脆性材料选用脆性断裂的强度理论（第一、第二强度理论）与莫尔理论；塑性材料选用屈服破坏的理论。此外，材料的失效形式不仅与材料有关，还与应力状态有关，不论什么材料，在三向受拉的情况下，将以断裂方式失效，宜采用最大拉应力理论（第一强度理论）；在三向受压情况下，将引起塑性变形，宜采用最大切应力理论（第三强度理论）与形状改变比能理论（第四强度理论）。

根据强度理论的选用原则，本题可采用第三强度理论或第四强度理论。

根据第三强度理论，C_1、C_2处的当量应力σ_r为

$$\sigma_r=\sqrt{\sigma^2+4\tau^2} \tag{10-2}$$

其强度条件可用下式表示

$$\sigma_r=\sqrt{\sigma^2+4\tau^2}\leqslant[\sigma] \tag{10-3}$$

对于圆轴$W_z=2W_n$，经简化可表达为

$$\sigma_r=\frac{\sqrt{M^2+T^2}}{W_z}\leqslant[\sigma] \tag{10-4}$$

根据第四强度理论，其强度条件可用下式表示

$$\sigma_r=\sqrt{\sigma^2+3\tau^2}\leqslant[\sigma] \tag{10-5}$$

简化后可表达为

$$\sigma_r=\frac{\sqrt{M^2+0.75T^2}}{W_z}\leqslant[\sigma] \tag{10-6}$$

习题解析

［例 10-2］ 试根据第三强度理论确定图 10-11 中所示手摇卷扬机（辘轳）能起吊的最大许可载荷 P 的数值。已知：机轴的横截面直径 $d=30\text{mm}$ 的圆形，机轴材料的许用应力 $[\sigma]=160\text{MPa}$。

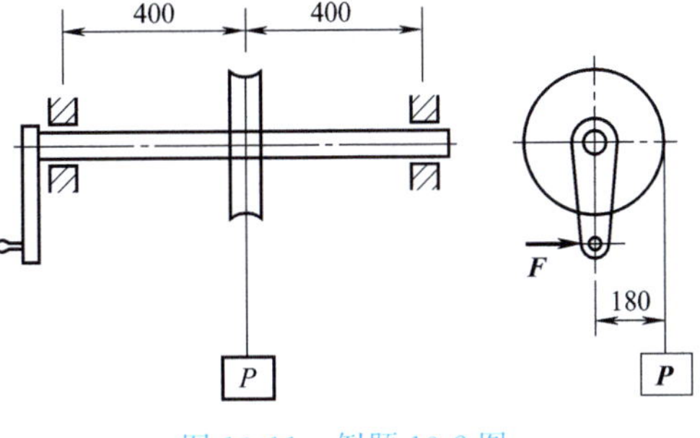

图 10-11 例题 10-2 图

解：在力 P 作用下，机轴将同时发生扭转和弯曲变形，应按扭转与弯曲组合变形问题计算。

(1) 跨中截面的内力。

扭矩 $T=P\times0.18=0.18P$（N・m）

弯矩 $M=\dfrac{P\times0.8}{4}=0.2P$（N・m）

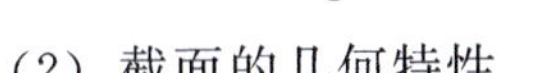

(2) 截面的几何特性。

$W_z=\dfrac{\pi d^3}{32}=\dfrac{\pi\times30^3}{32}=2650$（mm³）；$W_n=2W_z=5300$（mm³）

$A=\dfrac{\pi d^2}{4}=\dfrac{\pi\times30^2}{4}=707$（mm²）

(3) 应力计算。

$\tau=\dfrac{M_n}{W_n}=\dfrac{0.18P}{5300}=0.034P$（MPa）

$\sigma=\dfrac{M}{W_z}=\dfrac{0.2P}{2650}=0.076P$（MPa）

由式（10-2）求得当量应力为

$\sigma_r=\sqrt{\sigma^2+4\tau^2}=\sqrt{(0.076P)^2+(0.034P)^2}=0.102P$

(4) 根据第三强度理论求许可载荷。

由式（10-2） $\sigma_r=\sqrt{\sigma^2+4\tau^2}=\sqrt{(0.076P)^2+(0.034P)^2}=0.102P\leqslant[\sigma]=160$

得 $P\leqslant\dfrac{160}{0.102}=1570$（N）

本章知识要点

(1) 构件受到组合变形时强度计算的一般步骤是：

① 分析外力，明确研究对象的组合变形形式；

② 分析内力，画出构件的内力图，确定构件的危险截面；

③ 应力分析，确定危险截面上的危险点；

④ 代入强度条件，求解未知量。

(2) 拉伸（或压缩）和弯曲组合的强度条件为

$$\sigma_{\max}=\left|\pm\frac{N}{A}\pm\frac{M_{\max}}{W}\right|\leqslant[\sigma]$$

对于抗拉、抗压性能不同的材料，要分别考虑其抗拉强度和抗压强度。

(3) 扭转和弯曲的组合的强度条件：

① 按照第三强度理论

$$\sigma_{\mathrm{r}}=\sqrt{\sigma^2+4\tau^2}\leqslant[\sigma] \quad 或 \quad \sigma_{\mathrm{r}}=\frac{\sqrt{M^2+T^2}}{W_z}\leqslant[\sigma]$$

② 按照第四强度理论

$$\sigma_{\mathrm{r}}=\sqrt{\sigma^2+3\tau^2}\leqslant[\sigma] \quad 或 \quad \sigma_{\mathrm{r}}=\frac{\sqrt{M^2+0.75T^2}}{W_z}\leqslant[\sigma]$$

10-1 由木材制成的矩形截面悬臂梁，如图 10-12 所示，在梁的水平对称面内受到 $P_1=800\text{N}$ 作用，在铅直对称面受到 $P_2=1650\text{N}$，木材的许用应力 $[\sigma]=10\text{MPa}$。若矩形截面 $h=2b$，试确定其截面尺寸。

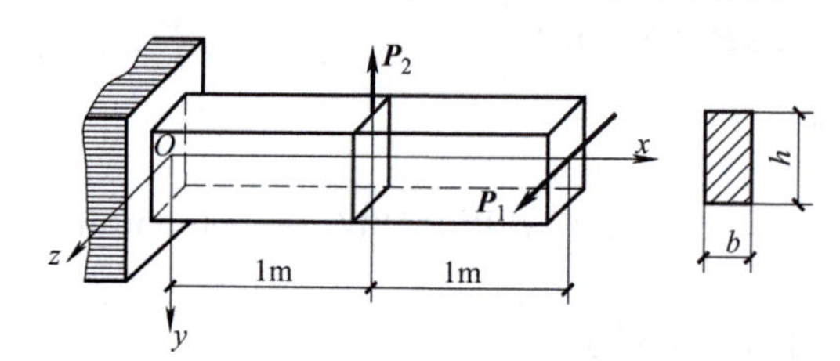

图 10-12 习题 10-1 图

10-2 如图 10-13 所示，横截面为正方形的短柱承受载荷 **F** 作用，若在短柱中间开一切槽，使其最小横截面面积为原面积的一半。试问开一切槽后，柱内最大压应力是原来的几倍？

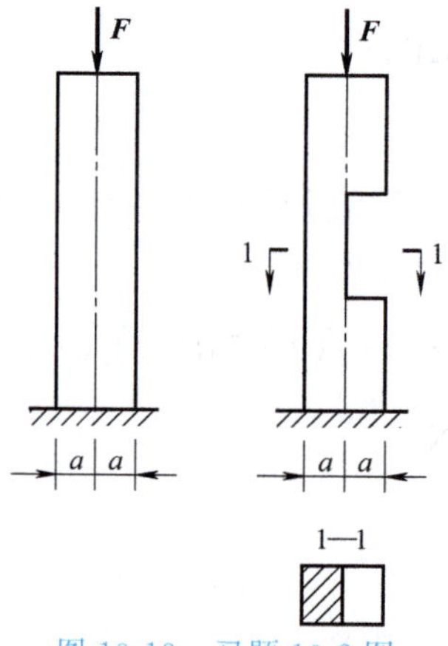

图 10-13 习题 10-2 图

10-3　如图 10-14 中所示起重架，最大起重量（包括行走小车等）为 $P=40\mathrm{kN}$，横梁 AB 由圆钢构成，许用应力 $[\sigma]=120\mathrm{MPa}$。试校核横梁 AB 的强度。

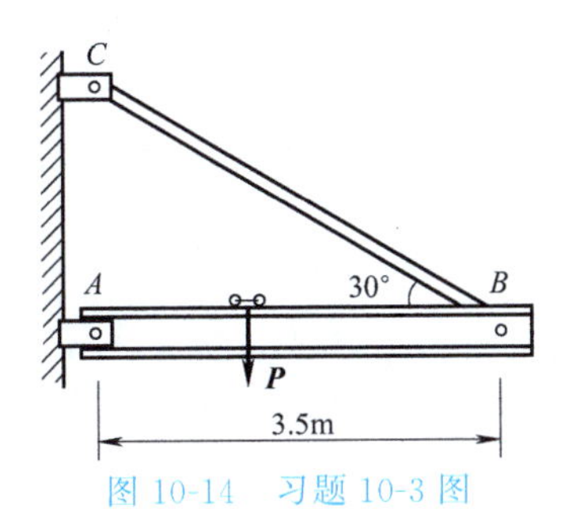

图 10-14　习题 10-3 图

10-4　如图 10-15 所示为精密磨床砂轮轴，电动机的功率 $P=3\mathrm{kW}$，转速 $n=1400\mathrm{r/min}$，转子重量 $G_1=101\mathrm{N}$。砂轮直径 $D=250\mathrm{mm}$。重量 $G_2=275\mathrm{N}$，磨削力 $\dfrac{F_y}{F_x}=3$。砂轮轴直径 $d=50\mathrm{mm}$，材料的许用应力 $[\sigma]=60\mathrm{MPa}$。试用第三强度准则校核轴的强度。

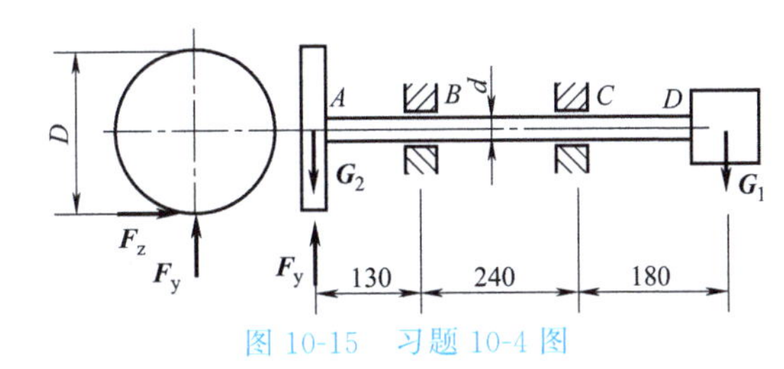

图 10-15　习题 10-4 图

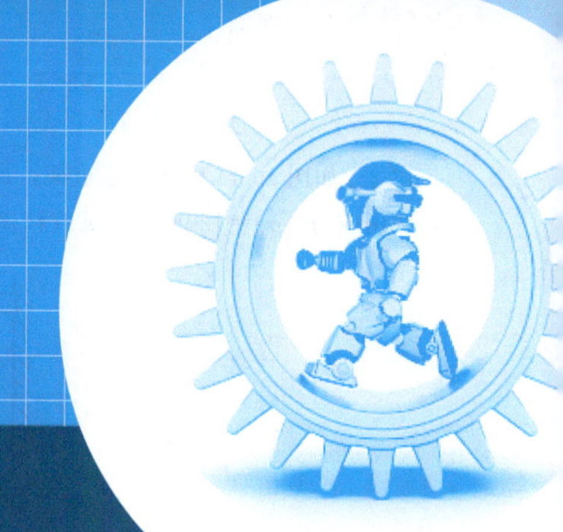

模拟试卷

模拟试卷一

一、填空题（每空 1 分，共 20 分）

1. 力是物体之间的__________。

2. 力的作用效果使物体改变__________或使物体__________发生变化。

3. 平面任意力系平衡的解析条件是：__________、__________、__________。

4. 静力学是研究__________的科学，材料力学是研究构件__________、__________、__________的科学。

5. 胡克定律的两种表达形式是：__________、__________。胡克定律的适用范围是：__________。

6. 剪切胡克定律的表达式为__________。式中 G 称为__________，它表示材料抵抗__________的能力。

7. 当构件某点同时处于既有正应力又有切应力的复杂应力状态，则根据第三强度理论，其当量应力为__________。

8. 根据材料的主要性能做如下基本假设：__________、__________、__________。

二、单选题（每小题 2 分，共 20 分）

1. 一重为 G 的直杆置于圆弧形器皿中（如图所示），并且和器皿的接触为光滑接触，其接触点 A、B 处的约束反力方向应当如图（　　）所画才对。

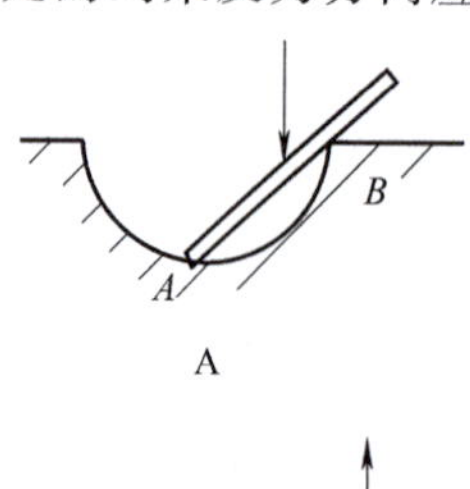

A

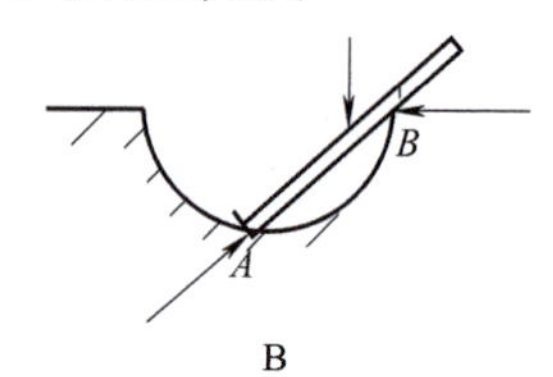

B

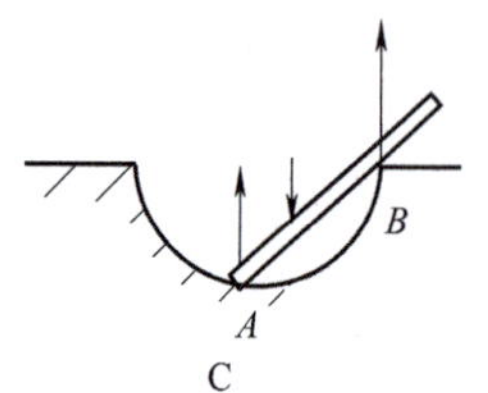

C

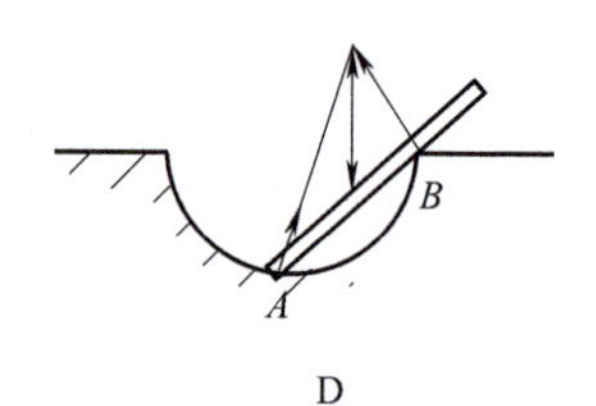

D

2. 下列关于力矩的叙述哪一个是错误的（　　）。

A. 力的大小为零时，力矩为零

B. 力的作用线通过力矩心时，力臂为零，故力矩为零

C. 力矩的大小等于力的大小与力臂的乘积

D. 力矩的大小只取决于力的大小

3. 某平面平行力系诸力均与 y 轴平行，则力系的简化结果与简化中心的位置（　　）。

A. 有关

B. 无关

C. 若简化中心选择在 x 轴上，与简化中心的位置无关

D. 若简化中心选择在 y 轴上，与简化中心的位置无关

4. 关于确定截面内力的方法——截面法适用范围的说法，下列正确的是（　　）。

A. 适用于等截面直杆

B. 适用于直杆承受基本变形

C. 适用于不论基本变形还是组合变形，但限于直杆的横截面

D. 适用于不论等截面或变截面、直杆或曲杆、基本变形或组合变形、横截面或任意截面的普遍情况

5. 任何构件在外力作用下都将不同程度地发生形状和尺寸的改变，我们把它们统称为（　　）。

A. 弹性体

B. 刚体

C. 弹性体或变形体

D. 变形体

6. 下列结论中正确的是（　　）。

A. 若物体产生位移，则必定同时产生变形

B. 若物体各点均无位移，则该物体必定无变形

C. 若物体无变形，则必定物体内各点均无位移

D. 若物体产生变形，则必定物体内各点均有位移

7. 低碳钢拉伸经过冷作硬化后，以下四种指标能得到提高的是（　　）。

A. 强度极限　　B. 比例极限

C. 断面收缩率　　D. 伸长率（延伸率）

8. 图示冲头的破坏挤压力为钢板破坏剪应力的 2 倍，在厚度为 t 的钢板上所能冲孔的直径 d 为（　　）。

A. t　　B. $t/2$　　C. $t/4$　　D. $t/5$

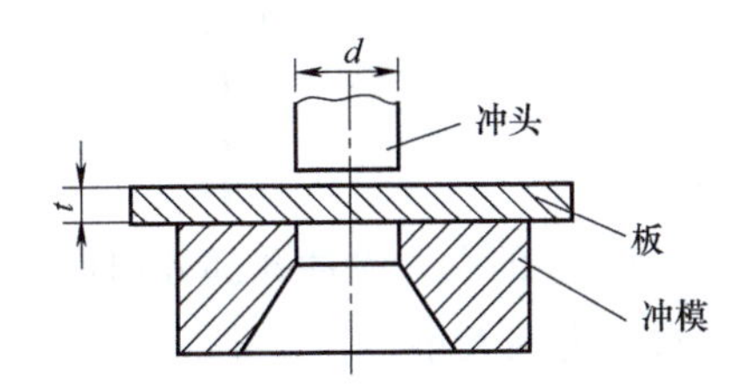

9. 实心或空心圆轴扭转时，已知横截面上的扭矩为 T，在所绘出的相应圆轴横截面上的剪应力分布图（如图所示）中（　　）是正确的。

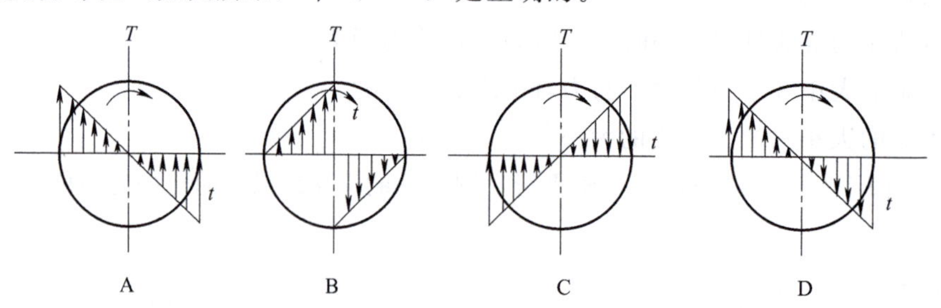

10. 将一槽形截面外伸梁（如图所示）的截面槽口向上改为截面槽口向下，若分析 A 端横截面上的应力的变化，则可知（　　）。

A. 最大拉、压应力都增大

B. 最大拉、压应力都减小

C. 最大拉应力减小，而最大压应力增大

D. 最大拉应力增大，而最大压应力减小

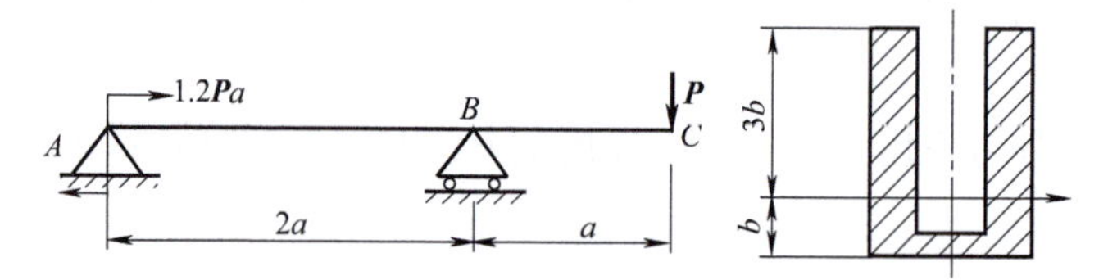

三、计算题（每小题 10 分，共 60 分）

1. Z 形截面尺寸如图所示，试求 Z 形截面重心的位置。

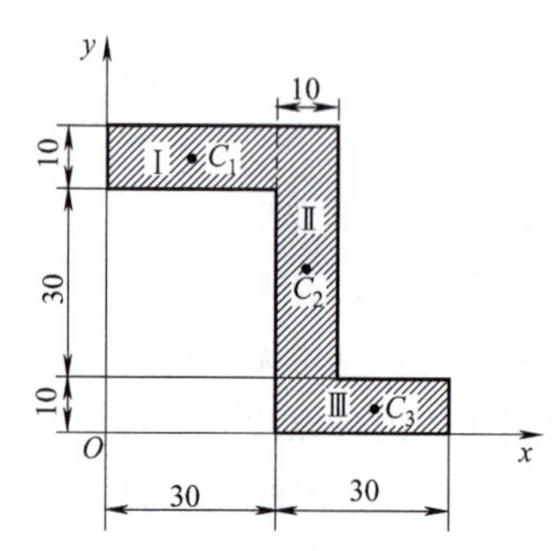

2. 图示结构中 AC 杆为钢杆，$[\sigma_1]=160\text{MPa}$，横截面积 $A_1=2\text{cm}^2$，BC 杆为铜杆 $[\sigma_2]=100\text{MPa}$，$A_2=3\text{cm}^2$，试求此结构的许可截荷 P 为多少？

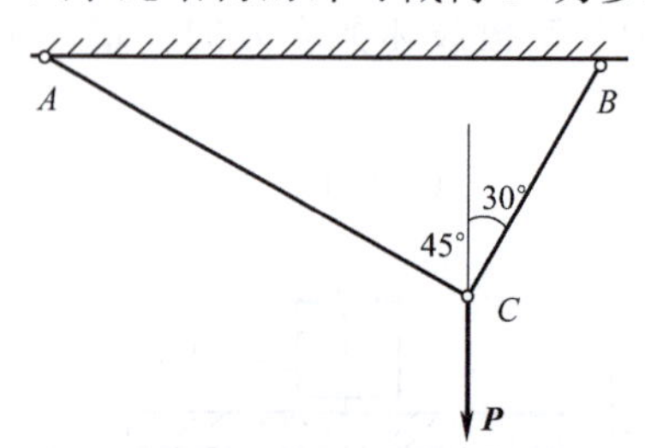

3. 在槽钢的一端冲制 $d=14\text{mm}$ 的孔，设冲孔部分钢板厚 $\delta=7.5\text{mm}$，槽钢材料的剪切强度极限 $\tau_b=300\text{MPa}$。试求冲力的大小。

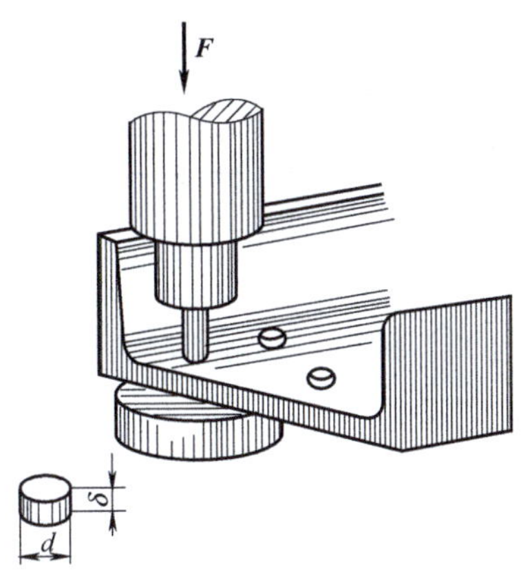

4. 已知传动轴输入功率 $P_A=400\text{kW}$，输出功率 $P_B=P_C=120\text{kW}$，$P_D=160\text{kW}$，转速 $n=300\text{r/min}$，$G=80\text{GPa}$，$[\tau]=30\text{MPa}$，$[\theta]=0.3(°)/\text{m}$。试设计该传动轴的直径。

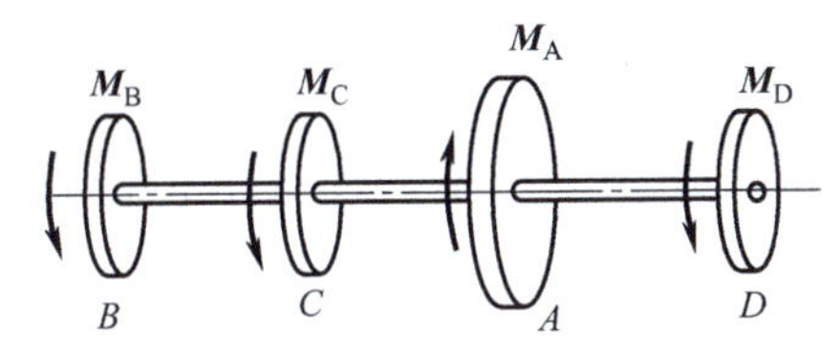

5. 已知梁 AB 受载如图所示，$F=100\text{kN}$，$W_z=1500\text{mm}^2$，材料许用应力 $[\sigma]=200\text{MPa}$。求：(1) 画出梁 AB 的剪力图与弯矩图；(2) 校核梁 AB 的强度。

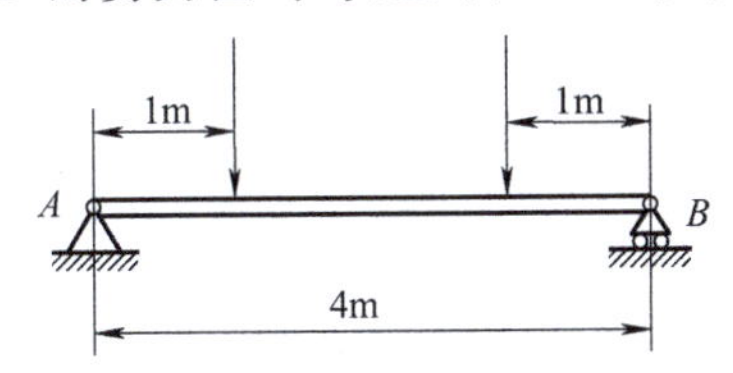

6. 轴受弯曲和扭转联合作用，已知轴的许用应力 $[\sigma]=80\text{MPa}$，弯矩 $M=180\text{N}\cdot\text{m}$，扭矩 $M_n=90\text{N}\cdot\text{m}$，试按第三强度理论计算轴的直径。

模拟试卷二

一、填空题（每空 1 分，共 20 分）

1. 静力学是研究__________的科学。

2. 工程上，常用的约束类型有：________、________、________、________。

3. 空间力系 $\boldsymbol{F}_1$、$\boldsymbol{F}_2$、…、$\boldsymbol{F}_n$，其合力为 $\boldsymbol{F}_R$，则合力 $\boldsymbol{F}_R$ 对某轴之矩等于________。

4. 杆件变形的基本形式有________、________、________和________。

5. 挤压面面积的实用计算，一般分为两种，当挤压面为平面时，按__________面积计算。当挤压为圆柱面时，按__________面积计算。

6. 描述直梁弯曲变形的两个基本量有__________和__________。

7. 对于没有明显屈服阶段的塑性材料，通常用__________表示其屈服极限，其屈服极限是塑性应变等于__________时的应力值。

8. 图示铆钉结构，在外力作用下可能产生的破坏方式有：(1) ____________；

（2）____________；（3）____________；（4）____________。

二、单选题（每小题 2 分，共 20 分）

1. 下面正确的说法有（　　）。

A. 作用力必定会同时引起大小相等、方向相反的反作用力，而且分别作用于相互作用的两个物体，不能相互抵消

B. 作用力跟反作用力同时存在，同时消失，其作用效果相互抵消

C. 作用力和反作用力互为平衡力

D. 作用力和反作用同时存在条件下，可以构成平衡力系

2. 材料力学就是研究构件在外力作用下的受力、变形和破坏的规律，为构件的（　　）提供必要的保证。

A. 强度和刚度　　B. 安全性和经济性

C. 安全性和强度　　D. 强度、刚度和经济性

3. 在考虑摩擦平衡问题时，若两接触物体之间有相对滑动趋势但处于静止状态，则摩擦力由平衡条件确定，其值为（　　）。

A. $\frac{1}{2}F_{max}$　　B. $0 \sim F_{max}$之间

C. 0　　D. $F_{max}=f'N$，f'

4. 图示杆件是用同一种材料制成的，受力情况如图所示，要使杆件在全长中每个横截面上正应力相等，则 d_1 与 d_2 的关系为（　　）

A. $d_2=d_1$　　B. $d_2=0.5d_1$　　C. $d_1=1.414d_2$　　D. $d_1=1.73d_2$

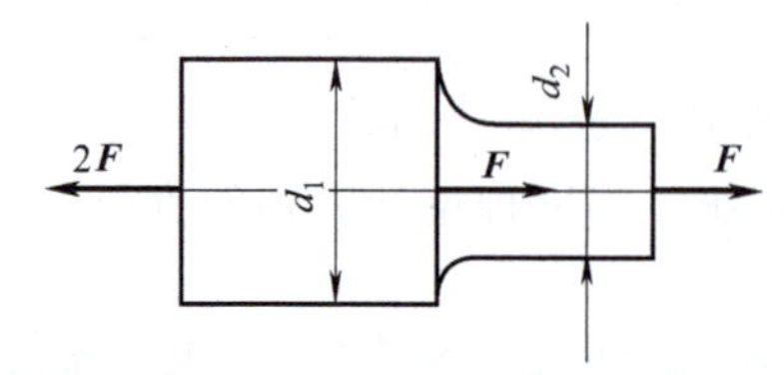

5. 图示手钳剪铁丝时，手的握力 $P=50$N，则在 A 点铁丝上产生剪力为（　　）。

A. 50N　　B. 500N

C. 7500N　　D. 750N

E. 5000N

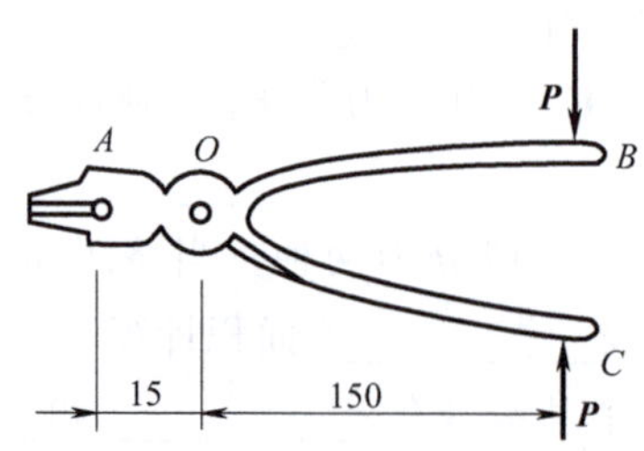

6. 等截面圆轴扭转时的单位长度扭转角为 θ，若圆轴的直径增大一倍，则单位长度扭转角将变为（　　）。

A. $\theta/16$　　B. $\theta/8$　　C. $\theta/4$　　D. $\theta/2$

7. 对于相同横截面积，同一梁采用（　　）种截面，其强度最高。

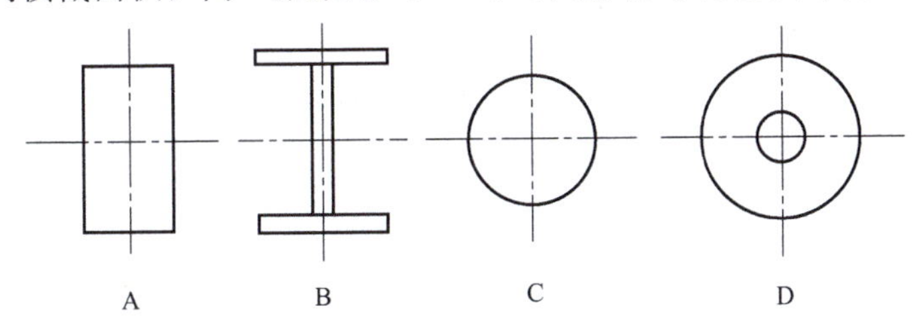

8. 如图所示，钻机中的钻杆工作时产生的是什么变形（　　）。

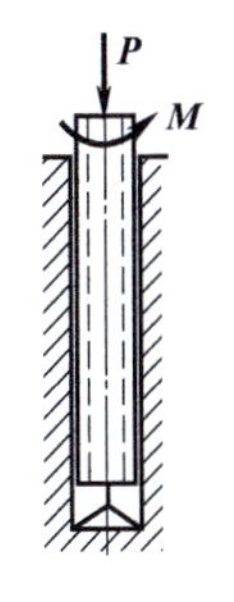

A. 弯曲　　B. 扭转

C. 弯曲和扭转组合变形　　D. 压缩和扭转组合变形

9. 为提高某种钢制拉（压）杆件的刚度，有以下四种措施，正确的是（　　）。

A. 将杆件材料改为高强度合金钢

B. 将杆件的表面进行强化处理（如淬火等）

C. 增大杆件的横截面面积

D. 将杆件横截面改为合理的形状

10. 拉（压）杆应力公式的应用条件是（　　）。

A. 应力在比例极限内　　B. 外力合力作用线必须沿着杆的轴线

C. 应力在屈服极限内　　D. 杆件必须为矩形截面杆

三、计算题（每小题 10 分，共 60 分）

1. 图示三角架 ABC，AB 沿水平方向，杆与 AB 杆的夹角为 60°，当 A 点悬挂重物为 G 时，AB 杆受到拉力为 10kN，则此重物应为多少？

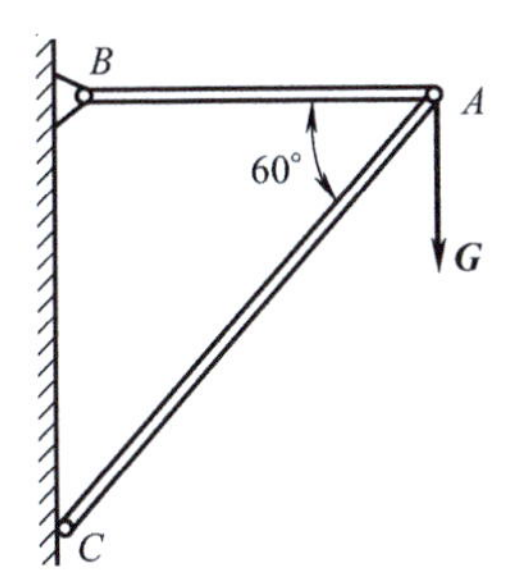

2. 已知图所示键的长度为 35 mm，$[\tau]=100\text{MPa}$，$[\sigma]_j=220\text{MPa}$。试求手柄上端 F 力的最大值。

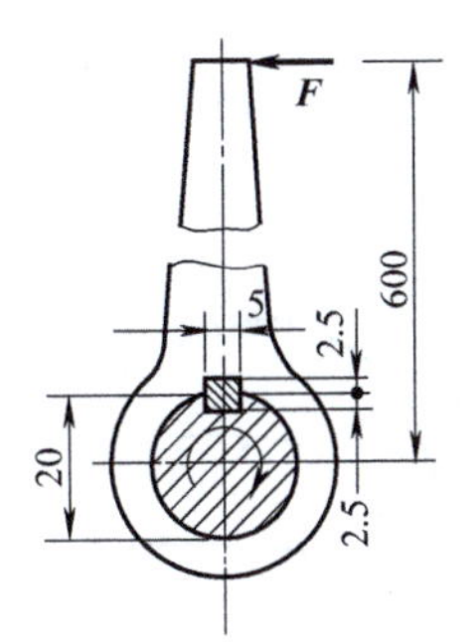

3. 由无缝钢管制成的汽车传动轴，外径 $D=90\text{mm}$，壁厚 $t=2.5\text{mm}$，材料的许用

切应力 $[\tau]=60\text{MPa}$，工作时的最大转矩为 $T=1.5\text{kN}\cdot\text{m}$。

(1) 试校核该轴的强度；

(2) 若改用相同材料的实心轴，并要求它和原来的传动轴的强度相同，试计算其直径 D_1；

(3) 比较上述空心轴和实心轴的重量。

4. 作下图梁的剪力图和弯矩图。

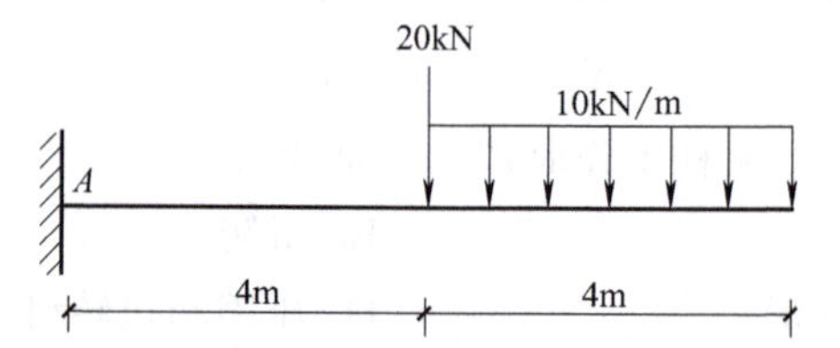

5. 正方形截面简支梁，受有均布载荷作用如图所示，若$[\sigma]=6[\tau]$，证明当梁内最大正应力和最大剪应力同时达到许用应力时，$l/a=6$。

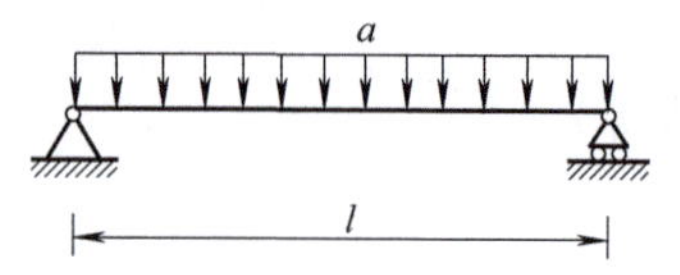

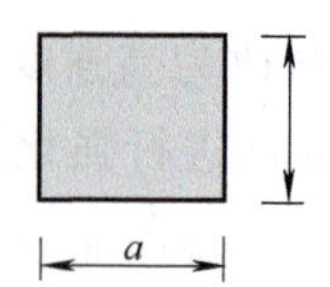

6. 如图所示，已知：机轴的横截面直径 $d=30\text{mm}$ 的圆形，机轴材料的许用应力 $[\tau]=160\text{MPa}$。则手摇卷扬机（辘轳）能起吊的最大许可载荷 P 的数值是多少。

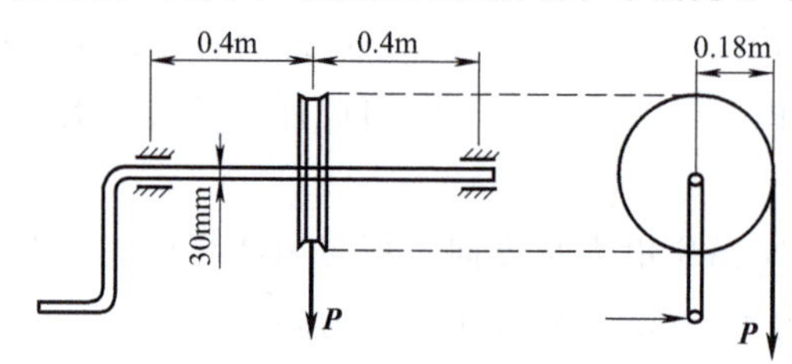

模拟试卷三

一、填空题（每空 1 分，共 20 分）

1. 确定约束反力方向的基本原则是：约束反力总是作用在被约束体与约束体的______处，方向也总是与该约束所能限制的____________或____________的方向相反。

2. 力 $\boldsymbol{F}$ 在空间直角坐标上的投影有两种方法：____________，____________。

3. 塑性材料的许用应力是以____________或____________为极限应力，脆性材料和许用应力是以____________为极限应力。

4. a、b、c 三种材料的应力-应变曲线如图所示，其中，强度最高的材料是____________，弹性模量最大的材料是____________，塑性最好的材料是____________。

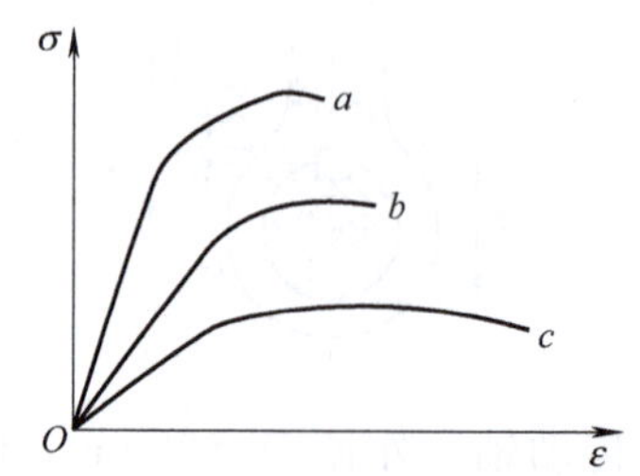

5. 刚体受三力作用而处于平衡状态，则此三力的作用线____________。

6. 如图所示，木榫接头的剪切面面积为____________和____________，挤压面面积为____________。

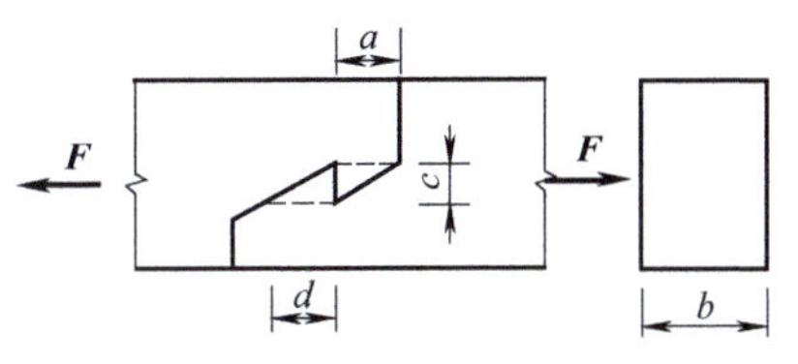

7. 确定截面内力的截面法，为便于记忆可总结为____________、____________、____________、____________四个字。

8. 认为固体在其整个几何空间内无间隙地充满了物质，这样的假设称为____________假设。

二、单选题（每小题 2 分，共 20 分）

1. 如图所示的杆件只受 **F** 作用而平衡，欲使支座 A 约束反力的作用线与 AB 成 30° 角，则倾斜面的夹角 α 应为（　　）。

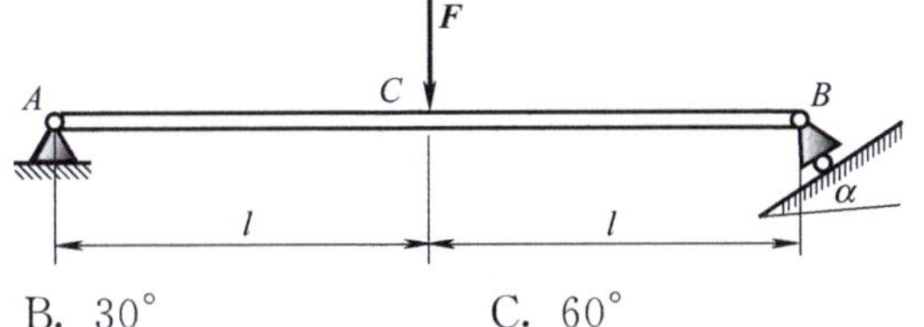

A. 0°　　B. 30°　　C. 60°　　D. 45°

2. 当一杆件只承受扭转时，杆件内部的应力为（　　）。

A. 剪应力　　B. 挤压应力　　C. 正应力　　D. 切应力

3. 某悬臂梁的一端受到一力偶的作用，现将它移到另一端，结果将出现（　　）的情况。

A. 运动效应和变形效应都相同

B. 运动效应和变形效应都不相同

C. 运动效应不同而变形效应相同

D. 运动效应相同而变形效应不相同

4. 图中为汽车台秤的整体台面，杠杆可绕 O 轴转动，试求平衡时，砝码重与汽车重的关系为（　　）。

A. $\frac{G_1}{G_2}=\frac{x}{a}$　　B. $\frac{G_1}{G_2}=\frac{a}{x}$　　C. $\frac{G_1}{G_2}=\frac{a+x}{x}$　　D. $\frac{G_1}{G_2}=\frac{a}{x+a}$

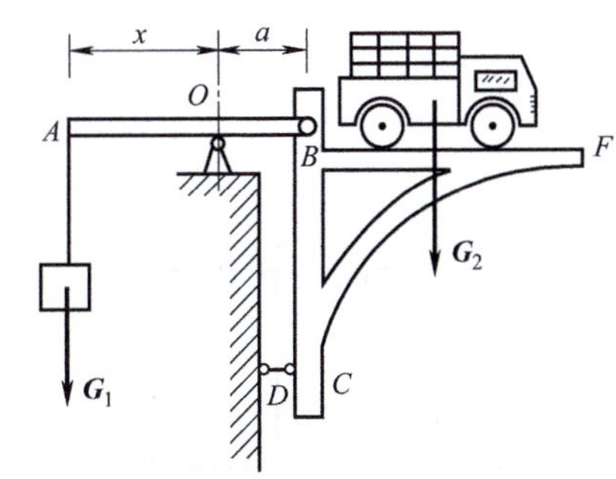

5. 平面任意力系平衡条件式中二矩式和三矩式的应用条件分别为（　　）。

A. A 和 B 连线不与各力作用线平行，A、B、C 三点不共线

B. A 和 B 连线与各力作用线平行，A、B、C 三点不共线

C. A 和 B 连线不与各力作用线平行，A、B、C 三点共线

D. A 和 B 连线与各力作用线平行，A、B、C 三点不共线

6. 实际杆件的受力可以是各式各样的，但都可以归纳为四种基本变形形式，它们是（　　）。

A. 轴向拉伸（或压缩）、剪切、扭转和弯曲

B. 拉伸（或压缩）、挤压、扭转和弯曲

C. 轴向拉伸（或压缩）、挤压、扭转和弯曲

D. 拉伸（或压缩）、剪切、弯扭和弯曲

7. 尺寸相同的钢杆和铜杆，在相同的轴向拉力作用下，其伸长比为 8∶15。若钢杆的弹性模量为 E_1，在比例极限范围内，铜杆的弹性模量 E_2 为（　　）。

A. $8/15E_1$　　B. $15/8E_1$　　C. 等于 E_1　　D. 以上都不正确

8. 图示螺栓在拉力 $\boldsymbol{F}$ 作用下，已知材料的剪切许用应力是拉伸许用应力的 0.6 倍，螺栓直径 d 与螺栓头部高 h 的合理比值为（　　）。

A. 1　　B. 2.4　　C. 0.67

D. 6.7　　E. 0.15

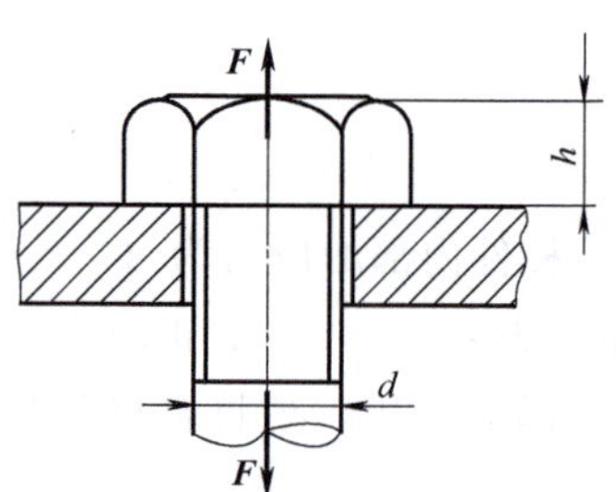

9. 图示外伸梁的弯矩图正确的是（　　）。

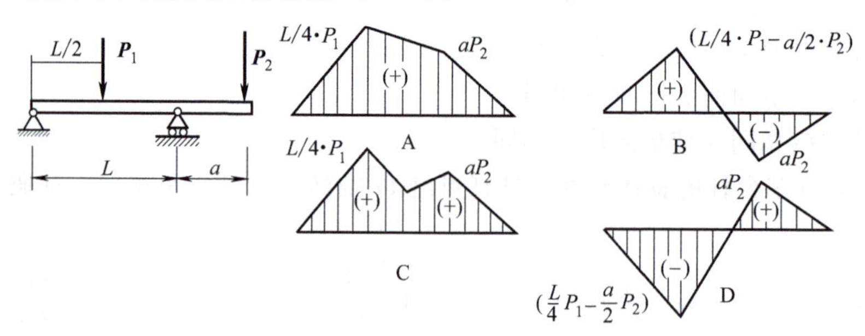

10. 如图所示正方形截面柱在中间开了一个小槽，使该处的横截面面积为原截面的一半，试问其最大正应力是不开槽时的（　　）倍。

A. 4　　B. 8　　C. 16　　D. 64

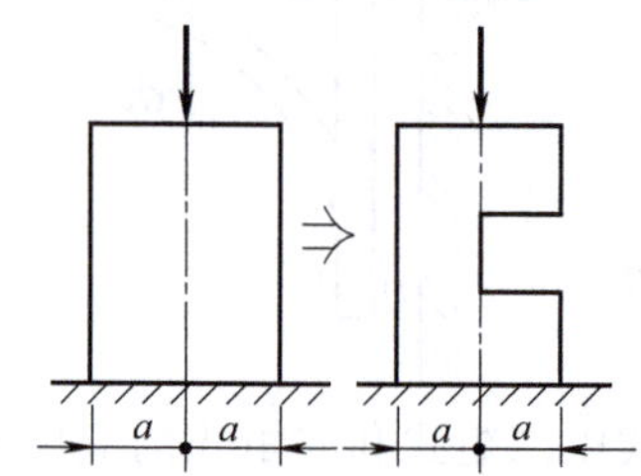

三、计算题（每小题10分，共60分）

1. 求对称工字形钢截面的形心，尺寸如图所示。

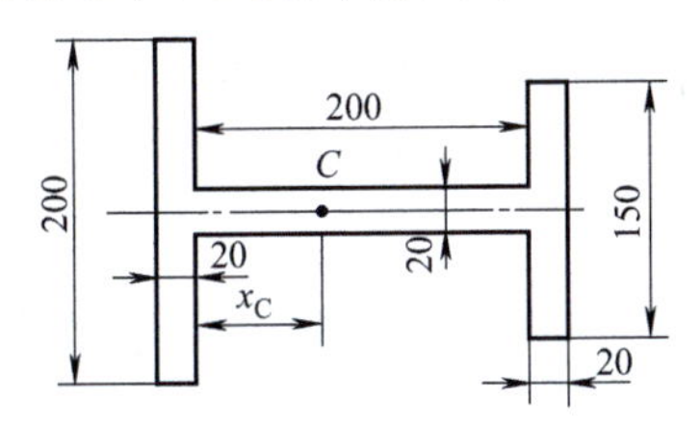

2. 图示杆件是用同一种材料制成的，受力情况如图所示，要使杆件在全长中每个横截面上正应力相等，则 d_1 与 d_2 的关系为多少？

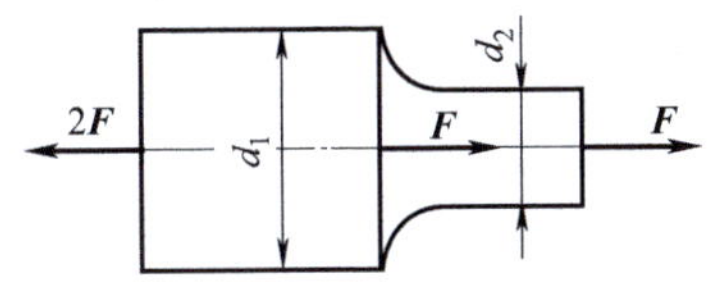

3. 如图所示，若螺栓在拉力 **F** 作用下其材料的许用剪应力与许用拉应力之间的关系约为 2.4，试计算螺栓直径 d 与其头部高度的合理比值。

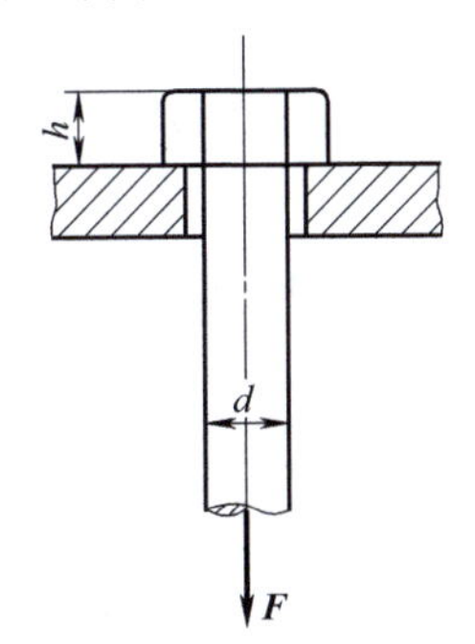

4. 一圆截面试样，直径 $d=20\text{mm}$，当作用于试样两端的扭力偶距 $M=230\text{N}\cdot\text{m}$ 时，测得标距 $l_0=100\text{mm}$ 范围内轴的扭转角 $\psi=0.0174\text{rad}$。试确定切变模量 G。

5. 画出图示梁的剪力图和弯矩图。计算并标出最大剪力和最大弯矩的值。

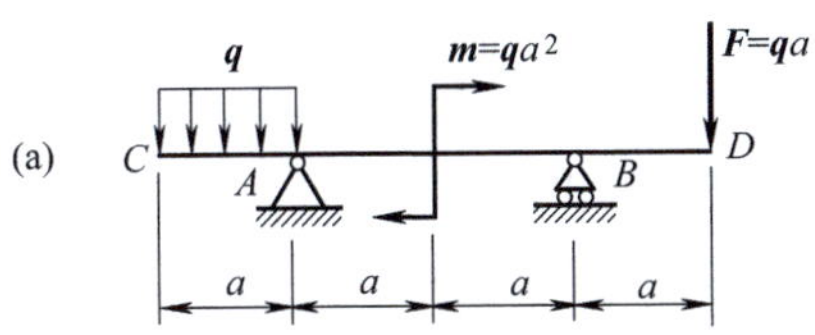

6. 由木材制成的矩形截面悬臂梁，如图所示，在梁的水平对称面内受到 $P_1=800\text{N}$ 作用，在铅直对称面内受到 $P_2=1650\text{N}$，木材的许用应力 $[\sigma]=10\text{MPa}$。若矩形截面 $h=2b$，试确定其截面尺寸。

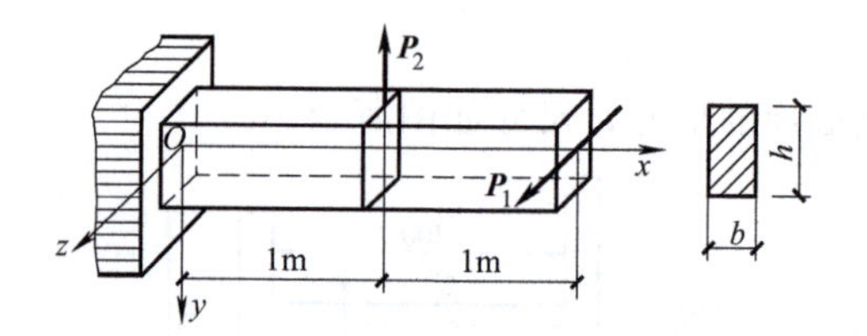

模拟试卷四

一、填空题（每空 1 分，共 20 分）

1. 在考虑摩擦平衡问题时，若两接触物体之间有相对滑动趋势但处于静止状态，则摩擦力由__________确定，其值在__________和__________之间，若物体处于将要滑动而未滑动状态时，则摩擦力由__________来确定，其中__________称为静摩擦因数，若物体间有相对滑动，则摩擦力由__________来确定，其中__________称为动摩擦因数。

2. 许用应力的计算公式是__________，单位为__________。其中：分子分母的含义分别是__________和__________。

3. 不论物体如何放置，其重力的合力作用线相对于物体总是通过一个确定的点，这个点称为物体的__________。

4. 梁的弯曲变形计算公式中，其中 W_z 是梁的__________，对于矩形截面 W_z 为__________，实心圆截面 W_z 为__________，对于空心圆截面 W_z 为__________。

5. 构件的载荷及支承情况如图所示，$l=4\text{m}$，则支座 A、B 的约束反力：$F_{Ax}=$__________，$F_{Ay}=$__________，$F_{Bx}=$__________，$F_{By}=$__________。

M_1=15kN·m　　M_2=24kN·m　A　B　l

二、单选题（每小题 2 分，共 20 分）

1. 关于平面力系与其平衡方程，下列表述正确的是（　　）。

A. 任何平面力系都具有三个独立的平衡方程

B. 任何平面力系只能列出三个平衡方程

C. 在平面力系的平衡方程的基本形式中，两个投影轴必须互相垂直

D. 平面力系如果平衡，则该力系在任意选取的投影轴上投影的代数和必为零

2. 如图所示，三铰拱架上的作用力 **F** 可否依据力的可传性原理把它移到 D 点？

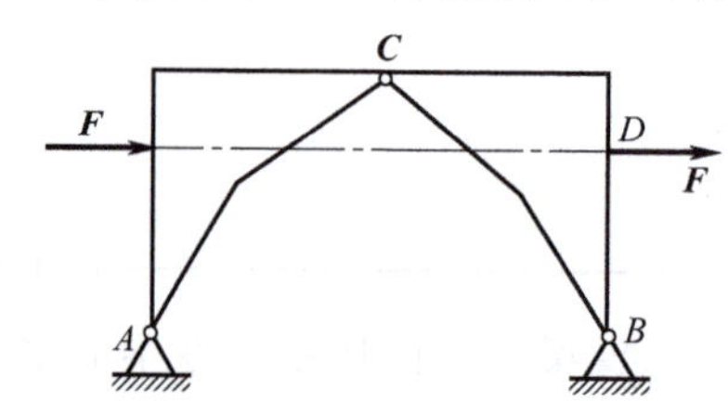

A. 可以　　B. 不可以　　C. A、B 都对　　D. A、B 都不对

3. 平面汇交力系平衡的必要与充分条件是（　　）。

A. $\sum F \neq 0$，力系中各力构成的力多边形封闭

B. $\sum F = 0$，力系中各力构成的力多边形不封闭

C. $\sum F \neq 0$，力系中各力构成的力多边形不封闭

D. $\sum F = 0$，力系中各力构成的力多边形封闭

4. 材料力学对变形固体做出如下假设（　　）。

A. 均匀性假设、各向同性假设、弹性小变形假设

B. 均匀性假设、各向异性假设、弹性变形假设

C. 均匀连续性假设、各向异性假设、弹性变形假设

D. 均匀连续性假设、各向同性假设、弹性小变形假设

5. 在做低碳钢拉伸试验时，应力与应变成正比，该阶段属于（　　）。

A. 弹性阶段　　B. 屈服阶段　　C. 强化阶段　　D. 局部变形阶段

6. 用平键与轴连接，当其他条件不变时，键的剪切面长、宽尺寸均增加一倍，剪应力将减少（　　）。

A. 1　　B. 1/2　　C. 1/4　　D. 3/4。

7. 图示 AB 梁，N—N 截面的正应力分布规律正确的是（　　）。

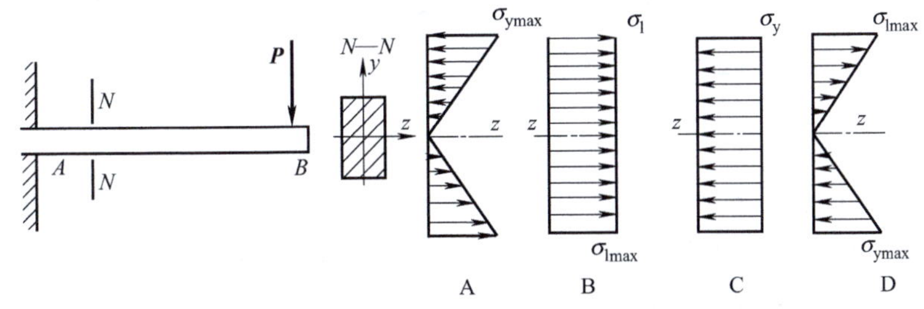

8. 一工字钢悬臂梁，在自由端面内受到集中力 $\boldsymbol{P}$ 的作用，力的作用线和横截面的相互位置如图所示，此时该梁的变形状态应为（　　）。

A. 平面弯曲　　B. 斜弯曲

C. 偏心压缩　　D. 弯曲与扭转组合

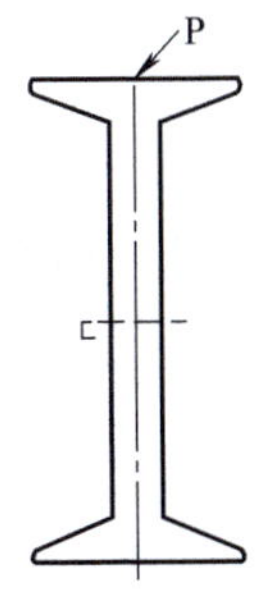

9. 组合图形的形心可使用（　　）来解决；非均质的，或形状复杂的物体，一般采用（　　）来确定其重心位置。

A. 合力投影定理　实验法　　B. 合力矩定理　实验法

C. 合力投影定理　数学建模法　　D. 合力矩定理　数学建模法

10. 图示三角架 ABC，AB 沿水平方向，杆与 AB 杆的夹角为 60°，当 A 点悬挂重物为 G 时，AB 杆受到拉力为 10kN，则此重物应为（　　）。

A. 5.77kN　　B. 17.32kN　　C. 10kN　　D. 8.66kN

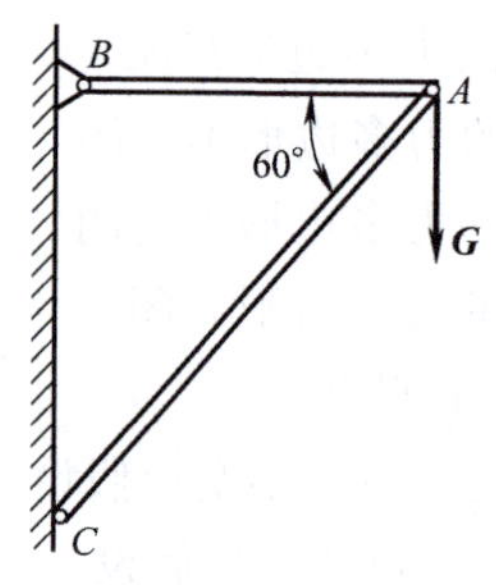

三、计算题（每小题 10 分，共 60 分）

1. 边长为 20mm 的正方形黄铜棒，长为 500mm，承受的拉力 $F=20\text{kN}$，已知黄铜的弹性模量 $E=1\times10^5\text{MPa}$，试求该黄铜棒的绝对伸长。

2. 如图所示为一镗刀装置，在圆形截面刀杆端部安有两把镗刀。已知最大消耗功率为 8kW，转速 60r/min，刀杆直径 $d=45\text{mm}$，材料的许用应力 80MPa，试核算该刀杆的强度。是否满足强度条件。

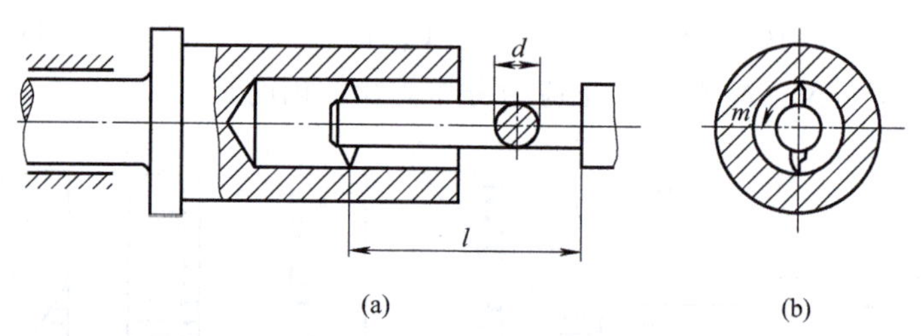

3. 某圆截面钢轴，转速 $n=250\text{r/min}$，所传功率 $P=60\text{kW}$，许用切应力 $[\tau]=40\text{MPa}$，单位长度的许用扭转角$[d]=0.8(°)/\text{m}$，切变模量 $G=80\text{GPa}$。试确定轴径。

4. 如图所示简支梁为矩形截面，已知：$b\times h=50\text{mm}\times150\text{mm}$，$q=16\text{kN/m}$，梁长 $l=2\text{m}$。试求：（1）Q 图，M 图；（2）$M_{\max}$的值；（3）梁的最大正应力。

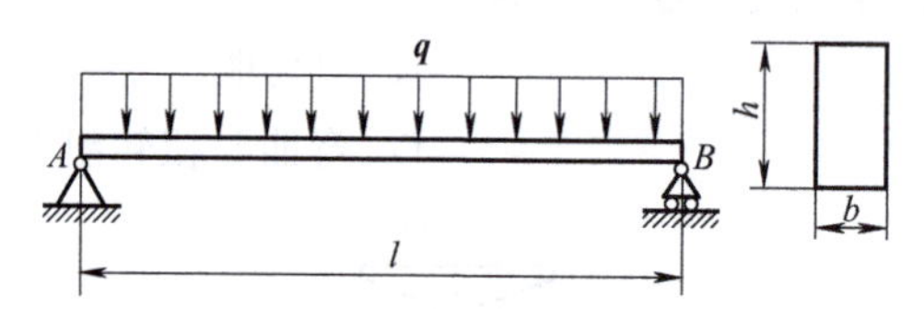

5. 如图所示，横截面为正方形的短柱承受载荷 $\boldsymbol{F}$ 作用，若在短柱中间开一切槽，使其最小横截面面积为原面积的一半。试问开一切槽后，柱内最大压应力是原来的几倍？

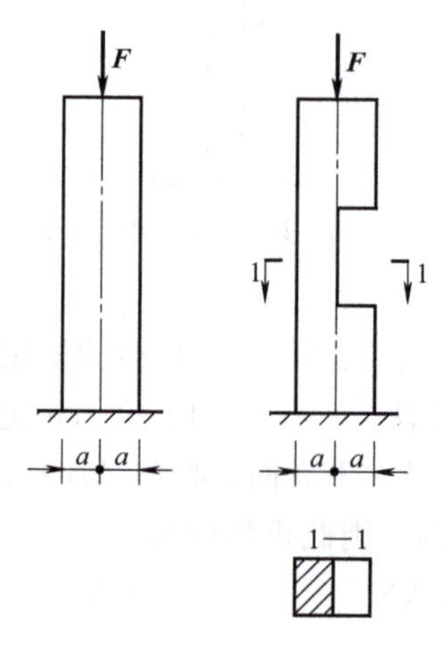

6. 如图所示为汽车台秤简图，BCF 为整体台面，杠杆 AB 可绕轴 O 转动，B、C、D 三处均为铰链，杆 DC 处于水平位置。试求平衡时砝码重 $\boldsymbol{W}_1$ 与汽车重 $\boldsymbol{W}_2$ 的关系。

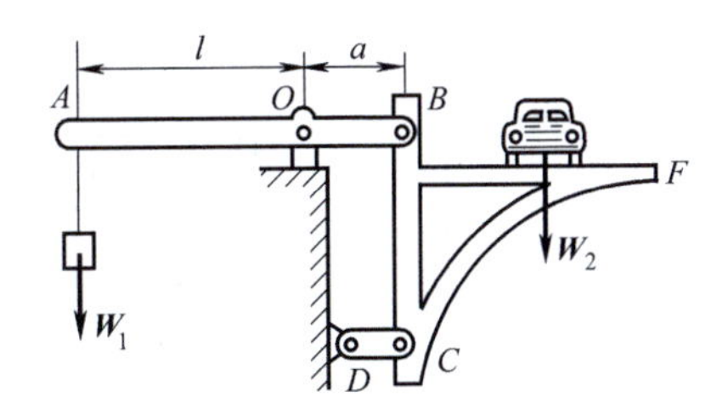

模拟试卷五

一、填空题（每空 1 分，共 20 分）

1. 当力系中各力的作用线____________，而呈空间分布时，称为空间力系。

2. 某圆轴传递功率为 100kW，转速为 100r/min，其外力偶矩 $M_0=$______ N·m。

3. 物体在空间任意力系作用下平衡的必要和充分条件是：____________、____________、____________、____________、____________、____________。

4. a、b、c 三种材料的应力-应变曲线如图所示，其中，强度最高的材料是____________，弹性模量最大的材料是____________，塑性最好的材料是____________。

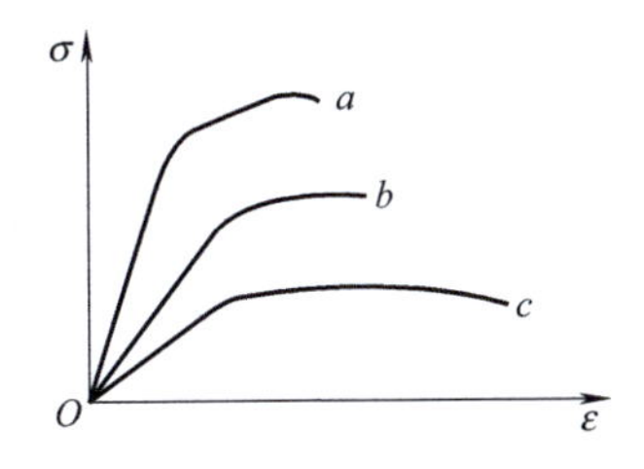

5. 确定截面内力的截面法，为便于记忆可总结为____________、____________、____________、____________四个字。

6. 图示铆钉结构，在外力作用下可能产生的破坏方式有：（1）____________；（2）____________；（3）____________；（4）____________。

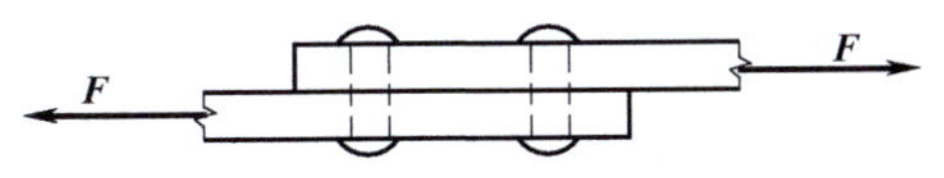

7. 胡克定律的适用范围是：____________。

二、单选题（每小题 2 分，共 20 分）

1. 二力构件所受的力的方向如何确定（　　）。

A. 总是沿着杆件的截面方向

B. 总是沿着杆件的方向

C. 总是沿着二力作用点连线的方向

D. A、B、C 都不对

2. 图示钢制正方形框架，用钢丝绳套在架外面起吊，现有两根长度不同的钢丝绳，此时用（　　）哪根钢丝绳起吊时，绳中拉力较小。

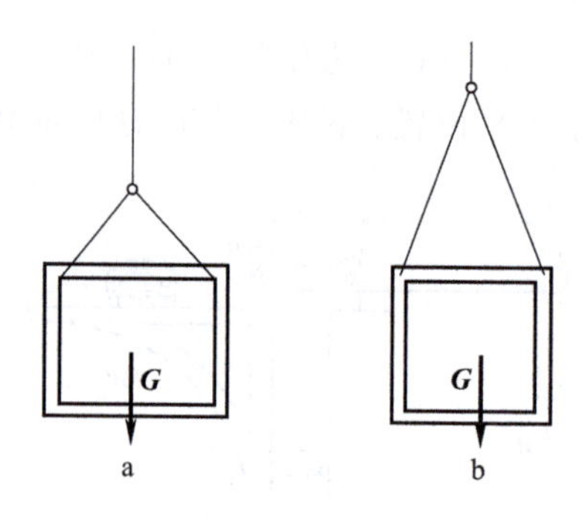

A. a　　B. b　　C. 一样大　　D. 以上都对

3. 某些细长杆件（或薄壁构件）在轴向压力达到一定的数值时，会失去原来的平衡形态而丧失工作能力，这种现象称为（　　）。

A. 稳定性　　B. 稳度　　C. 失稳　　D. 变形体

4. 胡克定律应用的条件是（　　）。

A. 只适用于塑性材料　　B. 只适用于轴向拉伸

C. 应力不超过比例极限　　D. 应力不超过屈服极限

5. 图示螺栓连接，已知螺栓的许用剪应力为60MPa，$F=100$kN 时，螺栓的直径 d 为（　　）。

A. 30mm　　B. 32.6mm　　C. 35mm　　D. 46.1mm

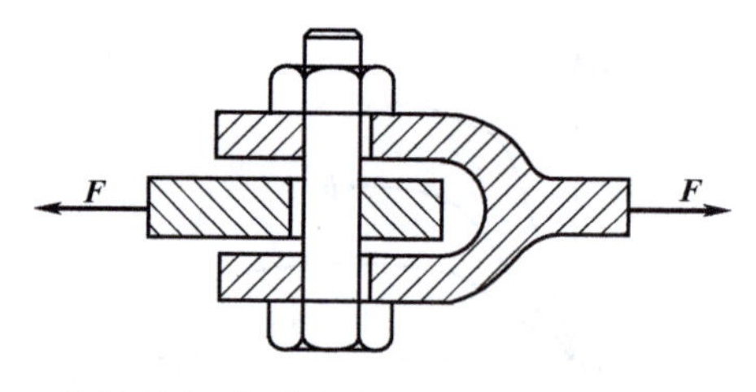

6. 在其他情况不变时，若轴的长度增加一倍，最大剪应力和扭转角为原来的（　　）。

A. 1 倍，1 倍　　B. 2 倍，2 倍

C. 1 倍，2 倍　　D. 2 倍，1 倍

7. 由梁上载荷、剪力图和弯矩图三者间的关系，可概括一些规律性结论，如（　　）。

A. 集中力作用处，M 图发生转折；集中力偶作用处，Q 图连续

B. 集中力作用处，M 图连续；集中力偶作用处，M 图不连续

C. 集中力偶作用处，Q 图会有变化

D. 集中力偶作用处，所对应的 M 图在此处的左、右斜率将发生突变

8. 对于受力如图情况铸铁构件，从强度观点分析，在截面积相等条件下，其横截面 m—m 采用哪种形状合理（　　）。

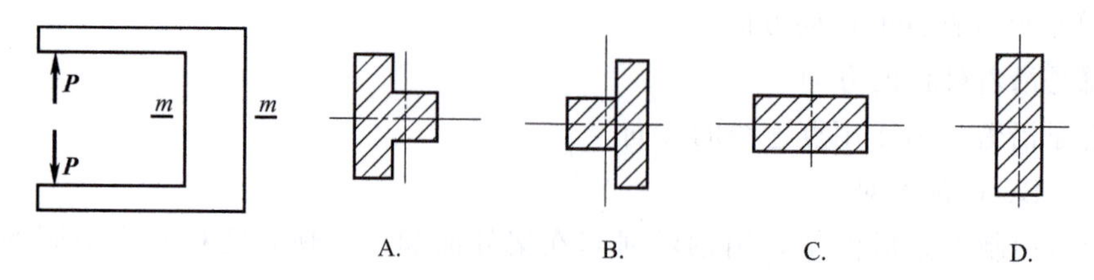

9. 甲、乙两杆，几何尺寸相同，轴向拉力相同，材料不同，它们的应力和变形有四种可能，正确的是（　　）。

A. 应力和变形都相同　　　　　　B. 应力不同，变形相同

C. 应力相同，变形不同　　　　　D. 应力和变形都不同

10. 低碳钢拉伸经过冷作硬化后，以下四种指标能得到提高的是（　　）。

A. 强度极限　　　　　　　　　　B. 比例极限

C. 断面收缩率　　　　　　　　　D. 伸长率（延伸率）

三、计算题（每小题 10 分，共 60 分）

1. 某减速器输出轴上装有联轴器，用图示 A 型平键连接。已知输出轴直径 60mm，输出转矩为 1200N·m，键的许用挤压应力为 150MPa，试校核键的挤压强度。是否满足强度条件。

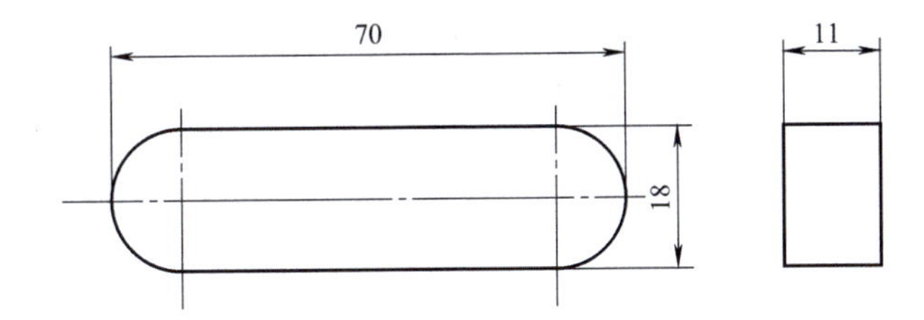

2. 空心钢轴的外径 $D=100$mm，内径 $d=50$mm。已知间距 $l=2.7$m，两横截面的相对扭转角 $\varphi=1.8°$，材料的切变模量 $G=80$GPa。求：

（1）轴内的最大应力；

（2）当轴以 80r/min 的速度旋转时，轴传递的功率。

3. 画出图示 AC 梁的剪力图和弯矩图，并计算和标出最大剪力和最大弯矩值。

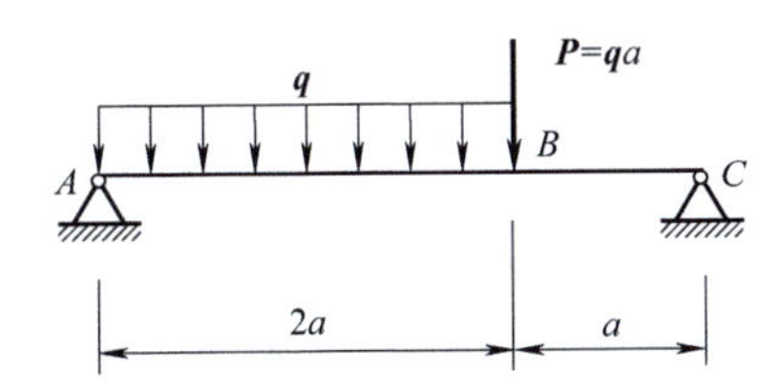

4. 如图所示为钢木支架，连接点 B 处受垂直载荷 G 作用，已知杆 AB 是木杆，横截面面积为 $A_1=1000\text{mm}^2$，其许用应力 $[\sigma]_1=7$MPa；BC 为钢杆，横截面面积为 $A_2=600\text{mm}^2$，其许用应力 $[\sigma]_2=160$MPa。试计算支架允许的最大载荷 G。

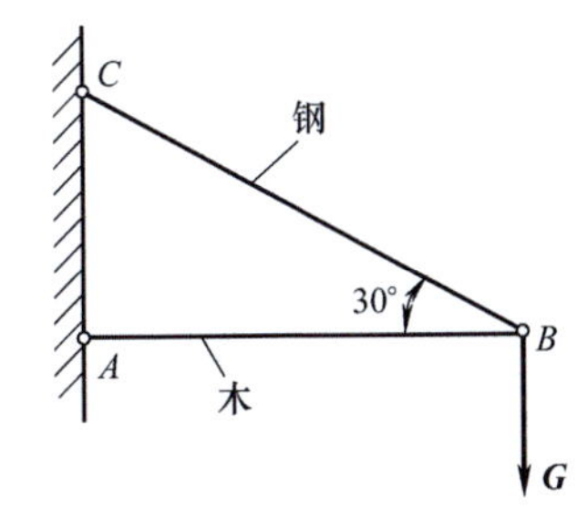

5. 如图所示，手摇绞车，轴的直径 $d=30$mm，材料的许用应力 $[\sigma]=80$MPa。试按第三强度准则确定绞车的最大起吊重量 P。

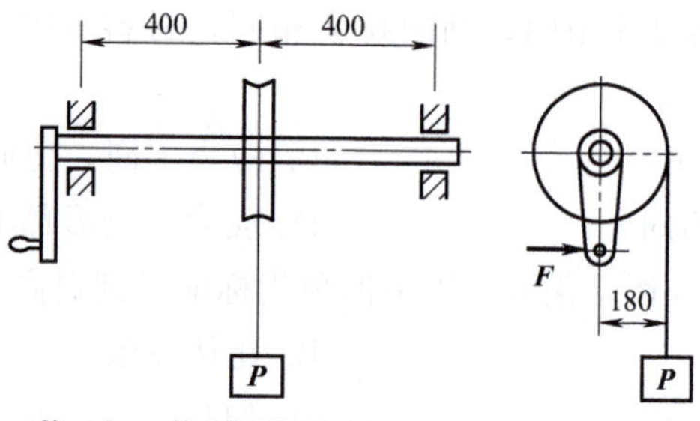

6. 如图所示，锻锤工作时，若锻件给锻锤的反作用力有偏心，已知打击力 $F=1000\text{kN}$，偏心距 $e=20\text{mm}$，锤体高 $h=200\text{mm}$，求锤头给两侧导轨的压力。

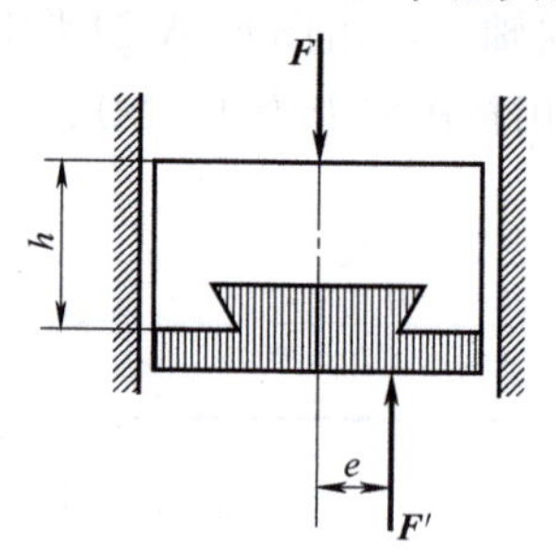

模拟试卷答案

模拟试卷一答案

一、填空题（每空 1 分，共 20 分）

1. 相互机械作用；2. 运动状态，形态；3. $\sum F_x=0$、$\sum F_y=0$、$\sum M_o(F)=0$；

4. 物体在力系作用下平衡规律，强度、刚度、稳定性；5. $\sigma=E\varepsilon$、$\Delta L=\frac{NL}{EA}$，比例极限内；6. $\tau=G\gamma$，切变模量，剪切变形；7. $\sigma_r=\sqrt{\sigma^2+4\tau^2}$；8. 连续性、均匀性、各向同性。

二、单选题（每小题 2 分，共 20 分）

1. D；2. D；3. B；4. D；5. D；6. B；7. B；8. C；9. C；10. D

三、计算题（每小题 10 分，共 60 分）

1. $x_c=32$（mm）　　$y_c=27$（mm）

2. 41kN

3. 99kN

4. d≥116.78mm

5. （1）图略；（2）$\sigma_{max}=\frac{200}{9}$MPa

6. 8.4mm

模拟试卷二答案

一、填空题（每空 1 分，共 20 分）

1. 物体在力系作用下平衡规律；2. 柔性约束、光滑面约束、光滑铰链约束、固定端约束；3. 各分力对同轴力矩的代数和；4. 拉伸或压缩、剪切、扭转、弯曲变形；5. 实际，投影；6. 挠度，转角；7. $\sigma_{0.2}$，0.2%；8. 铆钉剪切破坏，钢板和铆钉挤压破坏，钢板拉伸破坏，钢板端剪切破坏。

二、单选题（每小题 2 分，共 20 分）

1. A；2. B；3. B；4. C；5. B；6. A；7. B；8. D；9. C；10. B

三、计算题（每小题 10 分，共 60 分）

1. 17.32kN
2. 291.1N
3. (1) 51.3MPa，强度足够；(2) 50.3mm；(3) 0.356
4. 略
5. 略
6. $P \leqslant \dfrac{160}{0.102} = 1570$ (N)

模拟试卷三答案

一、填空题（每空 1 分，共 20 分）

1. 接触，运动、运动趋势；2. 直接投影法，二次（间接）投影法；
3. 屈服极限 σ_s、$\sigma_{0.2}$，强度极限 σ_b；4. a，a，c；5. 必汇交于一点；
6. ab、bd，bc；7. 截、取、带、平；8. 连续性。

二、单选题（每小题 2 分，共 20 分）

1. C；2. D；3. D；4. B；5. A；6. A；7. A；8. B；9. B；10. B

三、计算题（每小题 10 分，共 60 分）

1. $x_C = 90$mm　　$y_C = 0$
2. $d_1 = 1.414d_2$
3. 0.6
4. $G = 84.2$GPa
5. 画图

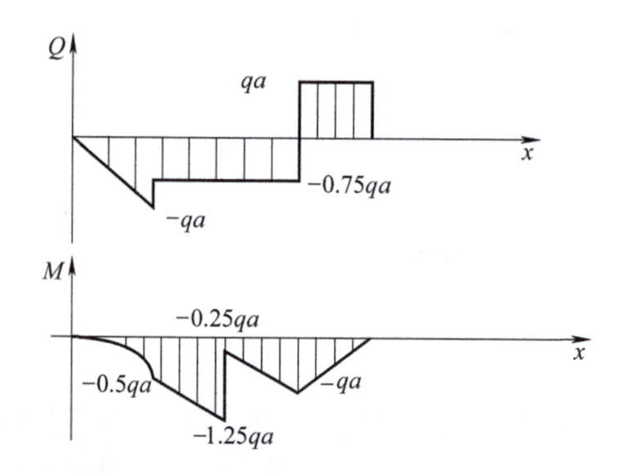

$R_a = 0.25qa$；$R_b = 1.75qa$

6. $b = 6.5$mm　　$h = 13$mm

模拟试卷四答案

一、填空题（每空 1 分，共 20 分）

1. 平衡条件，0，F_{max}，$F_{max} = f'N$，f'，$F_{max} = fN$，f；2. $[\sigma] = \dfrac{\sigma^0}{n}$，MPa，极限

应力，安全因数；3. 重心；4. $\frac{\pi d^3}{32}$，$\frac{\pi d^3}{16}$，$\frac{\pi d^4}{32}(1-a^4)$，$\frac{\pi d^4}{16}(1-a^4)$；5. 0，2.25kN（方向向下），2.25kN（方向向上），0。

二、单选题（每小题 2 分，共 20 分）

1. D；2. B；3. D；4. D；5. A；6. D；7. D；8. D；9. B；10. B

三、计算题（每小题 10 分，共 60 分）

1. 0.25mm

2. $\tau_{max}=71.2$MPa；满足

3. $d \geqslant 68$mm

4. （1）图略；（2）8kN·m；（3）$\frac{128}{3}$MPa

5. 8 倍

6. $W_2=\frac{W_1 l}{a}$

模拟试卷五答案

一、填空题（每空 1 分，共 20 分）

1. 不在同一平面，2. 9550；3. $\left.\begin{matrix}\sum F_x=0, & \sum F_y=0, & \sum F_z=0 \\ \sum M_x(\boldsymbol{F})=0, & \sum M_y(\boldsymbol{F})=0, & \sum M_z(\boldsymbol{F})=0\end{matrix}\right\}$；4. a，a，c；5. 截、取、带、平；6. 铆钉剪切破坏，钢板和铆钉挤压破坏，钢板拉伸破坏，钢板端剪切破坏；7. 比例极限内。

二、单选题（每小题 2 分，共 20 分）

1. C；2. B；3. C；4. C；5. C；6. C；7. D；8. B；9. C；10. B

三、计算题（每小题 10 分，共 60 分）

1. 139.86MPa，满足

2. （1）$\tau_{max}=46.6$MPa

（2）$N_k=71.8$kW

3. 图略；$R_a=0.25qa$；$R_b=1.75qa$

4. $G=4041$N

5. 984.8N

6. 100kN

同步训练解析

第一章

1-1　解：重物的受力图：

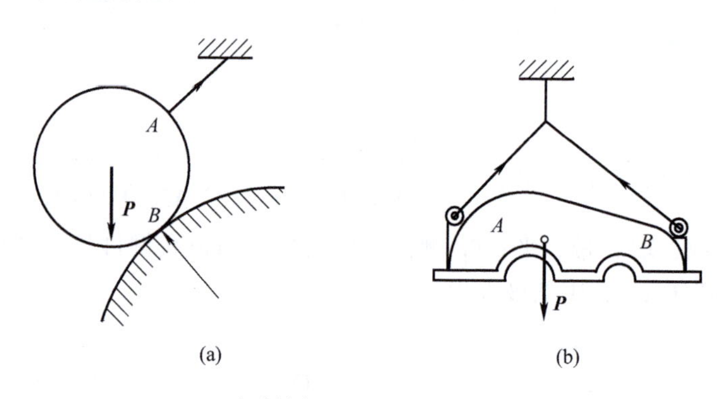

解析图 1　习题 1-1 解答

1-2　解：杆件的受力图：

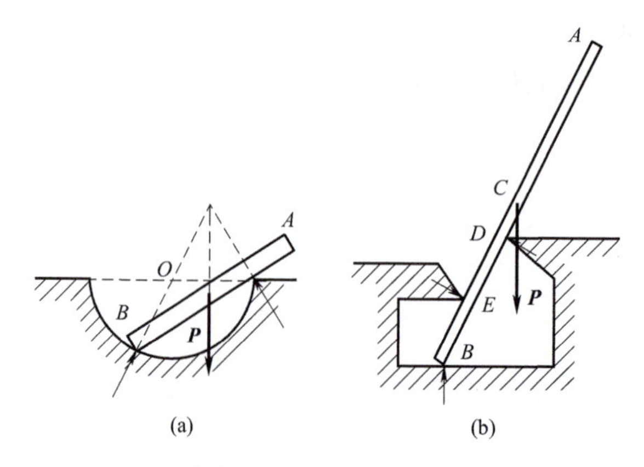

解析图 2　习题 1-2 解答

1-3　解：杆件的受力图：

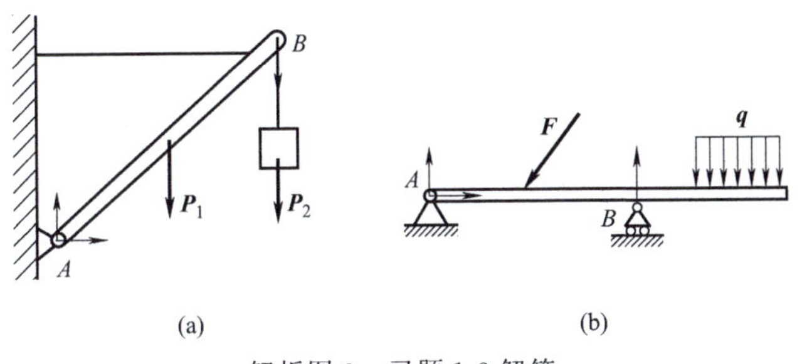

解析图 3　习题 1-3 解答

1-4　解：分别画出图中 AB 与 BC 的受力图：

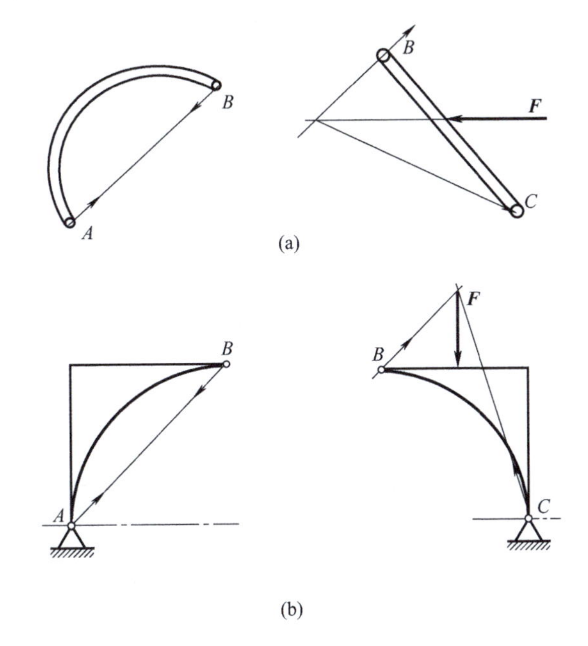

解析图 4　习题 1-4 解答

1-5　解：(1)

整个系统的受力图，杆 AC、BC、DE 的受力图：

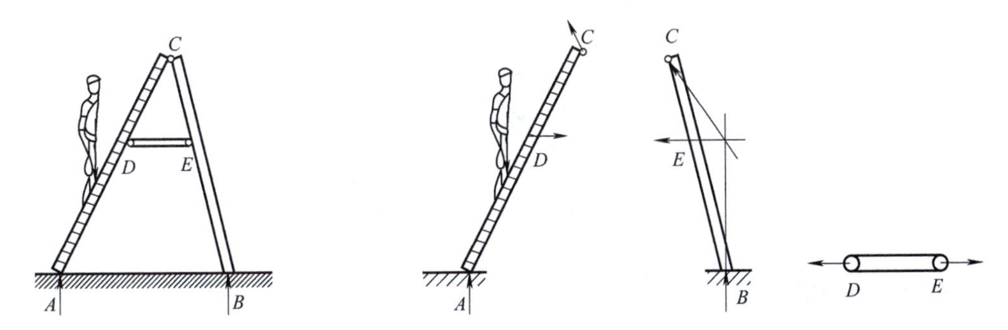

解析图 5　习题 1-5 (1) 整体解答　　解析图 6　习题 1-5 (1) 各杆的解答

(2) 整个系统受力图，杆 DH、BC、AC 的受力图：

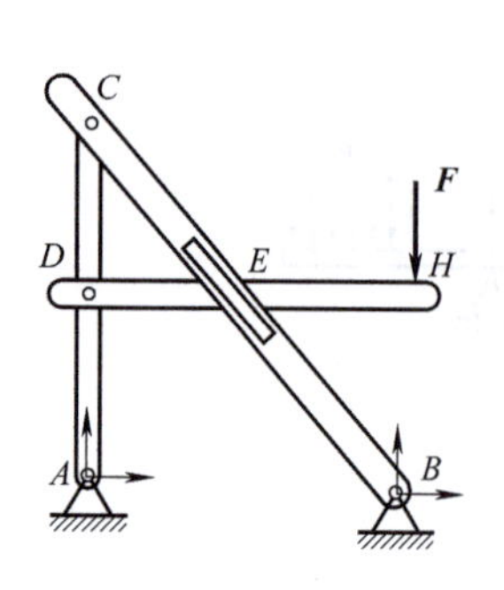

解析图 7　习题 1-5（2）整体解答

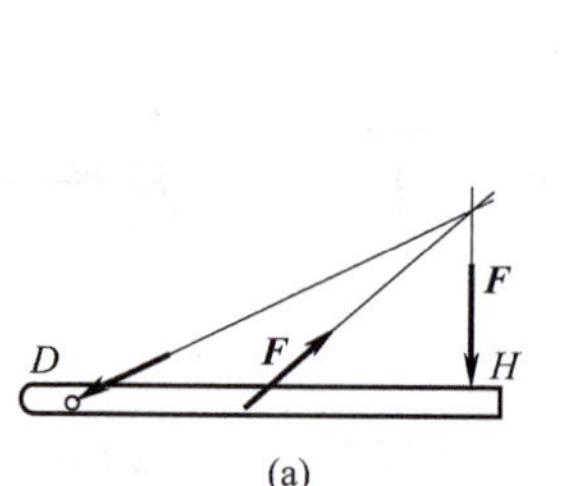

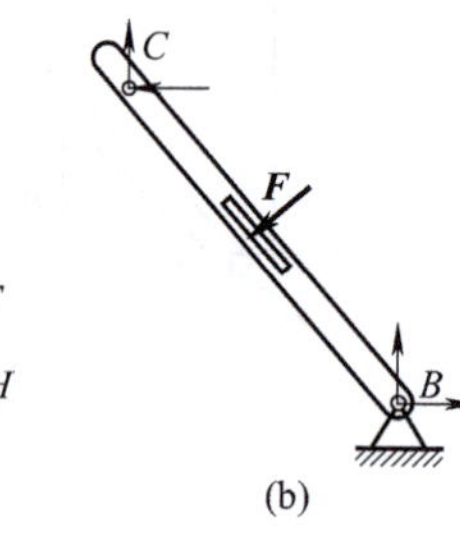

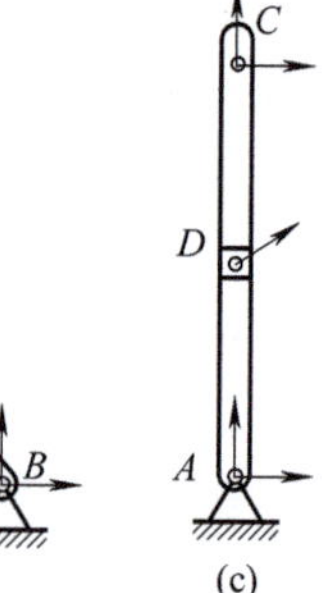

解析图 8　习题 1-5（2）各杆的解答

1-6　解：梁整体 $ABCDE$ 的受力图，梁 ABC 部分的受力图，梁 CDE 部分的受力图：

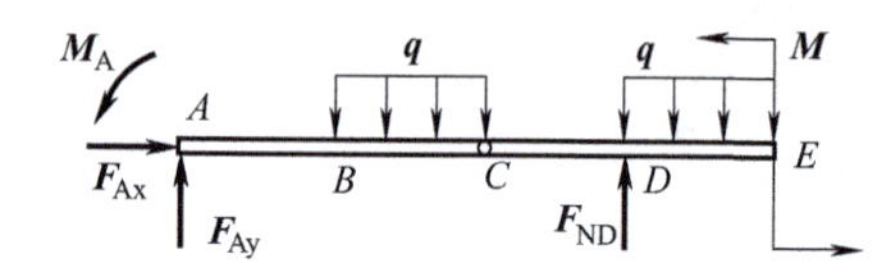

解析图 9　习题 1-6 梁整体的解答

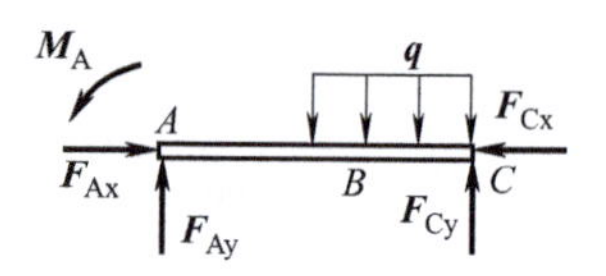

解析图 10　习题 1-6 梁 ABC 的解答

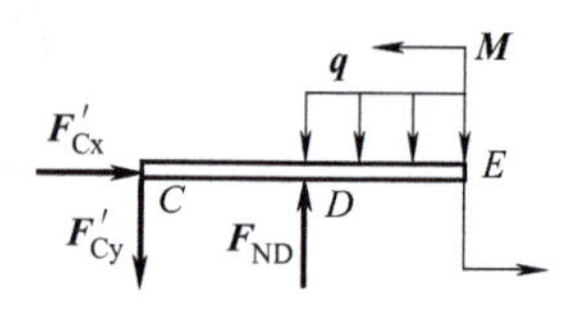

解析图 11　习题 1-6 梁 CDE 的解答

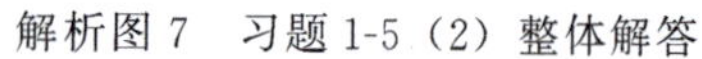

第二章

2-1　解：下面用解析法来求解汇交力系合力，如解析图 12 所示，以力的交点为坐标原点建立坐标系。

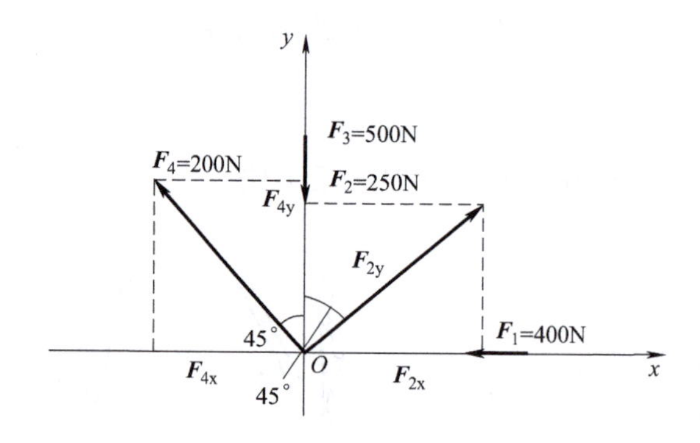

解析图 12　平面汇交力系在坐标轴上的投影

根据合力投影定理

$$F_{Rx}=F_{1x}+F_{2x}+F_{3x}+F_{4x}=-400+250\cos45°+0-200\sin45°=-364.65\ (\mathrm{N})$$

$$F_{Ry}=F_{1y}+F_{2y}+F_{3y}+F_{4y}=0+250\sin45°-500+200\cos45°=-181.85\ (\mathrm{N})$$

$$R=\sqrt{F_{Rx}^2+F_{Ry}^2}=\sqrt{(-364.65)^2+(-181.85)^2}=407.4\ (\mathrm{N})$$

2-2　解：(1) 取节点 A 为研究对象，画其受力图，如解析图 13 所示。由于杆 AB 与 AC 均为两力构件，对 B 的约束反力分别为 $\boldsymbol{F}_{AC}$ 与 $\boldsymbol{F}_{BA}$，滑轮两边绳索的约束反力相等，即 $F_{AO}=W$。

(2) 选取坐标系 xAy。

(3) 列平衡方程式求解未知力。

$$\sum F_x=0, F_{AC}\sin30°+F_{BA}-F_{AO}\sin45°=0$$

$$\sum F_y=0, F_{AC}\cos30°-F_{AO}\cos45°=0$$

解析图 13　简易起重机受力图

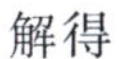

解得

$$F_{AC}=1633(\text{N}), F_{BA}=3863.7(\text{kN})$$

2-3　答案：(a) $m_o(\boldsymbol{F})=0$　(b) $m_o(\boldsymbol{F})=Fl\sin\beta$　(c) $m_o(\boldsymbol{F})=Fl\sin\theta$

(d) $m_o(\boldsymbol{F})=-Fa$　(e) $m_o(\boldsymbol{F})=F(l+r)$　(f) $m_o(\boldsymbol{F})=F\sqrt{a^2+b^2}\sin\alpha$

2-4　解：根据定义求解。

如解析图 14 (a)、(b) 所示，根据力对点之矩的定义式得

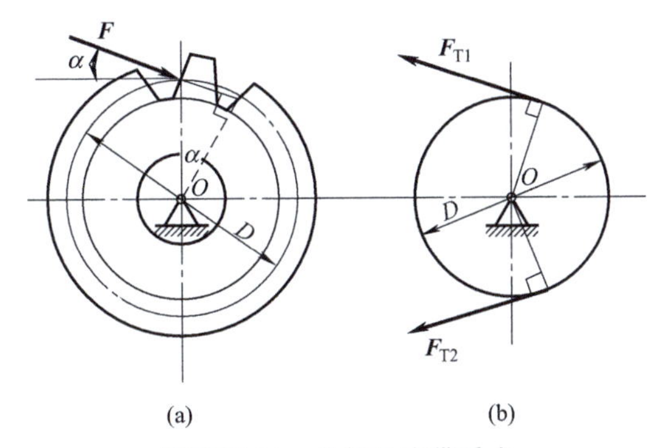

解析图 14　齿轮和皮带受力

$$M_O(F)=Fd=F\frac{D}{2}\cos\alpha=1000\times\frac{160}{2}\cos20°=7517.5\ (\text{N}\cdot\text{mm})$$

$$M_O(F_{T1})=Fd=F\frac{D}{2}=200\times\frac{160}{2}=16000\ (\text{N}\cdot\text{mm})$$

$$M_O(F_{T2})=Fd=F\frac{D}{2}=100\times\frac{160}{2}=8000\ (\text{N}\cdot\text{mm})$$

2-5　解：由力偶的定义可知，力 $\boldsymbol{F}$ 与 $\boldsymbol{F}'$ 构成一个 M ($\boldsymbol{F}$，$\boldsymbol{F}'$)，逆时针为正，根据力偶的性质，力偶只能用力偶来平衡，所以在锤头的两侧如解析图 15 所示，必作用有大小相等、方向相反的一对力 $\boldsymbol{F}_2$ 及 $\boldsymbol{F}'_2$，构成一个力偶 M ($\boldsymbol{F}_2$，$\boldsymbol{F}'_2$) 与之平衡。

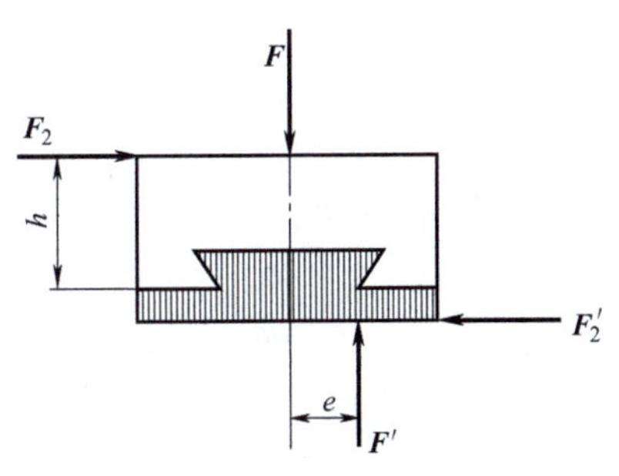

解析图 15　锻锤的受力

列平衡方程，取锻锤

$$\sum M=0,\ Fe-F_2h=0$$

$$F_2=\frac{Fe}{h}=\frac{1000\times20}{200}=100\ (\text{kN})$$

2-6

(1) 解：① 取 AB 杆为研究对象，画其受力图，如解析图 16 (a) 所示。

② 以 A 为原点建立直角坐标系 xAy，列平衡方程。

$$\sum m_A(\boldsymbol{F})=0 \qquad N_B l-M_2+M_1=0$$

$$\sum F_x=0 \qquad N_{Ax}=0$$

$$\sum F_y=0 \qquad N_B+N_{Ay}=0$$

解得 $N_B=2.25\ (\text{kN})$；$N_{Ax}=0\ (\text{kN})$；$N_{Ay}=-2.25\ (\text{kN})$

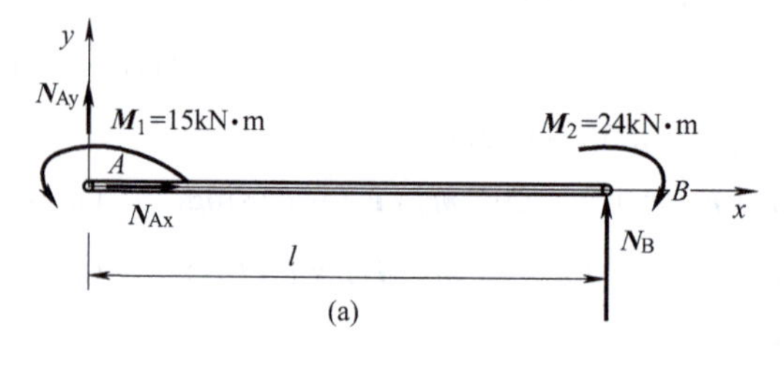

(a)

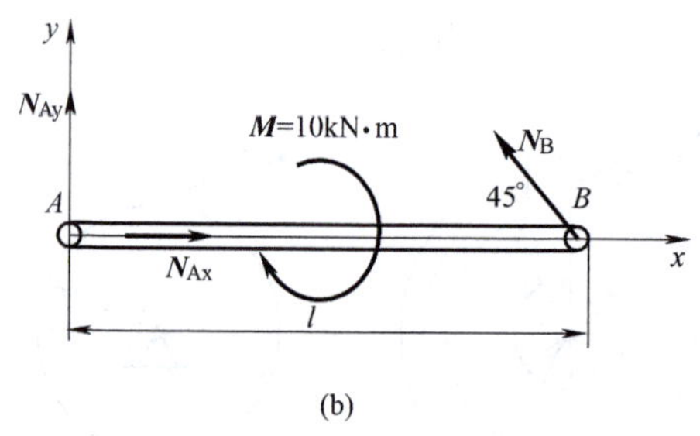

(b)

解析图 16 构件受力图

(2) 解：① 取 AB 杆为研究对象，画其受力图，如图 12-16 (b) 所示。

② 以 A 为原点建立直角坐标系 xAy，列平衡方程。

$$\sum m_A(\boldsymbol{F})=0 \qquad N_B l\sin45^\circ-M=0$$

$$\sum F_x=0 \qquad N_{Ax}-N_B\cos45^\circ=0$$

$$\sum F_y=0 \qquad N_B\sin45^\circ+N_{Ay}=0$$

解得 $N_B=3.54\ (\text{kN})$；$N_{Ax}=2.5\ (\text{kN})$；$N_{Ay}=-2.5\ (\text{kN})$

2-7 解：

(a) $F_B=\frac{2}{3}qa$，$F_{Ax}=0$，$F_{Ay}=\frac{1}{3}qa$

(b) $F_B=2qa$，$F_{Ax}=0$，$F_{Ay}=-qa$

(c) $F_B=2qa$，$F_{Ax}=0$，$F_{Ay}=qa$

(d) $F_B=\frac{13}{6}qa$，$F_{Ax}=0$，$F_{Ay}=\frac{11}{6}qa$

(e) $M_A=-3.5qa^2$，$F_{Ay}=2qa$

(f) $M_A=3qa^2$，$F_{Ay}=3qa$

(g) $F_A=2qa$，$F_{Bx}=-2qa$，$F_{By}=qa$

(h) $F_B=0$，$F_{Ax}=0$，$F_{Ay}=qa$

2-8 解：

如图 2-27 所示，满载时起重机可能绕 B 点右翻，考虑临界平衡状态，则

$$\sum M_B=0 \qquad W_Q\times2-G\times2.5-G_P\times5.5=0$$

解得
$$G_P=\frac{26\times2-4.5\times2.5}{2.5+3}=\frac{40.75}{5.5}=7.41\ (\text{kN})$$

2-9　解：如图 2-32 所示，杠杆 AB 两端受砝码重力 W_1 和汽车重力 W_2 作用，这两个力都可以使杠杆 AB 绕轴 O 转动，则根据力矩平衡，得

$$\sum M_O=0 \qquad W_1l-W_2a=0$$

解得　$W_1=\dfrac{W_2a}{l}$

2-10　解：

（1）因为运动员人体及所受的力是左右对称的，两边受力相同，故取运动员左半部分为研究对象，画其受力图，如解析图 17 所示。运动员体重为 W，两臂总重为 W_1，所以左半边分别 $W/2$ 和 $W_1/2$，且手臂为均质杆等效为一个集中力 $W_1/2$，作用在距离肩关节 O 点$\dfrac{l-d}{4}$处，肩关节相当于铰接，所以受两个力分别为 R_{Ox} 和 R_{Oy}。

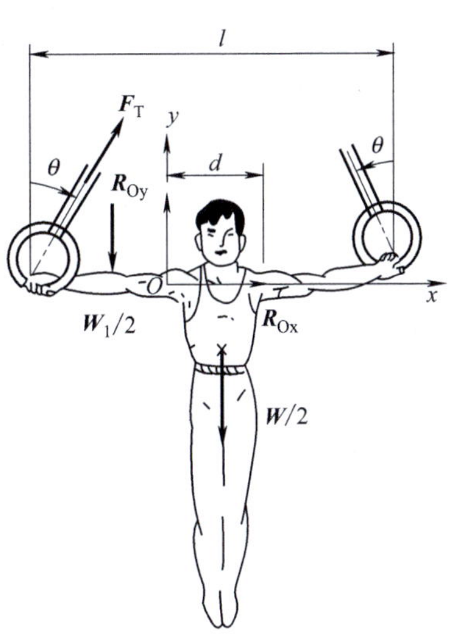

解析图 17　运动员左半部分受力图

（2）以肩关节 O 为原点建立直角坐标系 xOy，列平衡方程。

$$\sum m_O(\boldsymbol{F})=0 \qquad \frac{W}{2}\times\frac{d}{2}-\frac{W_1}{2}\times\frac{l-d}{4}+F_T\cos\theta\times\frac{l-d}{2}=0$$

$$\sum F_x=0 \qquad F_T\sin\theta+R_{Ox}=0$$

$$\sum F_y=0 \qquad F_T\cos\theta+R_{Oy}-\frac{W}{2}-\frac{W_1}{2}=0$$

解得 $F_T=\dfrac{W_1}{4\cos\theta}-\dfrac{Wd}{2(l-d)\cos\theta}$ (kN)；$R_{Ox}=\dfrac{Wd\tan\theta}{2(l-d)}-\dfrac{W_1\tan\theta}{4}$ (kN)；

$R_{Oy}=\dfrac{Wd}{2(l-d)}+\dfrac{2W+W_1}{4}$ (kN)

第三章

3-1　解：

$\boldsymbol{F}_1$ 平行于 z 轴，故 $F_{1x}=0$；$F_{1y}=0$；$F_{1z}=1\text{kN}$

$\boldsymbol{F}_2$ 平行于 xOy 平面，故

$F_{2x}=-F_2\cos45°=-1$ (kN)，$F_{2y}=F\cos45°=1$ (kN)，$F_{2z}=0$

$\boldsymbol{F}_3$ 沿正六面体的对角线，故

$$F_{3x}=F_3\frac{\sqrt{a^2}}{\sqrt{a^2+a^2+a^2}}=\sqrt{3}\times\frac{a}{\sqrt{3}a}\text{kN}=1(\text{kN}),$$

$$F_{3y}=\frac{\sqrt{a^2}}{\sqrt{a^2+a^2+a^2}}=\sqrt{3}\times\frac{a}{\sqrt{3}a}\text{kN}=1(\text{kN})$$

$$F_{3z}=\frac{\sqrt{a^2}}{\sqrt{a^2+a^2+a^2}}=\sqrt{3}\times\frac{a}{\sqrt{3}a}\text{kN}=1\ (\text{kN})$$

3-2　解：力 **F** 对 z 轴之矩，等于力 **F** 在垂直于 z 轴的平面内的投影对 z 轴与该平面交点之矩。对于情况（1）有 $M_z(\boldsymbol{F})=rF\cos\alpha=rF\cos60°=\frac{1}{2}rF$

对于情况（2）有

$$M_z(\boldsymbol{F})=-RF\sin\beta=-RF\sin60°=-\frac{\sqrt{3}}{2}RF$$

3-3　解：已知 **F** 与 xOy 平面的夹角，用间接投影法。力 **F** 在 x、y、z 轴上的投影分别为

$$F_x=F\cos60°\cos45°=600\times\frac{1}{2}\times\frac{\sqrt{2}}{2}\approx212\ (\text{N})$$

$$F_y=F\cos60°\cos45°=600\times\frac{1}{2}\times\frac{\sqrt{2}}{2}\approx212\ (\text{N})$$

$$F_z=F\cos30°=600\times\frac{\sqrt{3}}{2}\approx520\ (\text{N})$$

力 **F** 对 x、y、z 轴之矩分别为

$M_x(\boldsymbol{F})=F_y|OA|=212\text{N}\times0.2\text{m}$

$=42.4\ (\text{N}\cdot\text{m})$

$M_y(\boldsymbol{F})=-F_x|OA|-F_z|AB|$

$=-212\text{N}\times0.2\text{m}-520\text{N}\times0.05\text{m}$

$=68.4\ (\text{N}\cdot\text{m})$

$M_z(\boldsymbol{F})=F_y|AB|=212\text{N}\times0.05\text{m}$

$=10.6\ (\text{N}\cdot\text{m})$

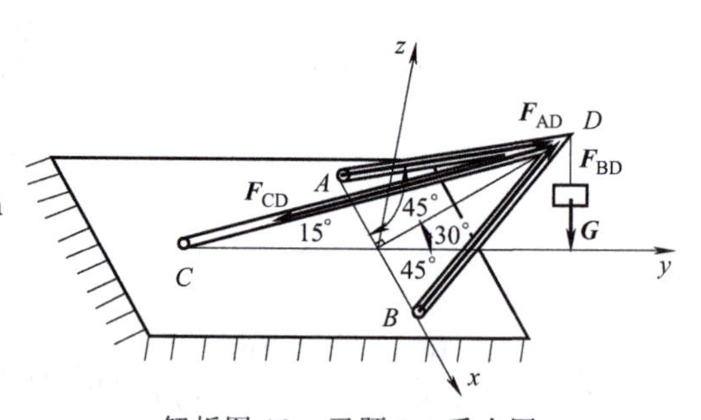

解析图 18　习题 3-4 受力图

3-4　解：取 D 点为研究对象，画受力图如解析图 18 所示，其中 **G** 为主动力，$\boldsymbol{F}_{CD}$、$\boldsymbol{F}_{AD}$和 $\boldsymbol{F}_{BD}$分别为 CD、AD 和 BD 三个杆所受的内力。此四力汇交于 D 点，为空间汇交力系。

$\sum F_x=0\quad F_{AD}\cos45°-F_{BD}\cos45°=0\quad F_{AD}=F_{BD}$

$\sum F_y=0\quad -F_{CD}\cos15°+F_{AD}\sin45°\cos30°+F_{BD}\sin45°\cos30°=0$

$F_{CD}\cos15°=2F_{AD}\sin45°\cos30°$

$$F_{CD}=\frac{2F_{AD}\sin45°\cos30°}{\cos15°}$$

$\sum F_z=0\quad F_{AD}\sin45°\sin30°+F_{BD}\sin45°\sin30°-F_{CD}\sin15°-G=0$

$2F_{AD}\sin45°\sin30°-2F_{AD}\sin45°\cos30°\tan15°-G=0$

$F_{AD}\sin45°(1-\sqrt{3}\tan15°)-G=0$

$$F_{AD}=\frac{G}{\sin 45^{\circ}(1-\sqrt{3}\tan 15^{\circ})}=2.639G=26.39\ (\text{kN})$$

$$F_{CD}=\frac{2\sin 45^{\circ}\cos 30^{\circ}}{\cos 15^{\circ}}\times\frac{G}{\sin 45^{\circ}(1-\sqrt{3}\tan 15^{\circ})}=\frac{\sqrt{3}G}{\cos 15^{\circ}(1-\sqrt{3}\tan 15^{\circ})}$$

$$=3.346G=33.46\ (\text{kN})$$

3-5 解：此五个力相互平行，组成空间平行力系。列出平衡方程求解

$\sum F_z=0 \quad F_1+F_2+F_3-F_4-F_5=0$

$\sum M_x(\boldsymbol{F})=0 \quad aF_1+3aF_2+5aF_3-4aF_4-2aF_5=0$

$\sum M_y(\boldsymbol{F})=0, \quad aF_5-4aF_1-3aF_2-2aF_3=0$

得 $\quad F_3=-250\ (\text{kN}), F_4=-400\ (\text{kN}), F_5=400\ (\text{kN})$

3-6 解：将起重机和三轮小车看成一个整体作为研究对象，其外部力系为空间平行力系。当起重机的平面 LMN 平行于 AB 时车轮对轨道的压力分别为 $\boldsymbol{F}_A$、$\boldsymbol{F}_B$ 和 $\boldsymbol{F}_C$，受力分析如解析图 19 所示。

$$\sum M_x(\boldsymbol{F})=0, -F_A\times AB-F_C\times DB-3P_2+1.5P_1=0$$

$$\sum M_y(\boldsymbol{F})=0, -F_C\times CD+(P_1+P_2)DM=0$$

$$\sum F_z=0, F_A+F_B+F_C-P_1-P_2=0$$

代入数据，解得 $F_A=8.34\ (\text{kN})$，$F_B=78.33\ (\text{kN})$，$F_C=43.33\ (\text{kN})$

3-7 解：画受力图。对轴进行受力分析，A、B 两处的约束为一对轴承，约束反力如解析图 20 所示。

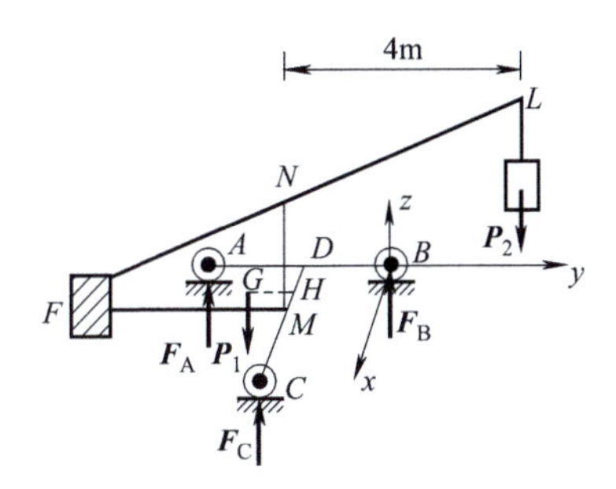

解析图 19 习题 3-6 受力图

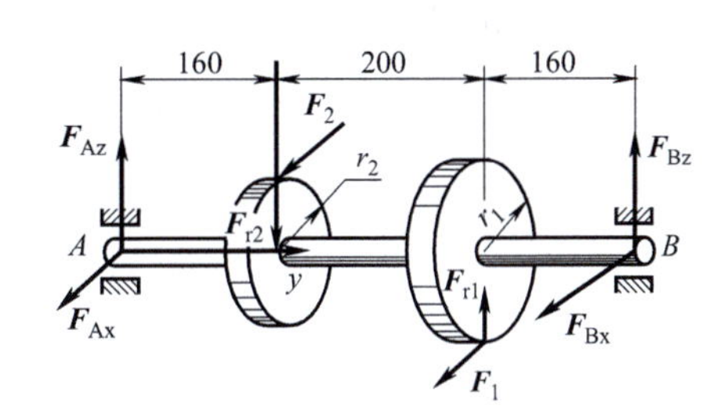

解析图 20 习题 3-7 受力图

$\sum M_y(\boldsymbol{F})=0 \quad F_2r_2-F_1r_1=0$

$$F_2=\frac{r_1}{r_2}F_1=\frac{100}{72}\times 1.58=2.194\ (\text{kN})$$

$F_{r2}=F_2\tan\alpha=2.194\tan 20^{\circ}=0.7986\ (\text{kN})$

$F_{r1}=F_1\tan\alpha=1.58\tan 20^{\circ}=0.5751\ (\text{kN})$

$\sum M_x(\boldsymbol{F})=0 \quad -F_{r2}\times 160+F_{r1}\times 360+F_{Bz}\times 520=0$

$$F_{Bz}=\frac{F_{r2}\times 160-F_{r1}\times 360}{520}=\frac{0.7986\times 160-0.5751\times 360}{520}=-0.1524\ (\text{kN})$$

$\sum F_z=0 \quad F_{Az}+F_{Bz}-F_{r2}+F_{r1}=0$

$F_{Az}=F_{r2}-F_{r1}-F_{Bz}=0.5F\cos\alpha=0.7986-0.5751+0.1524=0.3759$ (kN)

$\sum M_z(\boldsymbol{F})=0 \quad -F_2\times160-F_1\times360-F_{Bx}\times520=0$

$$F_{Bx}=\frac{-F_2\times160-F_1\times360}{520}=\frac{-2.194\times160-1.58\times360}{520}=-1.7689\ (\text{kN})$$

$\sum F_x=0 \quad F_{Ax}+F_{Bx}+F_1+F_2=0$

$F_{Ax}=-F_{Bx}-F_1-F_2=1.7689-1.58-2.194=-2.0051$ (kN)

3-8　解：如解析图21所示，将Z形截面看作由Ⅰ、Ⅱ、Ⅲ三个矩形面积组合而成，每个矩形的面积和重心位置可方便求出。

Ⅰ：$A_1=4000\text{mm}^2$，$x_1=10\text{mm}$，$y_1=0\text{mm}$

Ⅱ：$A_2=4000\text{mm}^2$，$x_2=120\text{mm}$，$y_2=0\text{mm}$

Ⅲ：$A_3=3000\text{mm}^2$，$x_3=230\text{mm}$，$y_3=0\text{mm}$

按式（3-13）求得该截面重心的坐标 x_C、y_C 为

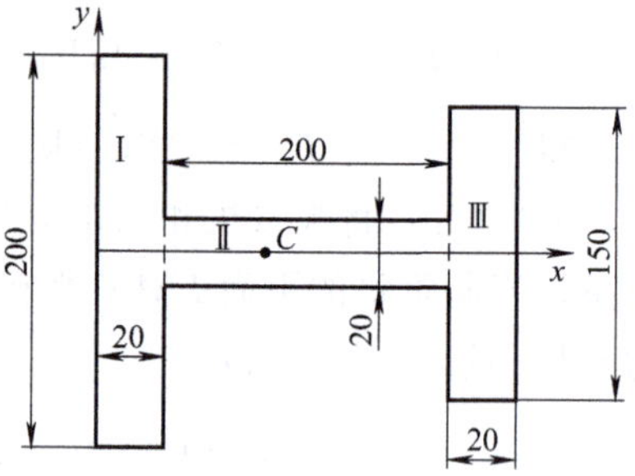

解析图21　习题3-8受力图

$$x_C=\frac{\sum\Delta A_i x_i}{A}=\frac{4000\times10+4000\times120+3000\times230}{4000+4000+3000}$$

$$=110(\text{mm})$$

$$y_C=\frac{\sum\Delta A_i y_i}{A}=0(\text{mm})$$

3-9　解：由对称性得 $y_C=0$，用负面积法

$$x_C=\frac{\sum A_i x_i}{\sum A_i}=\frac{A_1x_1+A_2x_2}{A_1+A_2}$$

$$=\frac{\pi R^2\times0+(-\pi r^2)\times R/2}{\pi R^2+(-\pi r^2)}=-\frac{r^2R}{2(R^2-r^2)}$$

3-10　解：取坐标系如图，将该图形分成三部分。

上半圆 $R100$，形心 C_1 坐标：$x_1=0$，$y_1=\dfrac{4\times100}{3\pi}=42.5$（cm）

面积：$S_1=\dfrac{\pi\times100^2}{2}=15700$（$\text{cm}^2$）

下半圆 $R40$，形心 C_2 坐标：$x_2=0$，$y_2=-\dfrac{4\times40}{3\pi}=-17$（cm）

面积：$S_2=\dfrac{\pi\times40^2}{2}=2512$（$\text{cm}^2$）

空心圆 $R20$，形心 O 坐标：$x_3=0$，$y_3=0$，面积：$S_3=-\pi\times20^2=-1256$（cm^2）

因此：$x_C=\dfrac{x_1S_1+x_2S_2+x_3S_3}{S_1+S_2+S_3}=0$（cm），$y_C=\dfrac{y_1S_1+y_2S_2+y_3S_3}{S_1+S_2+S_3}=36.83$（cm）

第四章

4-1 解：

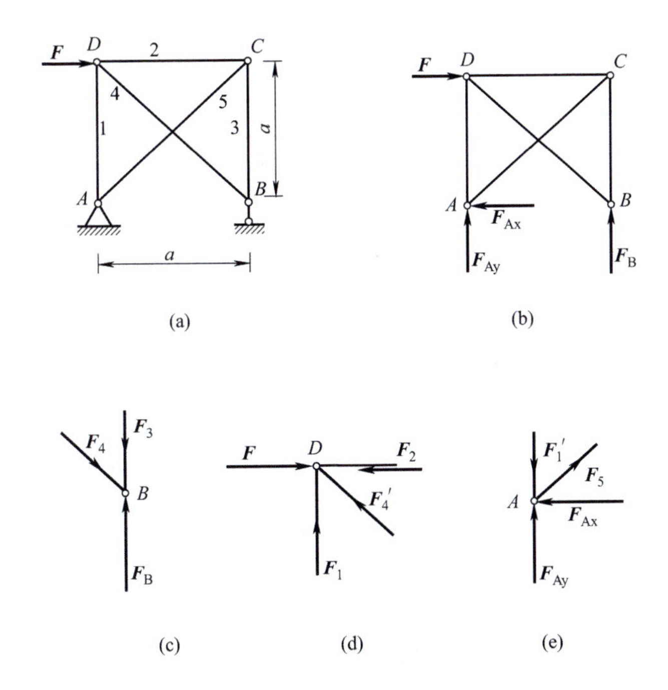

解析图 22 习题 4-1 受力图

(1) 先取整体为研究对象，绘制受力图如解析图 22 (b) 所示。由平衡方程

$\sum F_x=0$，$F-F_{Ax}=0$

$\sum F_y=0$，$F_B+F_{Ay}=0$

$\sum M_A(\boldsymbol{F})=0$，$-Fa+F_Ba=0$

联立求解得 $F_{Ay}=-F$（负号表示与假设的方向相反），$F_{Ax}=F$，$F_B=F$

(2) 取节点 B，绘制受力图如解析图 22 (c) 所示。

4 杆为零，由平衡方程求得 $F_3=F_B=F$

(3) 取节点 D，绘制受力图如解析图 22 (d) 所示。由平衡方程

$\sum F_x=0$，$F-F_2=0$

$\sum F_y=0$，$F_1=0$

联立求解得 $F_2=F$

(4) 取节点 A，绘制受力图如解析图 22 (e) 所示。由平衡方程

$\sum F_x=0$，$-F_{Ax}+F_5\sin 45°=0$

求得 $F_5=\sqrt{2}F$

4-2 解：

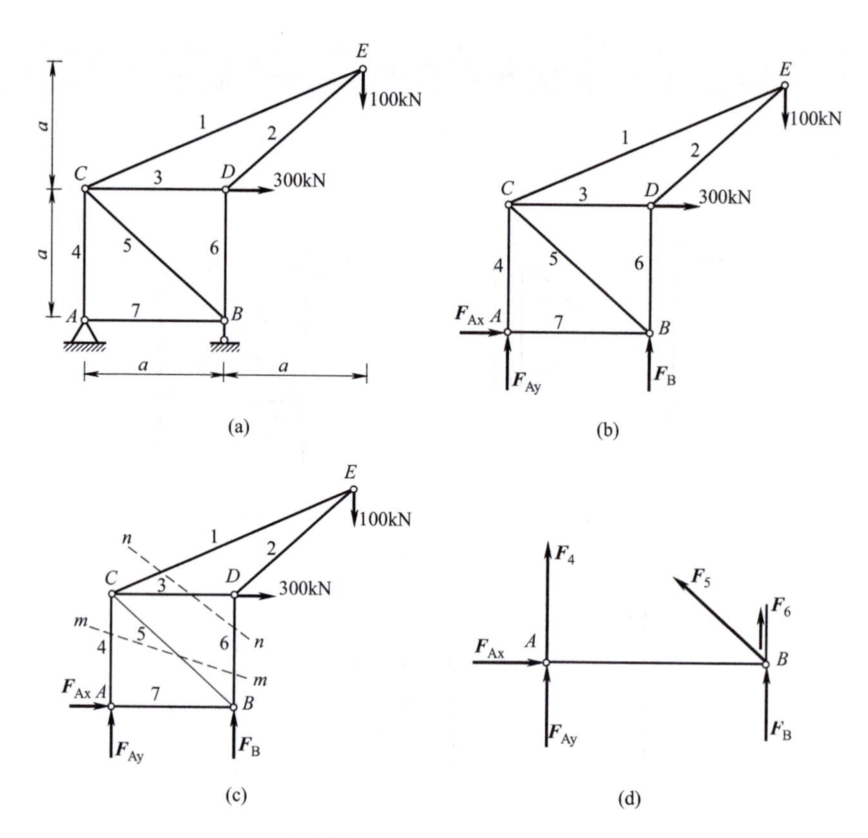

解析图 23　习题 4-2 受力图

(1) 先取整体为研究对象，绘制受力图如解析图 23 (b) 所示。由平衡方程

$\sum F_x=0$，　$F_{Ax}+300=0$

$\sum F_y=0$，　$F_B+F_{Ay}-100=0$

$\sum M_A(\boldsymbol{F})=0$，　$F_Ba-100\times 2a-300a=0$

联立求解得 $F_{Ay}=-400$ (kN)，$F_{Ax}=-300$ (kN)，$F_B=500$ (kN)

(2) 作一截面 $m—m$ 将 4、5、6 三杆截断，如解析图 23 (c) 所示，取左下边部分为研究对象，绘制受力图如解析图 23 (d) 所示。由平衡方程

$\sum F_x=0$，　$F_{Ax}-F_5\cos45^\circ=0$

$\sum F_y=0$，　$F_{Ay}+F_6+F_5\cos45^\circ+F_4+F_B=0$

$\sum M_A(\boldsymbol{F})=0$，　$F_6a+F_5a\ \cos45^\circ+F_Ba=0$

联立求解得 $F_5=-300\sqrt{2}$ (kN)，$F_6=-200$ (kN)，$F_4=400$ (kN)

同样，作一截面 $n—n$ 将 1、3、6 三杆截断，如解析图 23 (c) 所示，由平衡方程可求得 F_3。

4-3　解：$F_{max}=\mu N=30$ (N)

(1) $F=10N<F_{max}$，物体静止，摩擦力为 10N。

(2) $F=30N=F_{max}$，物体处于临界状态，摩擦力为 30N。

(3) $F=50N>F_{max}$，物体运动，摩擦力 $\boldsymbol{F}=\mu N\approx 30$ (N)。

4-4　解：假设物体处于平衡状态，受力图如解析图 24 所示，平衡方程如下

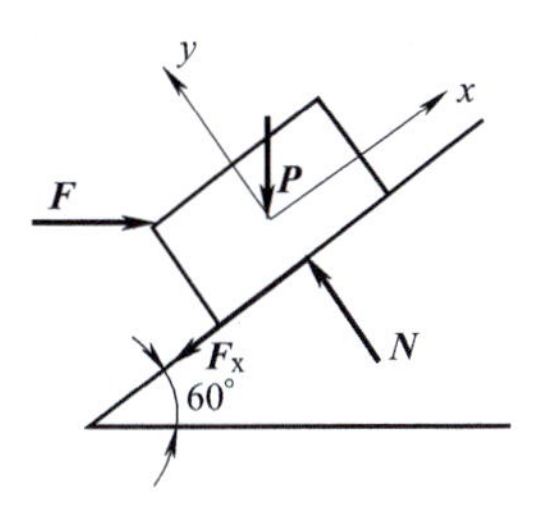

解析图 24　习题 4-4 受力图

$\sum F_x=0$，　$P\cos60°-P\sin60°-F=0$

$\sum F_y=0$，　$N-P\cos60°-P\sin60°=0$

求得　$F\approx0.366P$，$N\approx1.366P$

$F_{max}=N\tan45°=1.366P$

$F_x<F_{max}$，物体平衡。

4-5　解析参见本章例 4-3 分析。

4-6　解：(1) 滑块有向上运动趋势时，F 为最大值 F_{max}，受力图如解析图 25 (a)、(b) 所示。

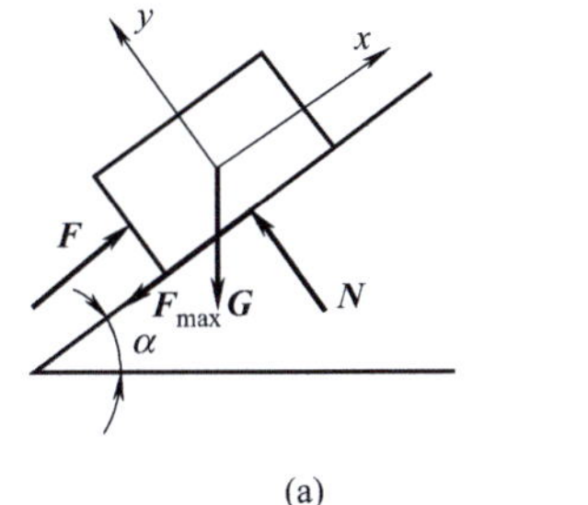

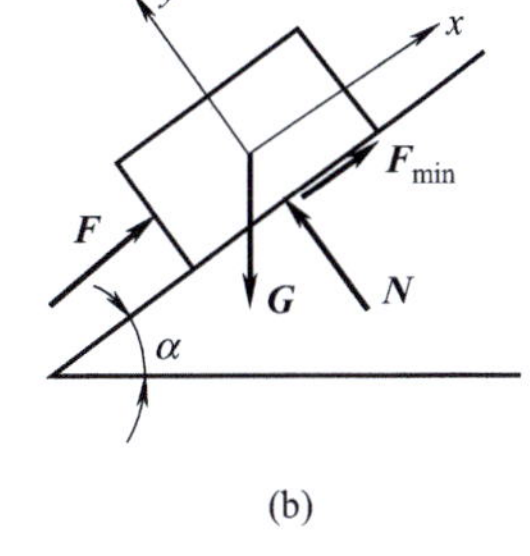

解析图 25　习题 4-6 受力图

由平衡方程

$\sum F_x=0$，$F_{max}-\tan\varphi_m\cdot N-G\sin60°=0$

$\sum F_y=0$，$N-G\cos\alpha=0$

求得 $F_{max}=G(\tan\varphi_m\cos\alpha+\sin\alpha)$

(2) 滑块有向下运动趋势时，F 为最小值 F_{min}，受力图如解析图 25 (b) 所示。由平衡方程

$\sum F_x=0$，$F_{min}+\tan\varphi_m N-G\sin\alpha=0$

$\sum F_y=0$，$N-G\cos\alpha=0$

求得 $F_{min}=G(\sin\alpha-\tan\varphi_m\cos\alpha)$

4-7　解：(1) 取 OA 杆为研究对象，受力图如解析图 26 (a) 所示，由平衡方程

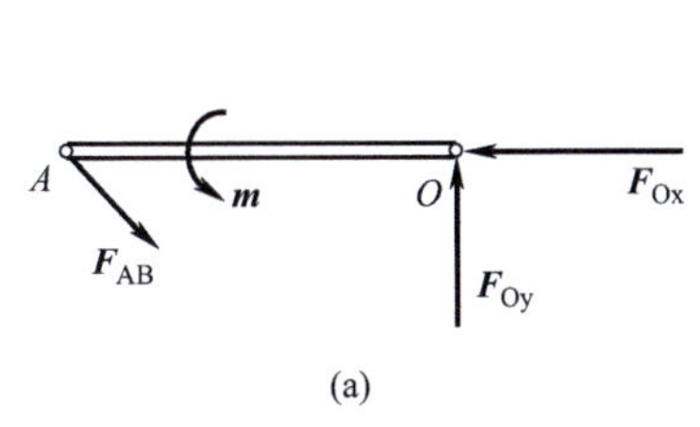

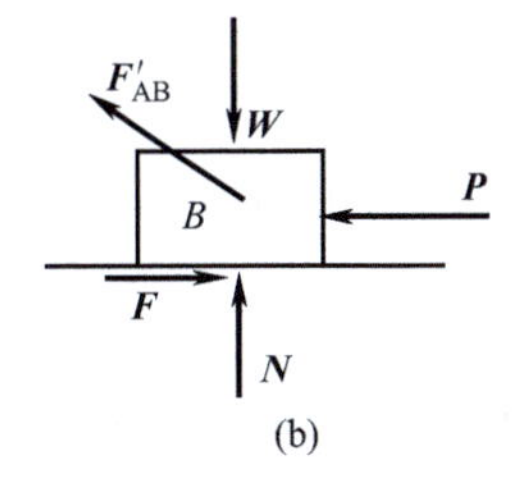

解析图 26　习题 4-7 受力图

$\sum F_x=0$，$F_{Ox}-F_{AB}\cos\alpha=0$

$\sum F_y=0$，$F_{Oy}-F_{AB}\sin\alpha=0$

$\sum M_O(\boldsymbol{F})=0$，$F_{AB}\times OA\sin\alpha+m=0$

求得 $F_{AB}=-1000$ (N)，$F_{Ox}=-866$ (N)，$F_{Oy}=-500$ (N)

(2) 以滑块 B 为研究对象，受力图如解析图 26 (b) 所示，由平衡方程

$\sum F_x=0$，$F'_{AB}\cos\alpha-F+P=0$

$\sum F_y=0$，$N-W+F_{AB}\sin\alpha=0$

求得 $F=-66$ (N)（负号表示摩擦力方向与假定方向相反），$N=100$ (N)

(3) 最大静摩擦力 $F_{max}=\mu N=30$ (N)

$F>F_{max}$，滑块 B 处于向右运动状态，摩擦力为滑动摩擦力，约 30N，方向与假定方向相反。

第五章

5-1　解：选取 1-1 截面，如解析图 27（a）所示。

$F-F_1=0$，$F_1=F$

选取 2-2 截面：如解析图 27（b）所示。

$$F-2F-F_2=0，F_2=-F$$

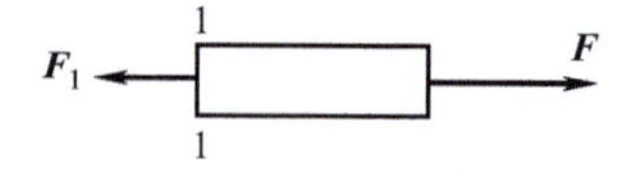

（a）习题 5-1（1—1 截面）受力图

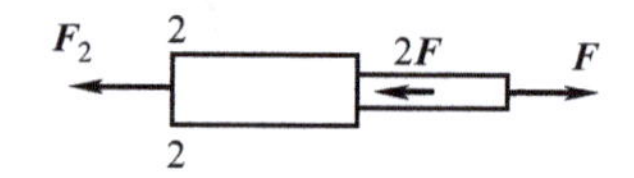

（b）习题 5-1（2—2 截面）受力图

解析图 27　习题 5-1 受力图

5-2　解：AB 杆为二力杆

根据 $\sum M_C=0$，$F_N\times3-3\times2=0$，$F_N=2$ (kN)

可见，AB 杆为轴向拉伸变形。

水平 BC 杆截开后，内力如解析图 28 所示。

$$\sum F_y=0, F_Q+F_N-3=0, \text{解得 } F_Q=1\ (\text{kN})$$

$$\sum M_B=0, -M-F_Q\times2+3\times1=0, \text{解得 } M=1\ (\text{kN}\cdot\text{m})$$

解析图 28　BC 杆内力分析

水平杆 BC 受弯矩的作用，所以 BC 杆发生弯曲变形。

5-3　解：平均线应变

$$\varepsilon_m=\frac{\Delta L}{L}=5\times10^{-4}$$

5-4　解：

(1) 沿半径方向的平均应变

$$\varepsilon'=\frac{\Delta R}{R}=\frac{3\times10^{-3}}{80}=3.75\times10^{-5}$$

(2) 沿外圆周方向的平均应变

$$\varepsilon''=\frac{2\pi(R+\Delta R)-2\pi R}{2\pi R}=\frac{\Delta R}{R}=3.75\times10^{-5}$$

5-5　解：因为切应变以直角的改变量来计算，本题的角度改变显然不是从直角开始，根据小变形情况下材料是弹性的，则有

$$\frac{r}{\frac{\pi}{2}}=\frac{1^\circ}{30^\circ}，所以\ r=\frac{\pi}{60}=0.0523$$

5-6 解：

(1) 沿 OB 的平均线应变

$$\varepsilon_{OB}=\frac{\Delta L_{OB}}{L_{OB}}=\frac{0.03}{120}=2.5\times10^{-4}$$

(2) 求 AB 和 BC 两边在 B 点的角度改变。

AB 和 BC 两边在 B 的角度改变量为 $\gamma=2(\alpha_1-\alpha_2)$

而 $$\beta=\left(\frac{\pi}{2}-\alpha_2\right)-\left(\frac{\pi}{2}-\alpha_1\right)=\alpha_1-\alpha_2$$

所以 $\gamma=2\beta$，因为是小变形，所以

$$\beta\approx\sin\beta=\frac{\Delta_{BD}}{L_{BC}}=\frac{\Delta BB'\sin\frac{\pi}{4}}{L_{BC}}=1.25\times10^{-4}(\text{rad})$$

$$\gamma=2\beta=2.5\times10^{-4}(\text{rad})$$

第六章

6-1 解：用截面法求解轴力（记住：截，取，代，平）：

选取 1—1 截面，受力分析如解析图 29（a）所示；

选取 2—2 截面，受力分析如解析图 29（b）所示；

选取 3—3 截面，受力分析如解析图 29（c）所示；

轴力图如解析图 29（d）所示。

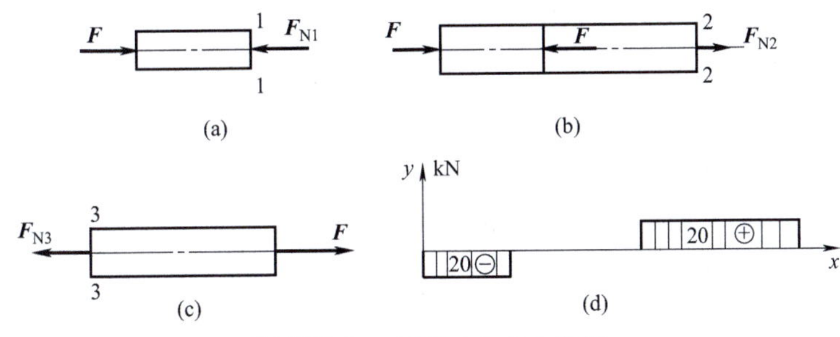

解析图 29　习题 6-1 内力分析

根据 $\sum F_N=0$ 得，$F+F_{N1}=0$，$F_{N1}=-20$（kN）

同理可得 $F_{N2}=0$（kN），

$F_{N3}=20$（kN）

6-2 解：由截面法可求得

$F_{N1}=F_{N2}=-14$（kN）

$$\delta_1=\frac{F_{N1}}{A_1}=\frac{-F}{A_1}=\frac{-14\times10^3}{20\times4\times10^{-6}}\text{Pa}=-175\ (\text{MPa})$$

$$\delta_2=\frac{F_{N2}}{A_2}=\frac{-F}{A_2}=\frac{-14\times10^3}{(20-10)\times4\times10^{-6}}\text{Pa}=-350\ (\text{MPa})$$

6-3 解：杆段 AB 与 BC 的轴力分别为

$F_{N1}=2F$

$F_{N2}=F$

其轴向变形为$\Delta L_1=\dfrac{F_{N1}L_1}{EA}=\dfrac{8FL_1}{E\pi d^2}$

$$\Delta L_2=\frac{F_{N2}L_2}{EA}=\frac{4FL_2}{E\pi d^2}$$

所以，杆 AC 的总伸长为

$$\Delta L=\Delta L_1=\Delta L_2=\frac{8FL_1}{E\pi d^2}+\frac{4FL_2}{E\pi d^2}=\frac{12FL_1}{E\pi d^2}$$

按照设计要求，总伸长 ΔL 不得超过许用变形 $[\Delta L]$，即要求

$$\frac{12FL_1}{E\pi d^2}\leqslant[\Delta L]$$

由此得 $d\geqslant\sqrt{\dfrac{12FL_1}{E\pi[\Delta L]}}=\sqrt{\dfrac{12(4\times10^3\text{N})(100\times10^{-3}\text{m})}{\pi(200\times10^9\text{Pa})(0.1\times10^{-3}\text{m})}}=8.7\times10^{-3}(\text{m})$

$$d=9.0\ (\text{mm})$$

6-4　解：(1) 用截面法求解各段轴力，并画出轴力图如解析图 30 所示，如图各段的变形量为

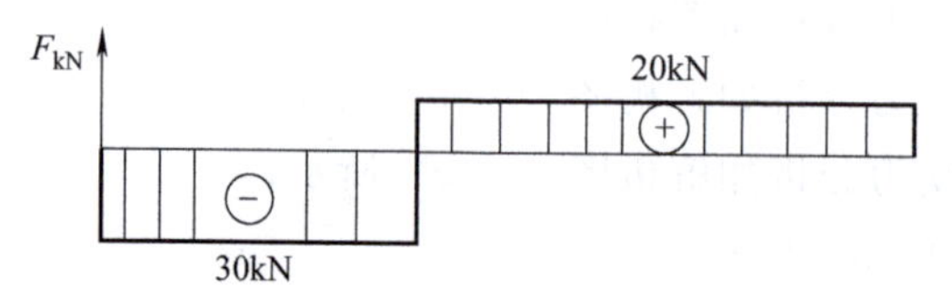

解析图 30　习题 6-4 轴力图

$$\Delta L_1=\frac{FN_1L_1}{EA_1}=\frac{-30\times10^3\times120\times10^{-3}}{200\times10^9\times500\times10^{-6}}=-3.6\times10^{-5}(\text{m})$$

$$\Delta L_2=\frac{FN_2L_2}{EA_2}=\frac{20\times10^3\times100\times10^{-3}}{200\times10^9\times500\times10^{-6}}=2.0\times10^{-5}(\text{m})$$

$$\Delta L_3=\frac{FN_3L_3}{EA_3}=\frac{20\times10^3\times100\times10^{-3}}{200\times10^9\times250\times10^{-6}}=4.0\times10^{-5}(\text{m})$$

(2) 杆的总变形

$$\Delta L_{AB}=\Delta L_1+\Delta L_2+\Delta L_3=-3.6\times10^{-5}+2.0\times10^{-5}+4.0\times10^{-5}=2.4\times10^{-5}(\text{m})$$

6-5　解：$\sigma=\dfrac{4F}{\pi(D^2-\text{d}^2)}=\dfrac{4(20\times10^3)\text{N}}{\pi(0.02^2-0.015^2)\text{m}^2}=1.455\times10^8(\text{MPa})$

材料的许用应力为

$$[\sigma]=\frac{\sigma_s}{n_s}=\frac{235\times10^6\text{Pa}}{1.5}=1.56\times10^8\text{Pa}=156\ (\text{MPa})$$

可见，工作应力小于许用应力，说明杆件能够安全工作。

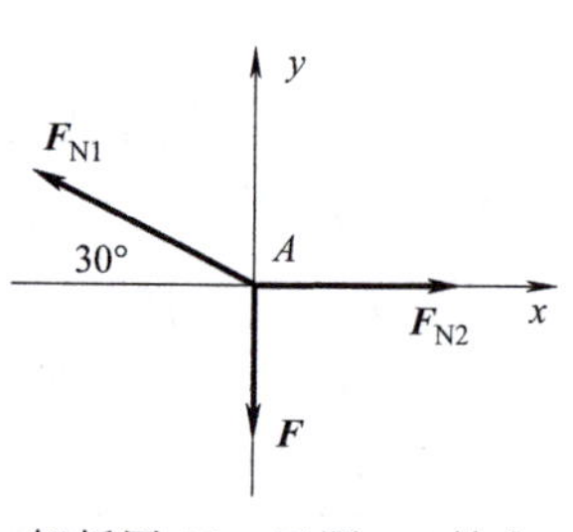

解析图 31　习题 6-6 结点 A 受力图

6-6　解：(1) 求杆 AC 和杆 AB 的轴力 F_{N1} 和 F_{N2} 与荷载 F 的关系。取结点 A 为研究对象，假设 F_{N1} 为拉力，F_{N2} 为压力，如解析图 31 所示。结点 A 的平衡方程为

$$\sum F_y=0,\ F_{N1}\sin30^\circ-F=0$$

$$\sum F_x=0,\ F_{N2}-F_{N1}\cos30^\circ=0$$

解得 $$F_{N1}=2F,\ F_{N2}=1.732F$$

（2）计算许可轴力。

由型钢表查得杆 AC 的横截面积，$A_1=1086\times10^{-6}\times2=2172\times10^{-6}\,m^2$，杆 AB 的横截面面积 $A_2=1430\times10^{-6}\times2=2860\times10^{-6}\,m^2$

根据强度条件 $\sigma=\dfrac{F_N}{A}\leqslant[\sigma]$

并代入两杆的横截面积 A_1、A_2 得到许可轴力为

$$[F_{N1}]=(170\times10^6\,Pa)(2172\times10^{-6}\,m^2)=369.2\times10^3\,N=369.2\ (kN)$$

$$[F_{N2}]=(170\times10^6\,Pa)(2860\times10^{-6}\,m^2)=486.2\times10^3\,N=486.2\ (kN)$$

所以该结构的许可荷载应取 361.2kN。

6-7 解：缸盖上承受的总压力是

$$F=\frac{1}{4}\pi D^2p=\frac{1}{4}\times3.14\times(350\times10^{-3}\,m)^2\times1\times10^6\,Pa=96.2\times10^3\,(N)$$

这也就是六个螺栓承担的总拉力，即每个螺栓承受的轴力为 $F_N=\dfrac{F}{6}$，若螺栓的小径为 d，横截面面积 $A=\dfrac{\pi d^2}{4}$，于是由强度条件式 $\dfrac{\pi d^2}{4}\geqslant\dfrac{F_N}{[\sigma]}$

解出 $d\geqslant\sqrt{\dfrac{4F_N}{\pi\,[\sigma]}}=\sqrt{\dfrac{4\times96.2\times10^3\,N}{6\times\pi\times40\times10^6\,Pa}}=0.0226m=22.6\ (mm)$

可取 $d=23$ (mm)

6-8 解：轴力分析如解析图 32 所示。

（1）设杆 1 轴向受控，杆 2 轴向受压，杆 1 与杆 2 的轴力分别为 F_{N1}、F_{N2}，则根据节点 B 的平衡方程

$$\sum F_x=0,\ F_{N2}-F_{N1}\cos45^\circ=0$$

$$\sum F_y=0,\ F_{N1}\sin45^\circ-F=0$$

得 $$F_{N1}=\sqrt{2}F\ (拉力)$$

$$F_{N2}=F\ (压力)$$

解析图 32 习题 6-8 结点 B 受力图

（2）确定 F 的许用值

$$\frac{\sqrt{2}F}{A}\leqslant[\sigma_t]$$

由此得出 $F\leqslant\dfrac{A[\sigma_1]}{\sqrt{2}}=\dfrac{(100\times10^{-6}\,m^2)(200\times10^6\,Pa)}{\sqrt{2}}=1.414\times10^4\,(N)$

杆 2 的强度条件为 $\dfrac{F}{A}\leqslant[\sigma_c]$

由此得 $F\leqslant A[\sigma_c]=(100\times10^{-6}\,m^2)(200\times10^6\,Pa)=1.50\times10^4\,(N)$

可见，桁架所能承受的最大许用荷载为

$$[F]=14.14\ (kN)$$

第七章

7-1　解：(1) 根据剪力强度条件计算

$$\tau=\frac{F/2}{A}=\frac{F/2}{\frac{\pi d^2}{4}}\leqslant[\tau]\ \text{MPa}$$

得　　　　$d\geqslant 39.90\text{mm}$

(2) 根据挤压强度条件计算

$$\sigma_j=\frac{F_j}{A_j}=\frac{F_j}{\frac{t}{2}d}\leqslant[\sigma]_j\ \text{MPa}$$

得　　　　$d\geqslant 50\text{mm}$

综合 (1)、(2)，直接应选不小于 50mm。

7-2　解：剪切面是圆柱形侧面，其面积为

$$A_s=\pi d\delta$$

冲孔所需要的冲剪力就是钢板破坏时剪切面上的剪力，可得

$$F_b\geqslant\tau_b A_s=99\ (\text{kN})$$

故冲孔所需要的最小冲剪力为 99kN。

7-3　解：剪切面面积为

$$A_s=5\times35=175\ (\text{mm}^2)$$

挤压面面积为

$$A_j=2.5\times35=87.5\ (\text{mm}^2)$$

(1) 根据剪力强度条件计算

$$\tau=\frac{F}{A_s}\leqslant[\tau]\text{MPa}$$

得　　　　剪切力 $F'\leqslant 17.5\text{kN}$

(2) 根据挤压强度条件计算

$$\sigma_j=\frac{F_j}{A_j}\leqslant[\sigma]_j\text{MPa}$$

得　　　　剪切力 $F'\leqslant 19.25\text{kN}$

由合力偶矩定理可知　　$F\times60-F'\times10=0$

故：手柄上端 F 力的最大值为 2.917kN。

7-4　解：剪切面面积为

$$A_s=\pi d^2/4=28.26\ (\text{mm}^2)$$

剪切面上的剪力

$$F_b\geqslant\tau A_s=10.174\ (\text{kN})$$

最大外力偶矩

$$M\leqslant F_b D/2=152.604\ (\text{N}\cdot\text{m})$$

7-5　解：

(1) 根据剪力强度条件计算

$$\tau=\frac{F/3}{A}=\frac{F/3}{\frac{\pi d^2}{4}}\leqslant[\tau]\ \text{MPa}$$

得 $$d\geqslant 14.57\text{mm}$$

(2) 根据挤压强度条件计算

$$\sigma_j=\frac{F_j/3}{A_j}=\frac{F_j/3}{\delta d}\leqslant[\sigma]_j\ \text{MPa}$$

得 $$d\geqslant 27.78\text{mm}$$

综合 (1)、(2)，直接应选不小于 30mm。

若现用直径 $d=12\text{mm}$ 的铆钉

则由

$$\sigma_j=\frac{F_j/n}{A_j}=\frac{F_j/n}{\delta d}\leqslant[\sigma]_j\ \text{MPa}$$

得铆钉数目 $n=7$ 个。

7-6 答案：0.6。

第八章

8-1 解：

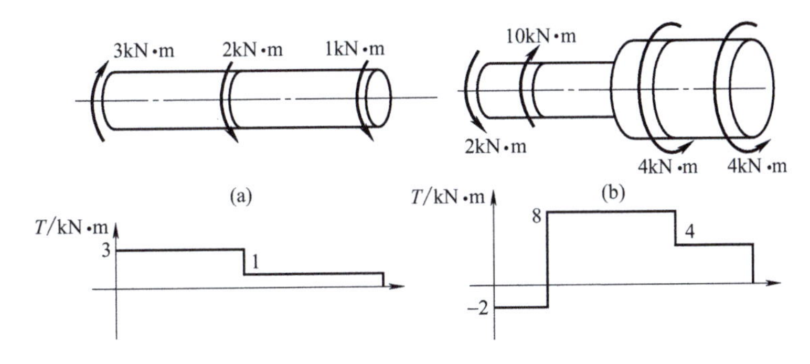

解析图 33 习题 8-1 扭矩图

8-2 解：

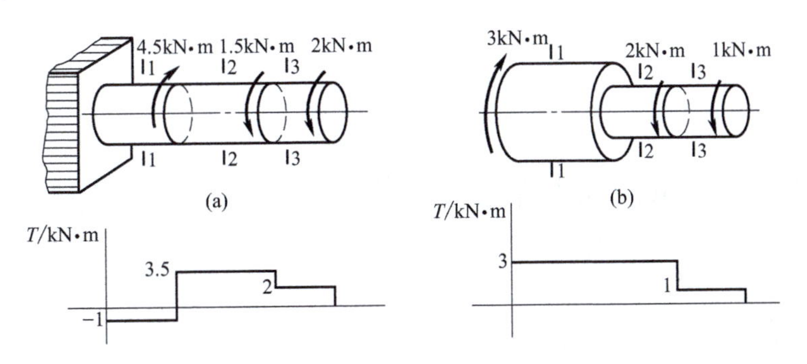

解析图 34 习题 8-2 扭矩图

8-3　解：(1) 计算外力偶矩。

$$M_B=9550\frac{P_B}{n}=9550\times\frac{120}{300}\text{N}\cdot\text{m}=-3820\ (\text{N}\cdot\text{m})$$

$$M_A=9550\frac{P_A}{n}=9550\times\frac{400}{300}\text{N}\cdot\text{m}=12733.33\ (\text{N}\cdot\text{m})$$

$$M_C=9550\frac{P_C}{n}=9550\times\frac{120}{300}\text{N}\cdot\text{m}=-3820\ (\text{N}\cdot\text{m})$$

$$M_D=9550\frac{P_D}{n}=9550\times\frac{160}{300}\text{N}\cdot\text{m}=-5093.33\ (\text{N}\cdot\text{m})$$

(2) 画扭矩图如解析图 35 所示。

解析图 35　习题 8-3 扭矩图

(3) 按强度条件计算。

$$\tau_{max}=\frac{T}{W_n}=\frac{T}{\frac{\pi d^3}{16}}=\frac{7640\times1000}{\frac{\pi\times d^3}{16}}<[\tau]=30\text{MPa}$$

得　$d\geqslant109.1\text{mm}$

(4) 按刚度条件计算。

$$\theta_{max}=\frac{T}{GI_P}\times\frac{180}{\pi}=\frac{7640}{80\times10^9\times\frac{\pi d^4}{32}}\times\frac{180}{\pi}<[\theta]$$

$$=0.3(^\circ)/\text{m}$$

得　$d\geqslant116.78\text{mm}$

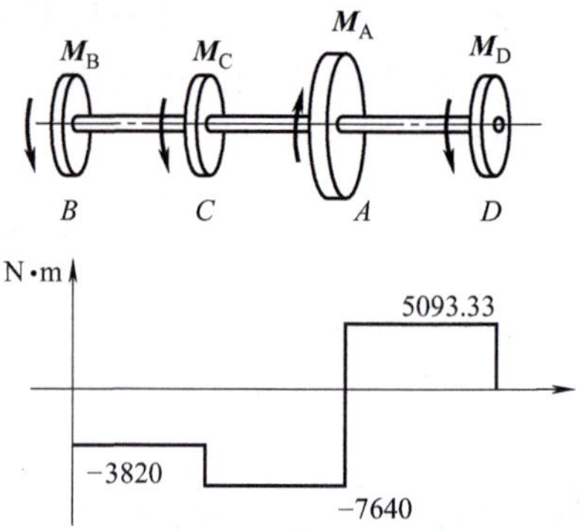

8-4　解：按强度条件计算

$$T=9550\frac{P}{n}=9550\times\frac{5}{960}\text{N}\cdot\text{m}=49.74\ (\text{N}\cdot\text{m})$$

$$\tau_{max}=\frac{T}{W_n}=\frac{T}{\frac{\pi d^3}{16}}=\frac{49.74\times1000}{\frac{\pi\times d^3}{16}}<[\tau]=40\text{MPa}$$

得　$d\geqslant52.2\text{mm}$

8-5　解：

(1) 校核该空心轴的强度。

$$\tau_{max}=\frac{T}{W_n}=\frac{T}{\frac{\pi d^3}{16}(1-\alpha^4)}=\frac{1.5\times10^6}{\frac{\pi\times90^3}{16}\left[1-\left(\frac{90-2\times2.5}{90}\right)^4\right]}=51.3\text{MPa}<[\tau]=60\text{MPa}$$

所以轴满足强度要求。

(2) 若将该轴改为实心轴，按强度条件设计轴的直径 d。

按强度条件 $\tau_{max}=\frac{T}{W_n}=\frac{T}{\pi d'^3/16}\leqslant[\tau]$，得

$$d'\geqslant\sqrt[3]{\frac{16T}{\pi[\tau]}}=\sqrt[3]{\frac{16\times1.5\times10^6}{\pi\times60}}=50.32\ (\text{mm})$$

(3) 空心轴与实心轴比较耗材。

空心轴与实心轴材料消耗之比等于它们的横截面面积之比，即

$$\frac{A_{空}}{A_{实}}=\frac{\pi(d^2-d_0^2)/4}{\pi d'^2/4}=\frac{d^2-d_0^2}{d'^2}=\frac{90^2-85^2}{50.32^2}=0.346$$

可见，在相同材料（抗扭能力相同）的情况下，设计成空心圆轴，可减轻重量、节约材料，或者说，相同材料的空心轴具有较大的抗扭能力。但是也应注意，孔的加工，尤其是长轴中孔的加工，将增加制造成本。

第九章

9-1　解：

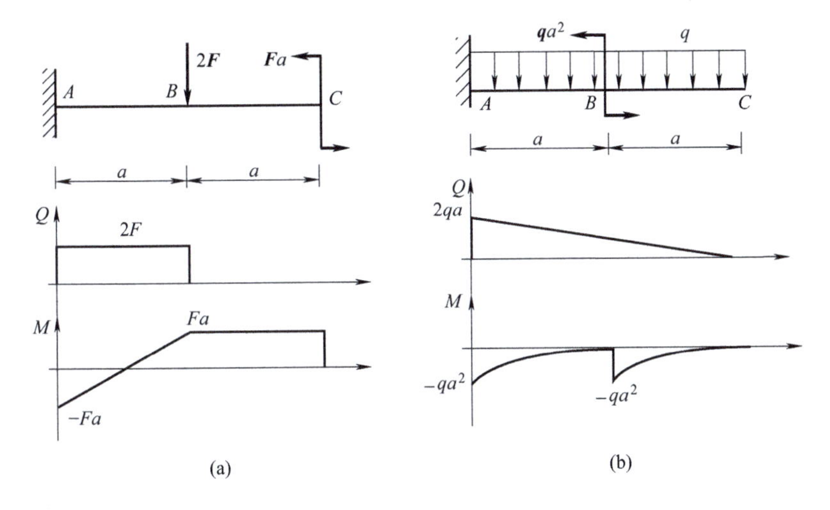

解析图 36　习题 9-1 剪力图弯矩图

9-2　解：

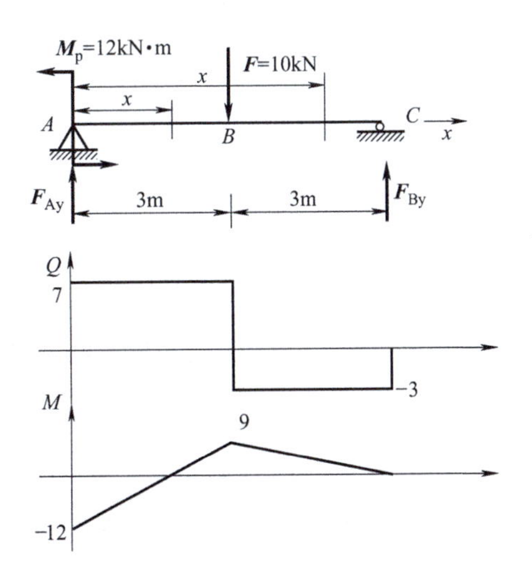

解析图 37　习题 9-2 剪力图弯矩图

9-3　解：

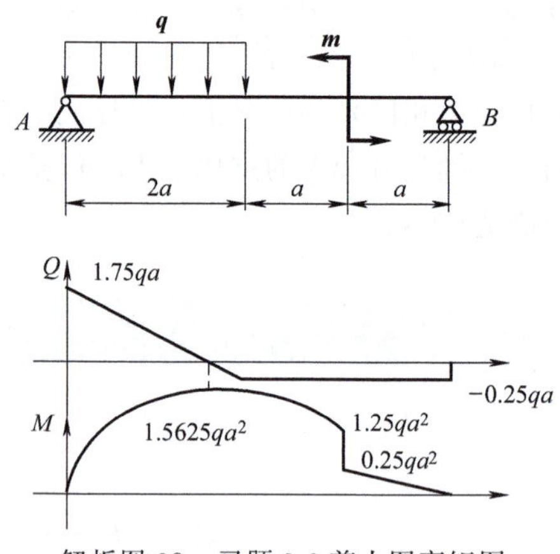

解析图 38　习题 9-3 剪力图弯矩图

9-4　解：(1) 画出梁 AB 的剪力图与弯矩图。

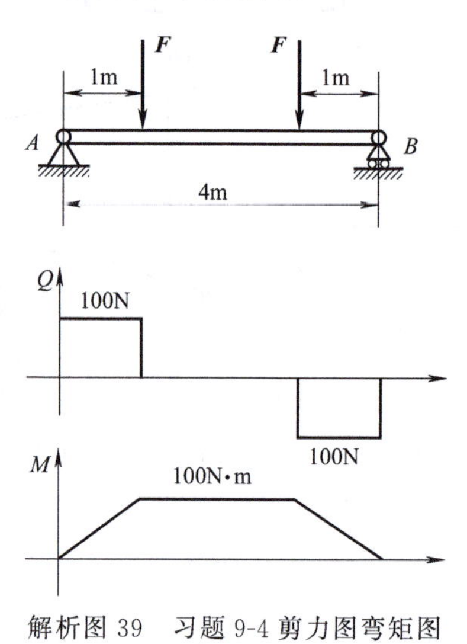

解析图 39　习题 9-4 剪力图弯矩图

(2) 校核梁 AB 的强度。

$$\sigma_{\max}=\frac{M_{\max}}{W_z}=\frac{100\times10^3}{1500}=66.67\leqslant[\sigma]$$

故：强度足够。

9-5　证明略。

9-6　解：

(1) 作该梁的弯矩图。

(2) 求该梁的最大正应力。

$$\sigma_{\max}=\frac{M_{\max}}{W_z}=\frac{18.33\times10^6}{\frac{1}{6}\times50\times300^2}=24.44$$

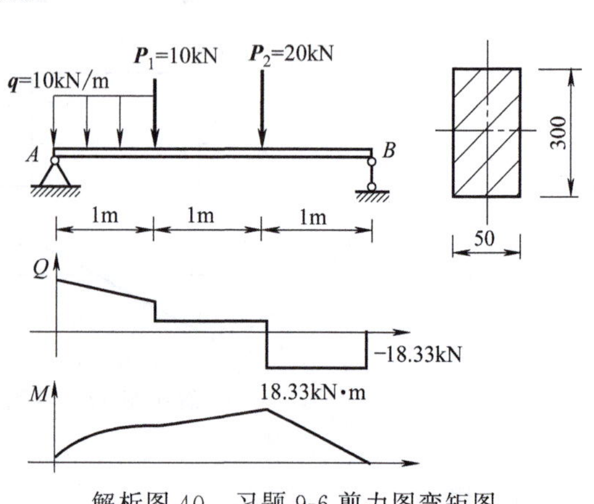

解析图 40　习题 9-6 剪力图弯矩图

9-7　解：

梁截面 B 的挠度

$$f_B=\frac{Pc^2}{6EI}(3l-c)+\frac{ml^2}{2EI}=\frac{P\left(\frac{l}{2}\right)^2}{6EI}\left(3l-\frac{l}{2}\right)+\frac{Pl\times l^2}{2EI}=\frac{29Pl^3}{48EI}$$

梁截面 B 的转角 $\theta_B=\frac{Pc^2}{2EI}+\frac{ml}{EI}=\frac{P\left(\frac{l}{2}\right)^2}{2EI}+\frac{Pl\times l}{EI}=\frac{9Pl^2}{8EI}$

第十章

10-1 解：

两个力均在固定端产生最大弯矩，固定端为危险截面。

最大拉应力发生在 AC 边；

最大压应力发生在 BD 边。

两者叠加结果：A 点为最大拉应力点；B 点为最大压应力点。

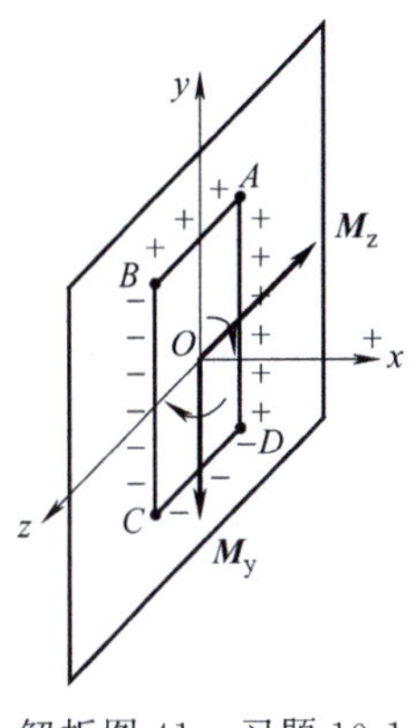

解析图 41 习题 10-1

固定端截面受力分析图

点 A：

$$\sigma_{\max}^{+}=\frac{M_{y\max}}{W_y}+\frac{M_{z\max}}{W_z}\leqslant[\sigma] \quad \text{MPa}$$

点 B：

$$\sigma_{\max}^{-}=-\left(\frac{M_{y\max}}{W_y}+\frac{M_{z\max}}{W_z}\right)\leqslant[\sigma] \quad \text{MPa}$$

解得 $b=6.5$（mm） $h=13$（mm）

10-2 解：

切槽前：轴向压缩

$$\sigma=\frac{F}{4a^2}$$

切槽后：偏心压缩，其最大压应力为

$$\sigma'_{\max}=\frac{F}{a\times 2a}+\frac{\frac{Fa}{2}\times\frac{a}{2}}{\frac{1}{12}\times 2a\times a^3}=\frac{2F}{a^2}$$

所以：切槽后，柱内最大压应力是原来的 8 倍。

10-3 解：$\boldsymbol{P}$ 作用在 AB 中点时有最大弯矩。

AB 梁：弯曲与轴向压缩组合变形

$$\sigma_{t\max}=-\frac{N}{A}+\frac{M_{\max}}{W_z}\leqslant[\sigma]$$

解得 $d=56.62$mm，取轴径 60mm 的轴。

10-4 解：

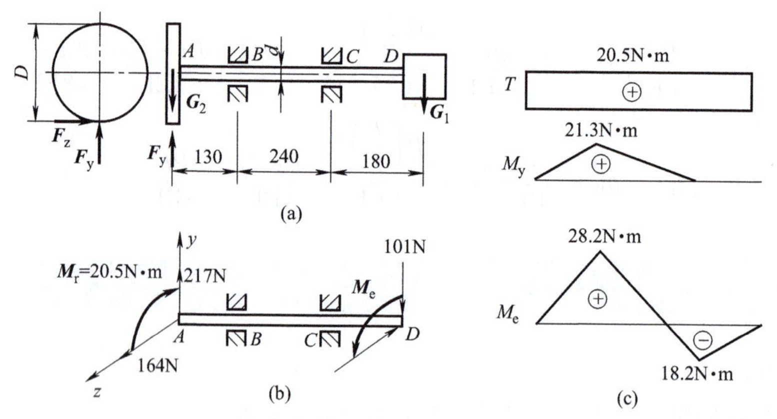

解析图 42　习题 10-4 内力图

（1）受力分析。

$M_e=9550\frac{P}{n}=9550\frac{3}{1400}\text{N}\cdot\text{m}=20.5$（N·m）

$F_z=\frac{M_e}{D/2}=164$（N）

$F_y=3F_z=492$（N）

（2）内力分析。

如图 10-15（c）所示，危险截面为 B 截面。

$T=20.5$（N·m）

$M_B=\sqrt{M_y^2+M_z^2}=35.4$（N·m）

（3）强度校核。

按照第三强度理论校核轴的强度

$$\sigma_r=\frac{\sqrt{M_B{}^2+T^2}}{W_z}=3.33\text{MPa}\leqslant[\sigma]$$

所以，轴的强度满足要求。

参考文献

[1] 朱红雨．机械基础（上、下册）．北京：中国传媒大学出版社，2008.

[2] 唐晓莲，涂杰．机械基础．北京：电子工业出版社，2017.

[3] 曾宗福．机械基础．第 2 版．北京：化学工业出版社，2007.

[4] 瞿芳．工程机械基础．哈尔滨：哈尔滨工程大学出版社，2010.

[5] 叶建海，赵毅力，韩永胜．工程力学．第 3 版．郑州：黄河水利出版社，2015.

[6] 李莉娅．工程力学应用教程．北京：化学工业出版社，2012.

[7] 高健．工程力学复习与训练．北京：人民交通出版社，2008.

[8] 赵春玲，尹析明．工程力学．成都：西南交通出版社，2009.

[9] 杨继宏．工程力学．武汉：华中科技大学出版社，2008.

[10] 慎铁刚．西方古典建筑的力与美例析．力学与实践，1996，18（4）.

[11] 张萍．机械设计基础．北京：化学工业出版社，2004.

[12] 中国机械工业教育协会．工程力学．北京：机械工业出版社，2001.

[13] 刘思俊．工程力学．北京：机械工业出版社，2001.

[14] 朱炳麒．理论力学．北京：机械工业出版社，2001.

[15] 费鸿荣，李玉梅．机械设计基础．北京：高等教育出版社，2001.

[16] 陈云信．工程力学．武汉：武汉大学出版社，2017.

[17] 史艺农．工程力学（高职）．西安：西安电子科技大学出版社，2013.

参考文献